高等职业教育“互联网+”新形态一体化教材
广东省精品在线开放课程配套教材

通风空调工程识图与施工

第 2 版

主　编　张东放
副主编　杨永峰
参　编　李　松

U0380691

机械工业出版社

本书共5个项目，包括民用建筑通风与防排烟系统施工安装、全空气空调系统施工安装、空气-水空调系统施工安装、多联机空调系统施工安装、通风与空调系统调试与验收。本书与工程实践结合紧密，每个项目均有教学导引、任务导引、相关知识、知识梳理与总结、练习题等模块。本书的内容按施工图识读、施工安装、调试、验收4步进行编写，与实际工程项目施工程序一致，内容简练、图文并茂，体现通风与空调工程的新材料、新技术、新工艺，适应高等职业教育专业人才培养的需求。

本书可作为高职院校建筑设备工程技术专业、供热通风与空调工程技术专业、建筑智能化工程技术专业、物业管理专业、建筑装饰工程技术等专业教材。

本书配有电子课件、二维码微课视频、线上习题及习题参考答案等教学资源，凡选用本书作为教材的教师均可登录机械工业出版社教育服务网 www.cmpedu.com 免费下载。咨询电话：010-88379375。

图书在版编目（CIP）数据

通风空调工程识图与施工/张东放主编. —2版. —北京：机械工业出版社，2023.12（2025.1重印）

高等职业教育“互联网+”新形态一体化教材

ISBN 978-7-111-74313-2

Ⅰ.①通… Ⅱ.①张… Ⅲ.①房屋建筑设备-通风设备-建筑安装-识图-高等职业教育-教材②房屋建筑设备-空气调节设备-建筑安装-识图-高等职业教育-教材③房屋建筑设备-通风设备-建筑安装-工程施工-高等职业教育-教材④房屋建筑设备-空气调节设备-建筑安装-工程施工-高等职业教育-教材 Ⅳ.①TU83

中国国家版本馆CIP数据核字（2023）第225036号

机械工业出版社（北京市百万庄大街22号 邮政编码100037）
策划编辑：陈紫青　　责任编辑：陈紫青
责任校对：张慧敏 王 延　　封面设计：马精明
责任印制：常天培
北京机工印刷厂有限公司印刷
2025年1月第2版第2次印刷
184mm×260mm · 13印张 · 320千字
标准书号：ISBN 978-7-111-74313-2
定价：48.00元

电话服务　　网络服务
客服电话：010-88361066　　机 工 官 网：www.cmpbook.com
010-88379833　　机 工 官 博：weibo.com/cmp1952
010-68326294　　金 书 网：www.golden-book.com
封底无防伪标均为盗版　　机工教育服务网：www.cmpedu.com

前言

本书在编写过程中，紧紧围绕“培养什么人、怎样培养人、为谁培养人”这一教育根本问题，全面落实立德树人根本任务，根据目前高等职业院校供热通风与空调工程技术专业、建筑设备工程技术专业教学标准的要求，结合编者的教学与实践经验编写而成，是建筑设备工程技术专业教学资源库标准化课程配套教材。

本书共5个项目，每个项目均有教学导引、任务导引、相关知识、知识梳理与总结、练习题等模块，从内容到方法、学与做等方面，全方位地体现了高职教育的教学特色。本书的特点包括以下几个方面：

1. 以任务驱动，引导教与学

每一项目均从任务进行导引，每一任务明确目的和要求，进行任务分析，完成任务实施的各步骤。以任务引入相关知识，便于分小组以任务驱动实施教学，将知识与技能提升、工匠精神培养融入工作任务中。

2. 以通风与空调工程施工安装实际操作流程确定教材内容

教材的内容按施工图识读、施工安装、调试、验收4步进行编写，形成完整的知识体系，符合通风与空调工程实际工程项目施工程序。课程内容与实际生产过程对接，将规范的内容有机地融合在施工内容中。

3. 编写架构直观生动，增强可读性

本书各项目正文前配有“教学导引”，明确知识重点和难点，为本项目的教与学提供指导；项目结尾有知识梳理与总结，便于学习者提炼和归纳。在叙述方式上，引入了大量与实践相关的施工图、安装图和表格等内容，做到识图有要点、安装有流程、操作有做法、内容有总结、巩固有练习。

4. 配套丰富的信息化资源，适应“互联网+”教学模式

结合信息化教学及“互联网+”教学模式要求，本书配备丰富的信息化资源，包括电子课件、微课视频等，充分实现线上线下“一体化”教学。

本书由广东建设职业技术学院张东放担任主编，杨永峰担任副主编，李松参编。编写的具体分工：项目一、项目二、项目五由张东放编写；项目三由杨永峰编写；项目四由李松编写。广东省工业设备安装有限公司、深圳可易互联科技有限公司的工程技术人员对本书的编写提供了很多宝贵的意见和建议，此外编者在编写过程中参考了多位同行老师的著作及资料，在此表示衷心感谢。全书由张东放负责统稿和修改。

本书在编写过程中，虽经反复推敲核证，仍难免有不妥和疏漏之处，敬请读者批评指正。

编　者

本书微课视频二维码清单

序号	名称	图形	序号	名称	图形
01	民用建筑通风系统组成		10	风管及部件的安装	
02	防排烟系统组成		11	复合风管安装	
03	通风防排烟系统施工图		12	风口与风机的安装	
04	风管咬口类型		13	风管安装质量检验	
05	风管展开图的绘制与制作		14	全空气空调系统组成	
06	风管法兰的加工		15	综合楼全空气空调系统介绍	
07	风管制作质量检验		16	全空气空调系统施工图	
08	风管支吊架形式和安装要求		17	冷水机组安装	
09	风管支吊架安装		18	空气处理设备安装	

（续）

序号	名称	图形	序号	名称	图形
19	风管的保温		28	多联机空调系统安装的工艺流程及合格的判断依据	
20	空气-水空调系统的组成与识图		29	室内机和室外机的安装	
21	管道连接方式		30	制冷管道安装	
22	水管道安装		31	设备单机试运转	
23	管道的防腐		32	风量的测定与调整	
24	风机盘管安装		33	室内空气参数的测定	
25	水泵安装		34	空调系统的监控	
26	冷却塔安装		35	施工质量验收	
27	多联机空调系统组成				

本书线上练习题二维码清单

线上练习题目录					
序号	名称	图形	序号	名称	图形
1	民用建筑通风系统组成		9	风管支吊架安装	
2	防排烟系统组成		10	风管与部件的安装	
3	通风防排烟系统施工图识图		11	复合风管安装	
4	风管咬口类型		12	风口与风机的安装	
5	风管展开图的绘制与制作		13	风管安装质量检验	
6	风管法兰的加工		14	全空气空调系统组成	
7	风管制作质量检验		15	全空气空调系统施工图	
8	风管支吊架的形式和安装要求		16	冷水机组安装	

（续）

序号	名称	图形	序号	名称	图形
17	空气处理设备安装		24	水泵安装	
18	风管保温的施工方法		25	冷却塔安装	
19	空气-水空调系统的组成与识图		26	多联机空调系统安装	
20	管道连接方式		27	设备单机试运转	
21	水系统管道支吊架		28	风量的测量与调整	
22	水管道安装		29	室内空气参数的测试	
23	风机盘管安装		30	施工质量验收	

目录

项目一

Chapter 01

民用建筑通风与防排烟系统施工安装

教学导引

知识重点	民用建筑通风方式 建筑防排烟方式 板材的拼接方法 金属风管的制作安装 酚醛铝箔复合风管的制作与安装 风管安装的质量检验
知识难点	建筑通风与防排烟系统施工图的识读 风管的强度和严密性试验
素养要求	具有团结协作和科学严谨的工作态度，强化责任意识 爱岗敬业，体会新时代大国工匠精神的内涵 培养强烈的爱国主义精神，强化质量强国意识
建议学时	24

任务导引

任务 1　民用建筑通风与防排烟系统施工图的识读

【目的与要求】

通过完成民用建筑通风与防排烟系统施工图的识读，熟悉通风系统及防排烟系统的组成，掌握通风与防排烟系统施工图的内容和施工图识读的方法，全面掌握施工图中包含的施工安装内容，为工程的施工安装奠定基础。

【任务分析】

施工图的识读是施工安装前非常重要的一个环节，是进行施工准备工作的主要内容。根据通风与防排烟系统施工图的识读要点，按照气流流动的方向，从平面图到系统图进行识读。

【任务实施步骤】

1. 熟悉所需完成的任务。

2. 熟悉给定的通风与防排烟工程施工图纸。
3. 进行施工图的识读。
4. 讨论商议教师提出问题的答案。

任务 2　金属风管的制作

【目的与要求】

通过金属风管的制作，熟悉风管制作的工艺流程，明确风管咬缝及风管外观的质量要求，熟悉板材连接、加固方法和风管法兰加工方法，培养安全意识和严谨的工作态度。

【任务分析】

目前多数施工安装企业选择施工现场加工制作风管，金属风管应用较多。通过工具设备的正确使用、下料的准确、板材的正确连接来保证风管成品的质量，并节约材料。

【任务实施步骤】

1. 熟悉所需完成的任务。
2. 熟悉材料，制定材料计划。
3. 确定金属风管制作方案。
4. 准备材料，加工制作风管。
5. 法兰的加工，与风管的连接固定。
6. 金属风管制作质量检验。

任务 3　非金属风管的制作

【目的与要求】

通过非金属风管的制作，熟悉非金属风管制作的工艺流程，熟悉风管粘接及风管外观的质量要求和加固方法，熟悉风管加工组合方式和风管法兰加工方法，培养安全意识和严谨的工作态度。

【任务分析】

目前多数施工安装企业选择施工现场加工制作风管，复合材料风管由于自带保温层，施工工艺简单，应用较多。通过工具设备的正确使用、下料的准确、板材的正确连接以及法兰的精细制作来保证风管成品的质量，并节约材料。

【任务实施步骤】

1. 熟悉所需完成的任务。
2. 熟悉材料，制定材料计划。
3. 确定非金属风管制作方案。
4. 准备材料，加工制作风管。
5. 非金属风管制作质量检验。

任务 4　风管安装质量检验

【目的与要求】

通过风管安装的质量检验，掌握风管安装的质量要求，熟悉通风与空调工程施工质量验收规范，明确主控项目和一般项目包括的内容，熟悉质量验收记录的内容，培养科学严谨、实事求是的工作精神。

【任务分析】

风管安装质量检验是分项和分部工程施工过程质量验收和竣工验收的重要内容，根据质量验收规范，对应通风与防排烟工程风管安装主控项目和一般项目逐项进行。

【任务实施步骤】

1. 熟悉所需完成的任务。
2. 检查支吊架设置间距、固定件安装和支吊架安装。
3. 检查风管安装的位置及标高、表面平整情况、连接垫料、法兰连接螺栓等。
4. 检查风管部件安装方向、位置是否正确。
5. 风管严密性检验。
6. 确定检查评定结果

相关知识

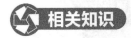

1.1　民用建筑通风与防排烟系统施工图的识读

1.1.1　民用建筑通风

民用建筑通风系统组成

1. 通风的分类

所谓通风就是把室内废气直接或处理后排出室外，把室外新鲜空气送入到室内，保证室内空气环境符合卫生标准和生产工艺的要求，保证排放到室外的废气符合排放标准。一般的民用建筑，常采取通过门窗换气、使用排气扇或电风扇等措施达到通风的目的。

为实现排风送风而设置的管道及设备，总称为通风系统。按照工作动力不同，通风系统分为自然通风、机械通风和复合通风。

(1) 自然通风　自然通风是依靠室外风力形成的风压和室内空气温差形成的热压使室内外空气进行交换的通风方式。利用风压作用的自然通风如图 1-1 所示，气流由建筑物迎风面的门窗进入室内，把室内的空气从背风面的门窗挤压出去。利用风压进行通风，在民用建筑中普遍采用，穿堂风即是南方地区利用风压进行通风降温的手段。利用热压作用的自然通风如图 1-2 所示，当室内空气温度高于室外时，室内空气密度减小，室外空气密度较大，由于密度差形成作用力，使室外空气从建筑物下部门窗进入室内，室内空气从建筑物上部孔洞或天

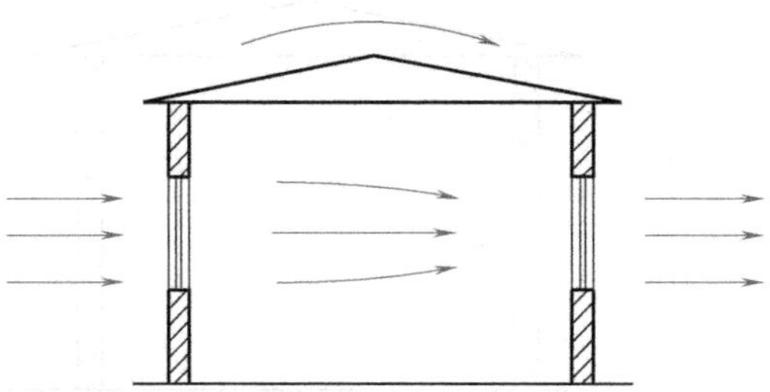

图 1-1　利用风压作用的自然通风示意图

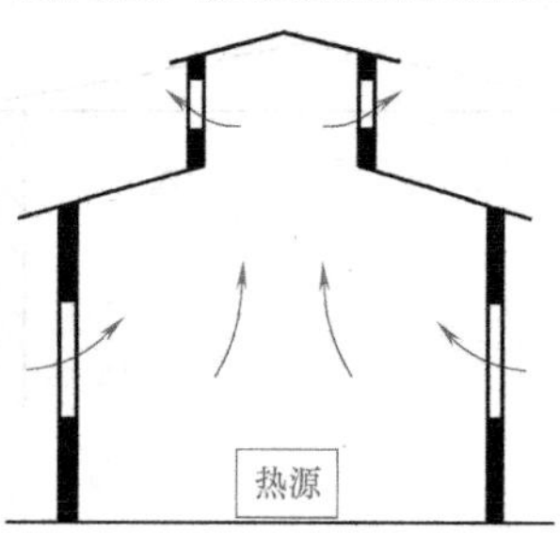

图 1-2　利用热压作用的自然通风示意图

窗排出，实现换气。自然通风分为有组织自然通风和无组织自然通风。有组织自然通风可通过调节门窗开启面积的大小改变通风量，目前应用广泛。无组织自然通风是室内外空气通过围护结构的缝隙进行空气交换，不能调节风量大小和室内气流方向，只是一种辅助性通风措施。

自然通风不需要动力设备消耗电能，无噪声污染，是一种较为节能的通风方式。但自然通风由于作用力较小，一般情况下不能对进风和排风进行处理，风压与热压均受自然条件的影响，通风效果不稳定。屋顶通风器是利用自然通风的原理强化自然通风效果的设备，因其通常安装在屋面，故称为屋顶通风器，如图 1-3 所示。

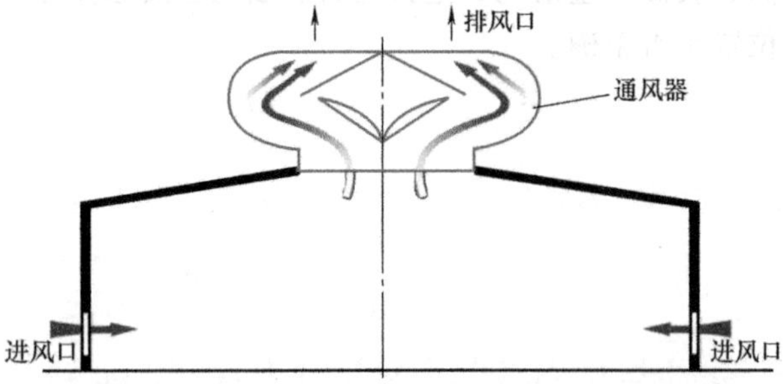

图 1-3 屋顶通风器

(2) 机械通风 机械通风是依靠风机产生的风压强制室内外空气流动进行换气的通风方式。由于风机能够提供足够的风量和风压，可以根据需要对送风进行过滤、加热、冷却等处理，也可以对排风进行净化处理满足排放标准的要求，并能将空气通过管道进行输送。机械通风工作可靠，但初期投资和运行费用高。

按通风系统的作用范围不同，通风系统可分为全面通风和局部通风。

1）全面通风：全面通风是对整个房间进行通风换气，使室内空气环境符合卫生标准的要求。全面通风包括全面送风、全面排风、全面送排风和置换通风系统。

① 全面送风：如图 1-4 所示，室外新鲜空气经空气处理装置进行处理，达到室内卫生标准和工艺要求，利用离心风机经风管和风口送到室内，此时室内为正压状态，通过门窗的开启，室内部分空气被排至室外，使室内空气处于平衡状态。这种方式适用于室内对送风有一定的要求或需控制室内有害物浓度的情况。

② 全面排风：如图 1-5 所示是将室内污浊空气通过装设在外墙上的轴流风机排至室外，此时室内为负压状态，室外新鲜空气经开启的门窗进入室内。如图 1-6 所示是将室内污浊空气通过离心式风机作用，利用排风管道和排风口排到室外，这种方式可对排出的有害气体进行净化处理后排放到大气中，减少对环境污染。

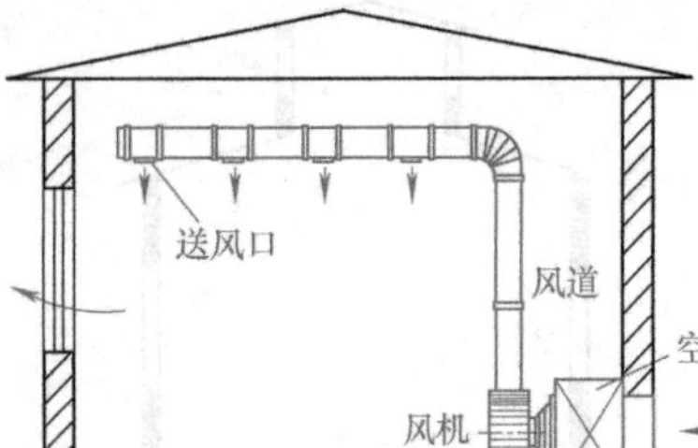

图 1-4 全面送风示意图

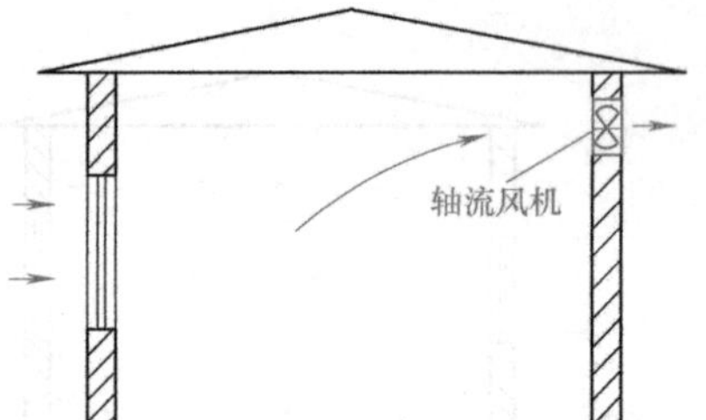

图 1-5 用轴流风机全面排风示意图

③ 全面送排风：如图 1-7 所示，室外新鲜空气在送风机作用下经空气处理设备、送风管道和送风口被送到室内，室内污浊空气在排风机作用下直接排到室外或净化后排放。这种通风方式效果比较好。

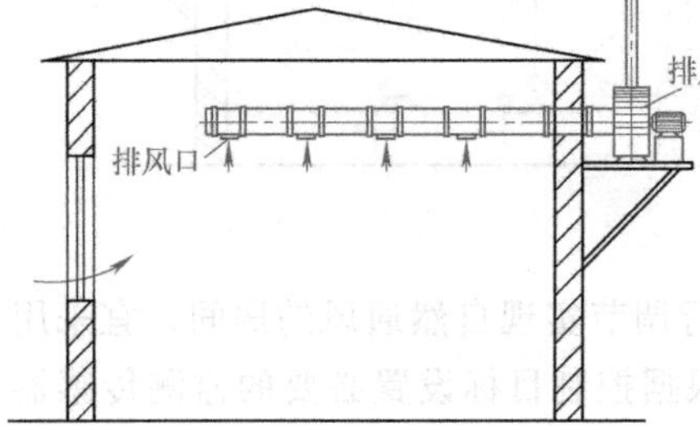

图 1-6　用离心式风机全面排风示意图

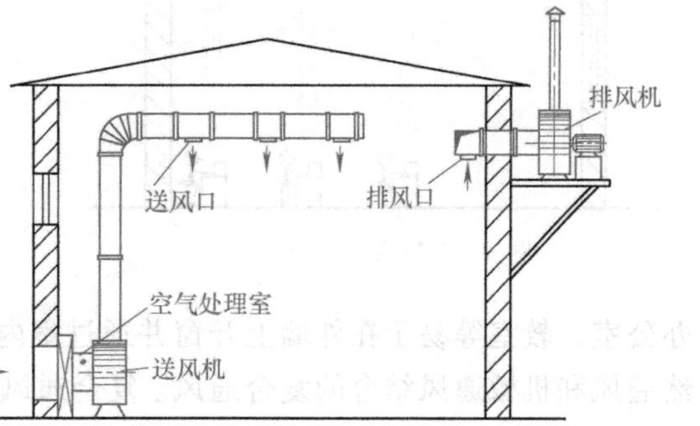

图 1-7　全面送排风示意图

④ 置换通风：置换通风可使人停留区具有较高的空气品质、热舒适性和通风效率。其工作原理是以极低的送风速度将新鲜的冷空气由房间底部送入室内，由于送风温度低于室内温度，新鲜空气在后续进风的推动下与室内的热源（人体或设备）产生热对流，在热对流的作用下向上运动，从而将热量和污染物等带至房间上部，脱离人停留区，并从设置在房间顶部的排风口排出，如图 1-8 所示。置换通风可以节约建筑能耗，工作区空气质量好。

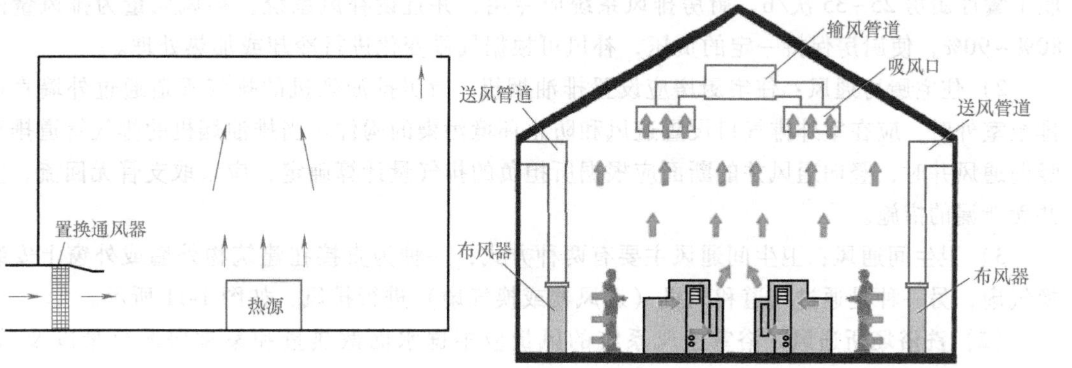

图 1-8　置换通风示意图

2）局部通风：局部通风指对空间中部分地点实现通风，局部通风包括局部送风和局部排风。

① 局部送风：是将达到室内卫生标准和工艺要求的空气送到工人的操作地点，使操作地点保持良好的空气环境，如图 1-9 所示。

② 局部排风：是将有害物在产生地点将其排除，防止有害物质在室内扩散。如图 1-10 所示，有害物质在风机提供的动力下，经局部排风罩收集，通过风管输送到净化设备处理后排放。

（3）复合通风　复合通风是在满足舒适和室内空气品质的前提下，自然通风和机械通风交替或联合运用的通风方式。大空间建筑（净高大于 5m 且体积大于 10000m^3）及住宅、

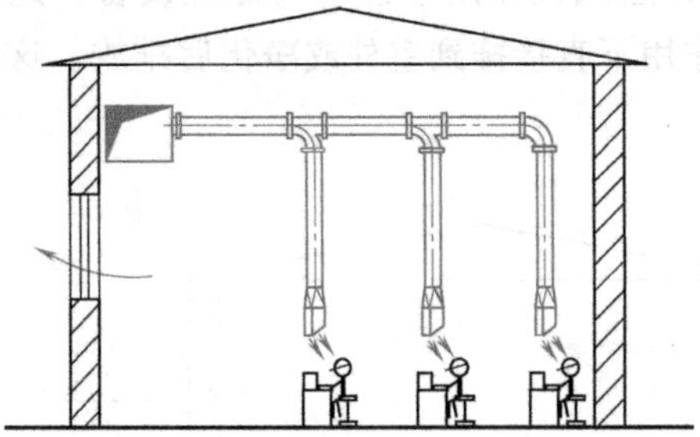

图 1-9　局部送风示意图

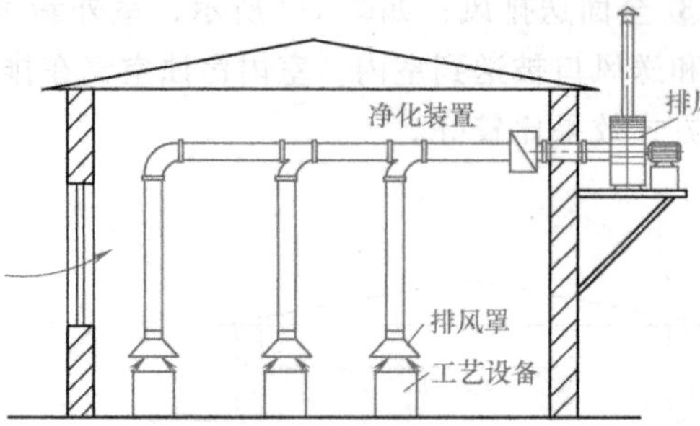

图 1-10　局部排风示意图

办公室、教室等易于在外墙上开窗并通过室内人员自行调节实现自然通风的房间，宜采用自然通风和机械通风结合的复合通风。复合通风系统应根据控制目标设置必要的监测传感器和相应的系统工况转换执行机构。

2. 民用建筑通风方式

一般的民用建筑优先采用自然通风实现换气。但在厨房、卫生间等处，为了加强通风，常使用机械通风设施。本节主要介绍厨房、卫生间、洗浴场所、地下车库通风系统。

(1) 厨房、卫生间通风

1）公共建筑厨房通风：公共建筑的厨房应设机械送排风系统，产生油烟的设备应设带有油烟过滤器和机械排风的排气罩，并且对油烟进行净化处理。

厨房通风系统的总风量可按换气次数估算，中餐厨房 40~50 次/h，西餐厨房 30~40 次/h，职工餐厅厨房 25~35 次/h。厨房排风系统应专用，并且设补风系统，补风风量为排风量的 80%~90%，使厨房保持一定的负压，补风可根据气候变化进行冷却或加热处理。

2）住宅厨房通风：住宅厨房应设置排油烟机，厨房排油烟机的排气管道通过外墙直接排至室外时，应在室外排气口设置避风和防止环境污染的构件。当排油烟机的排气管道排至竖向通风井时，竖向通风井的断面应根据所担负的排气量计算确定，应采取支管无回流、竖井无泄漏的措施。

3）卫生间通风：卫生间通风主要有两种方式，一种为直接在建筑物外墙或外窗上安装换气扇，另一种是通过风道和风机（通风器或换气扇）进行排风，如图 1-11 所示。

(2) 洗浴场所通风　浴室通风系统的风量应根据水面散热量和桑拿房散热量以及送、排风温差，按热平衡计算。也可按送风量≥6 次/h，排风量≥7 次/h 进行估算。更衣室一般与浴室连通，排风可利用浴室排风系统。卫生间的按摩室可在卫生间设排风系统进行排风，无卫生间的应单独设排风系统。

(3) 地下车库通风　地下车库应设置独立的送、排风系统，排风量的计算按照稀释废气量进行，如果缺乏资料，可按换气次数估算，排风量≥6 次/h，送风量≥5 次/h。补充进风的进风口宜布置在主要通道上。

诱导式通风系统是利用小口径的高速风管选配特别设计的喷嘴，以高速喷出的射流诱导周围大量空气到指定的区域和方向，特别适用于面积大、层高低的地下车库。

3. 通风设备和管道附件

(1) 风机　风机是通风空调系统的重要组成部分，常用的风机有离心式和轴流式两种类型，如图 1-12 和图 1-13 所示。在民用建筑卫生间通风系统中，换气扇应用较多。

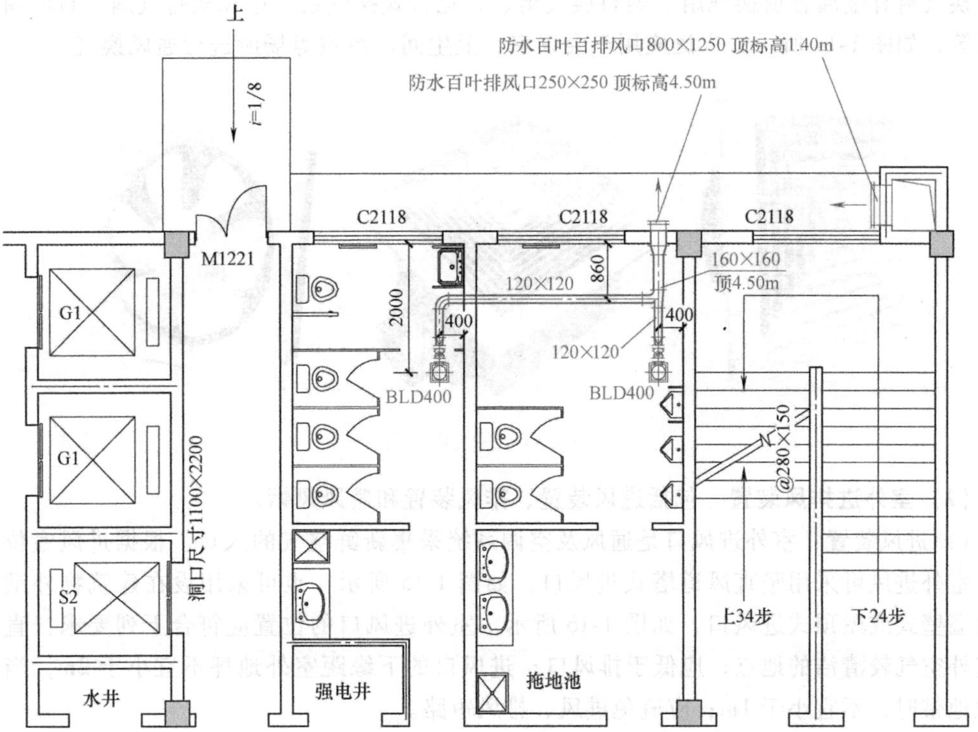

BLD400－轴流通风器，风量400m³/h，全压250Pa，电动机功率0.040kW

图 1-11　通过风道和风机（通风器或换气扇）排风

图 1-12　离心式风机

图 1-13　轴流式风机

风机基本性能通常用下列参数表示：

1）流量：单位时间内风机所输送的流体体积，单位为 m^3/h。

2）风机的压头：指单位重量流体通过泵或风机后获得的有效能量。水泵的扬程单位为 m，风机的压头单位为 Pa。

3）功率：原动机传到风机轴上的功率，称为轴功率；单位时间内流体从风机中所得到的实际能量，称为有效功率，单位为 W。

4）效率：指轴功率被流体利用的程度，用有效功率与轴功率的比值表示效率。

5）转速：指风机叶轮每分钟的转数，单位为转/分。

换气扇有金属管道换气扇、塑料换气扇、天花板式换气扇、吊顶式排气扇、百叶窗式换气扇等，如图 1-14 所示，广泛应用于会议室、卫生间、浴室等场所进行通风换气。

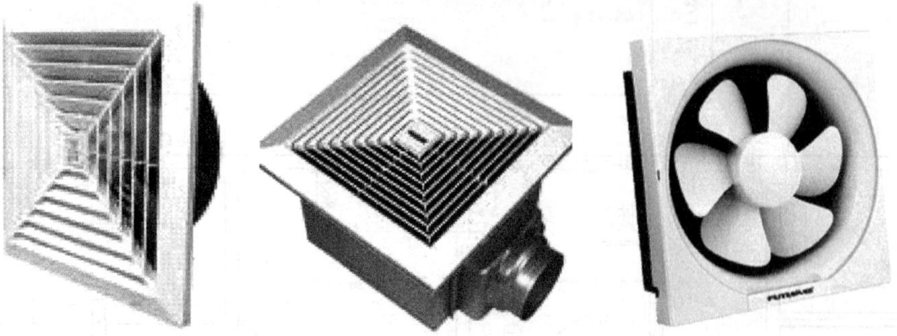

图 1-14　换气扇类型

（2）室外进排风装置　包括进风装置、排风装置和避风风帽。

1）进风装置：室外进风口是通风及空调系统采集新鲜空气的入口。根据进风室位置不同，室外进风可采用竖直风道塔式进风口，如图 1-15 所示；也可采用设在建筑物外围结构上的墙壁式或屋顶式进风口，如图 1-16 所示。室外进风口的位置应符合下列要求：直接设在室外空气较清洁的地点；应低于排风口；进风口的下缘距室外地坪不宜小于 2m，当设在绿化地带时，不宜小于 1m；应避免进风、排风短路。

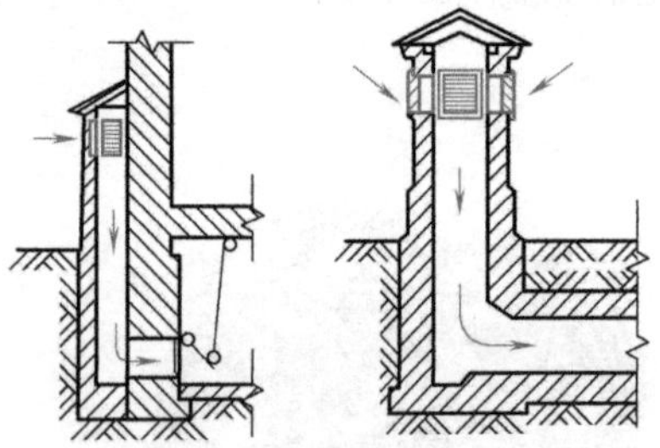

图 1-15　塔式进风口

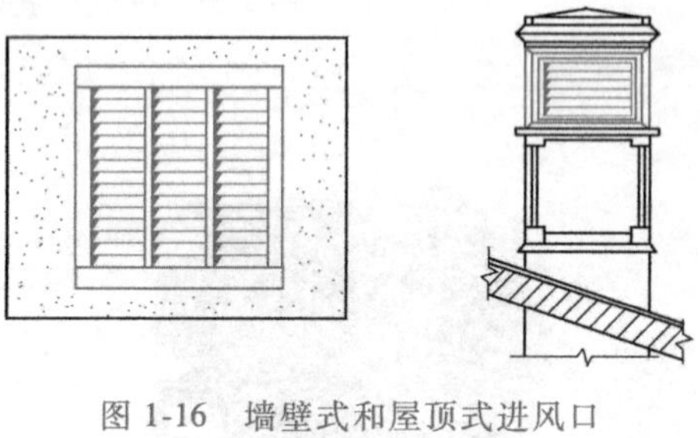

图 1-16　墙壁式和屋顶式进风口

2）排风装置：排风装置主要有天窗和屋顶通风器。

① 天窗是一种常见的排风装置，天窗分为普通天窗和避风天窗。普通天窗无挡风板，易产生倒灌现象。避风天窗空气动力性能良好，天窗排风口不受风向的影响，排风量稳定。

② 屋顶通风器是以型钢为骨架、用彩色压型钢板组合而成的全避风型自然通风装置。具有结构简单、重量轻、不用电力就能达到良好通风效果的优点，尤其适用于高大工业建筑。

3）避风风帽：避风风帽安装在自然排风系统的出口，它是利用风力产生的负压，加强排风能力的一种装置。避风风帽是在普通风帽的外围，增设挡风圈，室外气流吹过风帽时，可以保证排出口基本上处于负压区内，能增大系统的抽吸力。

（3）风管　风管是通风系统的重要组成部分。

1）形状：风管断面形状有圆形和矩形两种。圆形风管阻力小、消耗材料少，但占据空间多，布置时难以与建筑结构配合，常用于高速送风系统；矩形风管制作简单、能充分利用建筑空间、容易与建筑结构相配合，但材料消耗多、阻力大。为了节省建筑空间，一般民用建筑通风空调系统风管断面形状多用矩形。

2）材料：风管的材料有薄钢板、玻璃钢板、聚氯乙烯塑料板、铝板、砖、混凝土及复合材料等。薄钢板有普通薄钢板和镀锌薄钢板两种。镀锌薄钢板是常用的风管材料，特点是可防腐蚀、易于加工制作、能承受较高温度。玻璃钢板强度高、耐腐蚀、重量轻，用于输送含腐蚀性气体及大量蒸汽的通风系统。聚氯乙烯塑料板耐腐蚀性好、弹性较好、热稳定性较差。铝板有良好的塑性，但易被盐酸和碱类腐蚀。砖、混凝土等材料制作的风管，节省钢材，经久耐用，阻力大，但易漏风，应做好密封。复合玻纤板不再需要额外的保温，防火性能较好、安装方便。

3）布置：风管布置应与建筑、生产工艺密切配合，尽量短、顺、直；除尘系统的风管宜采用明装圆形钢板风管，应垂直或倾斜敷设；风管上要设置必需的调节和测量装置，其位置应在便于操作和观测的地方；输送高温气体的风管应采取热补偿措施。

（4）室内送排风口

1）室内送风口：作用是将风道输送的空气，以适当的速度分配到送风地点。送风口形式较多，用于通风系统的送风口如图 1-17 所示，其中图 1-17a 为孔口直接开设在风道上，依据开孔位置有侧向送风或下向送风；图 1-17b 为插板式风口，调整送风口处插板的位置，可调节送风量；图 1-17c 为百叶式送风口，可以在风道上、风道末端或墙上安装，其中双层百叶风口可以调节送风方向和出口气流速度；图 1-17d 为空气分布器，多用于局部送风系统。

2）室内排风口：作用是将室内污浊空气排入排风管道。排风口种类较少，通常做成单层百叶，如图 1-18 所示。另外，如图 1-17a、图 1-17b 所示送风口也可作为排风口使用。

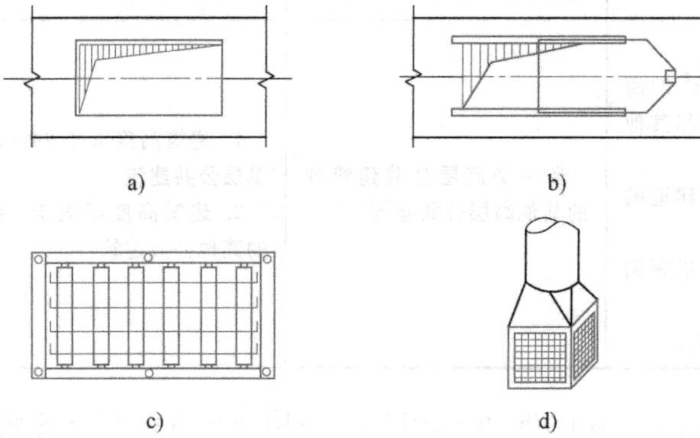

图 1-17　室内送风口

a）孔口直接开设在风道上　b）插板式风口

c）百叶式送风口　d）空气分布器

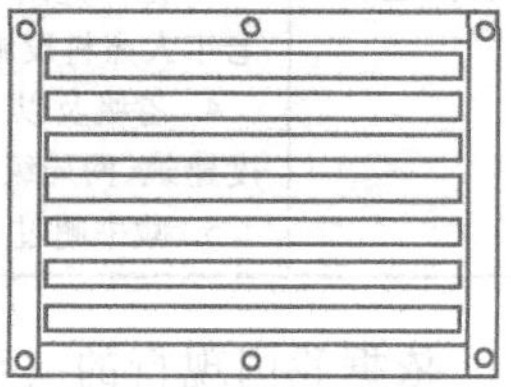

图 1-18　室内排风口

1.1.2　建筑防火排烟

1. 建筑防排烟目的

建筑防排烟分为防烟和排烟两种形式。防烟的目的是将烟气封闭在一定区域内，以确保疏散线路畅通，无烟气侵入。排烟的目的是将火灾时产生的烟气及时排除，防止烟气向防烟分区以外扩散，以确保疏散通道畅通和疏散所需时间。为达到防排烟的目的，必须在建筑中设置周密、可靠的

防排烟系统组成

防排烟系统和设施。

2. 建筑防火分区和防烟分区

(1) 防火分区　防火分区是指采用防火墙、具有一定耐火极限的楼板及其他防火构件分隔而成，能在一定时间内防止火灾向同一建筑的其余部分蔓延的局部空间。划分防火分区的目的在于有效控制和防止火灾沿垂直方向或水平方向向同一建筑物的其他空间蔓延；减少火灾损失，同时能够为人员安全疏散、灭火扑救提供有利条件。防火分区是控制耐火建筑火灾的基本空间单元。

防火分区按照限制火势向本防火分区以外蔓延的方向可分为两类：一类为竖向防火分区，用耐火性能较好的楼板及窗间墙（含窗下墙）在建筑物的垂直方向对每个楼层进行防火分隔出的防火区域；另一类为水平防火分区，用防火墙或防火门、防火卷帘等防火设施将各楼层在水平方向分隔出的防火区域。

(2) 民用建筑防火分区　民用建筑根据其建筑高度和层数可分为单层、多层民用建筑和高层民用建筑。高层民用建筑根据其建筑高度、使用功能和楼层的建筑面积可分为一类和二类，见表1-1。

表1-1　民用建筑的分类

名　称	高层民用建筑		单、多层民用建筑
	一类	二类	
住宅建筑	建筑高度大于54m的住宅建筑(包括设置商业服务网点的住宅建筑)	建筑高度大于27m，但不大于54m的住宅建筑(包括设置商业服务网点的住宅建筑)	建筑高度不大于27m的住宅建筑(包括设置商业服务网点的住宅建筑)
公共建筑	1. 建筑高度大于50m的公共建筑 2. 任一楼层建筑面积大于1000m² 的商店、展览、电信、邮政、财贸金融建筑和其他多种功能组合的建筑 3. 医疗建筑、重要公共建筑、独立建造的老年人照料设施 4. 省级及以上的广播电视和防灾指挥调度建筑、网局级和省级电力调度建筑 5. 藏书超过100万册的图书馆、书库	除一类高层公共建筑外的其他高层公共建筑	1. 建筑高度大于24m的单层公共建筑 2. 建筑高度不大于24m的其他公共建筑

依据我国现行的《建筑设计防火规范》(GB 50016—2014)，不同耐火等级建筑的允许建筑高度或层数、防火分区最大允许建筑面积见表1-2。

表1-2　不同耐火等级建筑的允许建筑高度或层数、防火分区最大允许建筑面积

名　称	耐火等级	建筑高度或允许层数	防火分区的最大允许建筑面积/m^2	备　注
高层民用建筑	一、二级	按表1-1确定	1500	对于体育馆、剧场的观众厅，其防火分区最大允许建筑面积可适当增加
单层或多层民用建筑	一、二级	按表1-1确定	2500	—
	三级	5层	1200	—
	四级	2层	600	—

（续）

名　称	耐火等级	建筑高度或允许层数	防火分区的最大允许建筑面积/m^2	备　注
地下、半地下建筑（室）	一级	—	500	设备用房的防火分区最大允许建筑面积不应大于 $1000m^2$

注：表中规定的防火分区允许建筑面积，当建筑内设置自动灭火系统时，可按本表的规定增加 1.0 倍；局部设置时，防火分区的增加面积可按局部面积的 1.0 倍计算。裙房与高层建筑主体之间设置防火墙时，裙房的防火分区可按单、多层建筑的要求确定。建筑内设置自动扶梯、敞开楼梯等上、下层相连通的开口时，其防火分区的建筑面积应按上、下层相连通的建筑面积叠加计算；当叠加计算后的建筑面积大于本表规定时，应划分防火分区。

（3）防烟分区　防烟分区是指在建筑室内采用挡烟设施分隔而成，能在一定时间内防止火灾烟气向同一建筑的其余部位蔓延的局部空间。采用挡烟垂壁、隔墙或从顶板下突出不小于 50cm 的结构梁等具有一定耐火性能的不燃烧体来划分。防烟分区一般按以下原则来设置：

① 不设排烟设施的房间（包括地下室）和走道，不划分防烟分区。

② 防烟分区不应跨越防火分区设置。

③ 对有特殊用途的场所，如地下室、防烟楼梯间、消防电梯、避难层间等应单独划分防烟分区。

④ 对于高层民用建筑和其他建筑，每个防烟分区的面积不宜大于 $500m^2$，当顶棚（或顶板）高度在 6m 以上时，可不受此限制。

⑤ 设有机械排烟系统的汽车库，其每个防烟分区的建筑面积不宜超过 $2000m^2$，且防烟分区不应跨越防火分区。

3. 防、排烟方式

建筑物防、排烟方式主要有自然排烟、机械排烟和机械加压送风防烟 3 种方式。

（1）自然排烟　自然排烟是指利用房间可开启的窗、阳台、凹廊等，依靠火灾发生时的热压及风压的作用，将室内烟气排出，如图 1-19 所示。自然排烟不需要动力，经济方便，但易受室外风力影响，火势猛烈时，火焰可能从开口部位向上蔓延。除建筑高度超过 50m 的一类公共建筑和建筑高度超过 100m 的居住建筑外，靠外墙的防烟楼梯间及其前室、消防电梯间前室和合用前室，宜采用自然排烟方式。防烟楼梯间前室、消防电梯间前室可开启外窗面积不应小于 $2.00m^2$，合用前室不应小于 $3.00m^2$。不靠外墙的防烟楼梯间前室、消防电

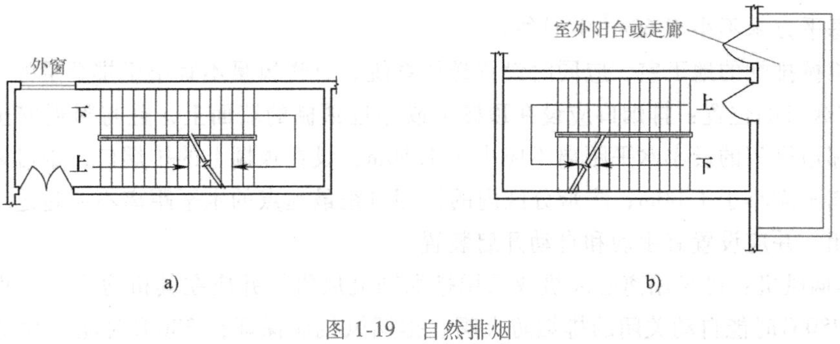

a)　　b)

图 1-19　自然排烟

a）利用可开启外窗排烟　b）利用室外阳台或走廊排烟

梯前室和合用前室或虽靠外墙但不能开窗者，可采用排烟竖井进行自然排烟。

(2) 机械排烟　机械排烟是指使用排烟风机进行强制排烟，如图 1-20 所示。机械排烟不受室外风力的影响，工作可靠，但初期投资较多。

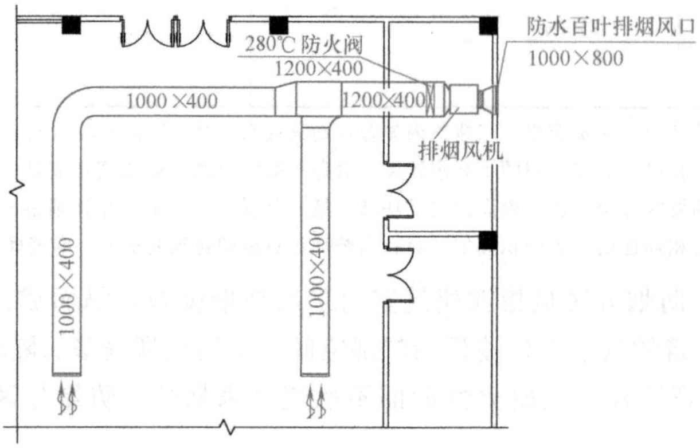

图 1-20　机械排烟

1）设置位置：民用建筑的下列场所或部位应设置排烟设施。

① 设置在一、二、三层且房间建筑面积大于 $100m^2$ 的歌舞、娱乐、放映、游艺场所，设置在四层及以上楼层、地下或半地下的歌舞、娱乐、放映、游艺场所。

② 中庭。

③ 公共建筑内建筑面积大于 $100m^2$ 且经常有人停留的地上房间。

④ 公共建筑内建筑面积大于 $300m^2$ 且可燃物较多的地上房间。

⑤ 建筑内长度大于 20m 的疏散走道。

2）排烟风机风量：设置机械排烟设施的部位，其排烟风机的风量应符合下列规定：担负一个防烟分区排烟或净空高度大于 6.00m 的不划分防烟分区的房间时，应按每平方米面积不小于 $60m^3/h$ 计算（单台风机最小排烟量不应小于 $7200m^3/h$）；担负两个或两个以上防烟分区排烟时，应按最大防烟分区面积每平方米不小于 $120m^3/h$ 计算。中庭体积小于 $17000m^3$ 时，其排烟量按其体积的 6 次/h 换气计算；中庭体积大于 $17000m^3$ 时，其排烟量按其体积的 4 次/h 换气计算；但最小排烟量不应小于 $102000m^3/h$。带裙房的高层建筑防烟楼梯间及其前室，消防电梯间前室或合用前室，当裙房以上部分利用可开启外窗进行自然排烟，裙房部分不具备自然排烟条件时，其前室或合用前室应设置局部机械排烟设施，其排烟量按前室每平方米不小于 $60m^3/h$ 计算。

设置机械排烟的地下室，应同时设置送风系统，且送风量不宜小于排烟量的 50%。

3）排烟口的位置：排烟口应设在顶棚上或靠近顶棚的墙面上，且与附近安全出口沿走道方向相邻边缘间的最小水平距离不应小于 1.50m；设在顶棚上的排烟口，距可燃构件或可燃物的距离不应小于 1.00m；防烟分区内的排烟口距最远点的水平距离不应超过 30m。排烟口平时关闭，并应设置有手动和自动开启装置。

4）排烟风机：可采用离心风机或采用排烟轴流风机，并应在其机房入口处设有当烟气温度超过 280℃时能自动关闭的排烟防火阀。排烟风机应保证在 280℃时能连续工作 30min。机械排烟系统中，当任一排烟口或排烟阀开启时，排烟风机应能自行启动。

5）防火阀：下列情况之一的通风、空气调节系统的风管应设防火阀。

管道穿越防火分区的隔墙处；管道穿越通风、空气调节机房及重要的或火灾危险性大的房间隔墙和楼板处；垂直风管与每层水平风管交接处的水平管段上；管道穿越变形缝处的两侧。

防火阀的动作温度宜为70℃。厨房、浴室、厕所等的垂直排风管道应采取防止回流的措施或在支管上设置防火阀。

(3) 机械加压送风防烟　机械加压送风防烟是利用风机向楼梯间及前室送风，使其压力高于火灾房间，防止烟气侵入，保证疏散通道的安全，如图1-21所示。

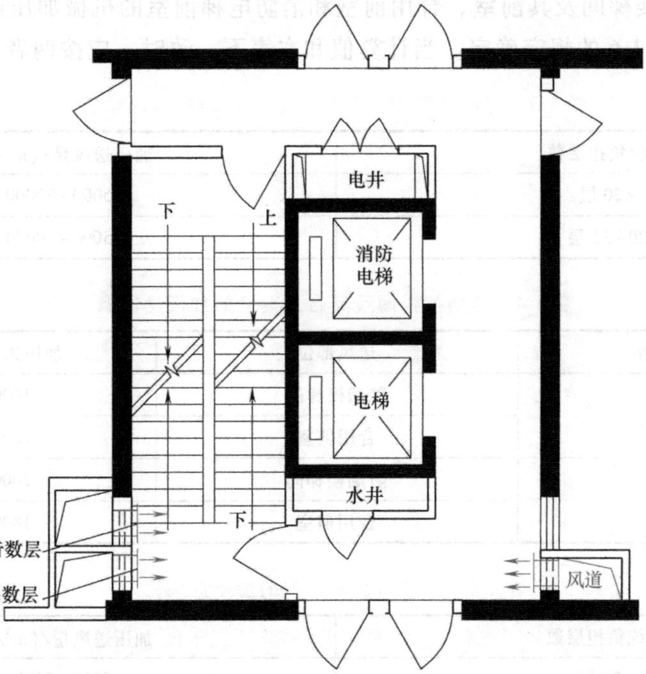

图1-21　机械加压送风防烟

1）建筑的下列场所或部位应设置防烟设施：防烟楼梯间及其前室；消防电梯间前室或合用前室；避难走道的前室、避难层（间）。

建筑高度不大于50m的公共建筑、厂房、仓库和建筑高度不大于100m的住宅建筑，当其防烟楼梯间的前室或合用前室符合下列条件之一时，楼梯间可不设置防烟系统：采用敞开的阳台、凹廊；前室或合用前室具有不同朝向的可开启外窗，且可开启外窗的面积满足自然排烟口的面积要求。

2）机械加压送风量的确定：有两种计算方法。

① 按保持疏散通道有一定正压值（压差法）来计算：

$$l=0.827\times A\times \Delta p^{\frac{1}{n}\times 1.25} \tag{1-1}$$

式中　l——加压送风量（m^3/s）；

0.827——漏网系数；

A——总有效漏风面积（m^2）；

Δp——压力差（Pa），楼梯间取 50Pa，前室取 25Pa；

n——指数（一般取 2）；

1.25——不严密处附加系数。

② 按开启着火层疏散通道时要相对保持该门洞处的风速（风速法）来计算：

$$l=f\times v\times n \tag{1-2}$$

式中　f——每档开启门的断面积（m^2）；

v——门洞断面风速（m/s），取 0.7~1.2m/s；

n——同时开启门的数量，20 层以下取 2，20 层及以上取 3。

高层建筑防烟楼梯间及其前室、合用前室和消防电梯前室的机械加压送风量应由计算确定，或按表 1-3~表 1-6 的规定确定。当计算值和本表不一致时，应按两者中较大值确定。

表 1-3　防烟楼梯间（前室不送风）的加压送风量

系统负担层数	加压送风量/(m^3/s)
<20 层	25000~30000
20~32 层	35000~40000

表 1-4　防烟楼梯间及其合用前室的加压送风量

系统负担层数	送风部位	加压送风量/(m^3/s)
<20 层	防烟楼梯间	16000~20000
	合用前室	12000~16000
20~32 层	防烟楼梯间	20000~25000
	合用前室	18000~22000

表 1-5　消防电梯间前室的加压送风量

系统负担层数	加压送风量/(m^3/s)
<20 层	15000~20000
20~32 层	22000~27000

表 1-6　防烟楼梯间采用自然排烟但前室或合用前室不具备自然排烟条件时的送风量

系统负担层数	加压送风量/(m^3/s)
<20 层	22000~27000
20~32 层	28000~32000

说明：①表 1-3~表 1-6 的风量按开启 2.00m×1.60m 和双扇门确定。当采用单扇门时其风量可乘以 0.75 系数计算；当有两个或两个以上的出入口时，其风量应乘以 1.50~1.75 系数计算。开启门时，通过门的风速不宜小于 0.75m/s。②风量上下限选取应按层数、风管材料、防火门送风量等因素综合比较确定。

层数超过 32 层的高层建筑，其送风系统及送风量应分段设计。剪刀楼梯间可合用一个风管，其风量应按两个梯间风量计算，送风口应分别设置。封闭避难层（间）的机械加压送风量应按避难净面积每平方米不小于 30m^3/h 计算。机械加压送风的防烟楼梯间和合用前室，宜分别独立设置送风系统，当必须共用一个系统时，应在通向合用前室的支风管上设置压差自动调节装置。

机械加压送风机的全压，除计算最不利管路压头损失外，尚应有余压。其余压值应符合下列要求：防烟楼梯间为 50Pa；前室、合用前室、消防电梯前室、封闭避难层（间）为 25Pa。

3）加压送风口的设置：楼梯间宜每隔 2~3 层设一个常开式加压送风口；合用一个井道的剪刀楼梯应每层设一个常开式百叶送风口，如图 1-22 所示。前室应每层设一个常闭式加压送风口，火灾时由消防控制中心联动开启火灾层的送风口。当前室采用带启闭信号的常闭防火门时，可设常开式加压送风口。送风口的风速不宜大于 7m/s。只在前室设机械加压送风时，宜采用顶送风口。

4）机械加压送风机：如图 1-23 所示，可采用轴流风机或中低压离心式风机，风机位置应根据供电条件、风量分配均衡、新风口不受火烟威胁等因素确定。其安装位置应符合下列要求：

① 送风机的进风口宜直接与室外空气相连通。

② 送风机的进风口不宜与排烟机的出风口设在同一层面。

③ 送风机应设置在专用的风机房内或室外屋面上。

④ 设常开加压送风口的系统，其送风机的出风管或进风管上应加装单向风阀；当风机不设于系统最高处时，应设与风机联动的电动风阀。

图 1-22　带装饰板加压送风口

图 1-23　柜式离心风机（消防通风两用）

1.1.3　通风与防火排烟系统施工图的内容与识图

通风防排烟系统施工图

1. 施工图的内容

（1）设计说明和施工说明　设计说明介绍设计概况和通风方式，风量指标，建筑物的耐火等级，防排烟的方式，烟气的控制流程等。施工说明介绍系统所使用的材料和附件，系统工作压力和试压要求，施工安装要求及注意事项等内容。

（2）平面图　平面图主要表明各种通风设备与通风管道的平面布置情况，如图 1-24 所示。平面图内容包括通风管道的平面布置和风口的平面布置，通风设备及其他设备的位置、房间名称、主要轴线号和尺寸线；通风竖井的位置；首层平面图中还包括排风井与建筑物的定位尺寸。

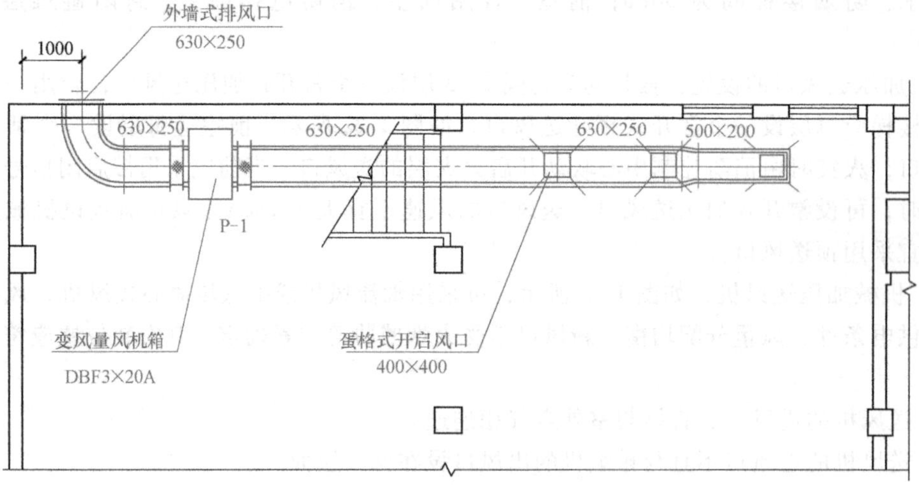

图 1-24　通风与防火排烟平面图

（3）剖面图　当平面图不能表达复杂管道的相对关系及竖向位置时，就通过剖面图来实现。剖面图是以正投影方式给出对应于平面图的设备、设备基础、管道和附件，注明设备和附件编号，标注竖向尺寸和标高，如图 1-25 所示。

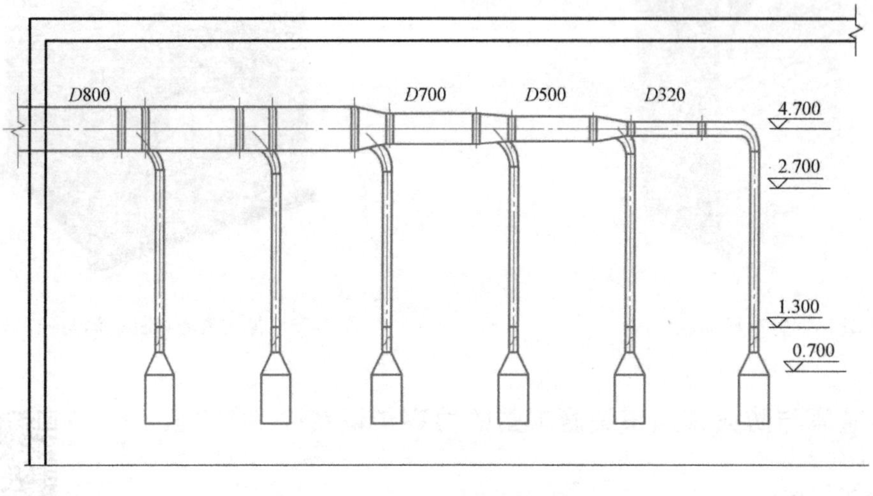

图 1-25　通风与防火排烟剖面图

（4）系统图　系统图主要表明通风管道与通风设备的空间位置关系，通常也称为通风管道系统轴测图，如图 1-26 所示。

（5）详图　对于通风设备及管道较多处，如风机房、防火阀门、管道交叉处等，在平面图中因比例关系不能表述清楚时，采用绘制局部放大平面图，通常称为大样图，即详图。

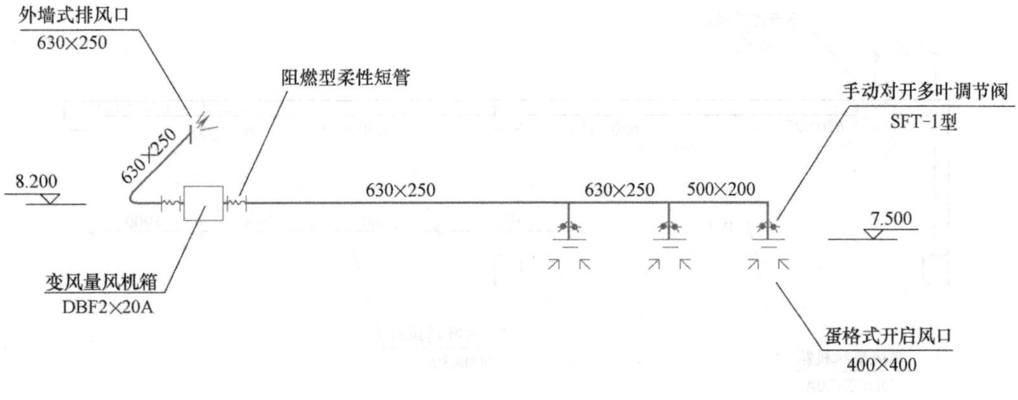

图 1-26　通风与防火排烟系统图

详图内容包括设备及管道的平面位置，设备与管道的连接方式，管道走向、管道规格，仪表及阀门、控制点标高等，如图 1-27 所示。常用的设备施工详图可直接套用有关通风标准图集。

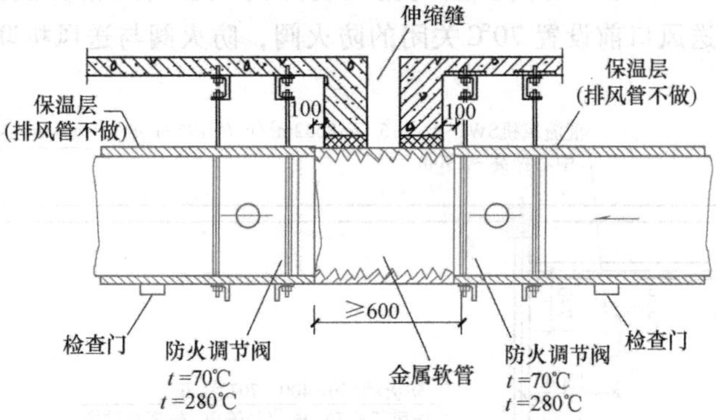

图 1-27　防火阀安装详图

2. 民用建筑通风施工图的识图

(1) 识图要点　通风系统在识读施工图的过程中，应注意以下几个方面：

① 送排风系统的风管有没有保温层。

② 根据风口处标明的气流方向判定是排风系统还是送风系统。

③ 顺着气流的方向识图，对于排风系统，从排风口开始，沿着风管直至风机到室外；送风系统，从新风口开始，沿着风机、风管至送风口。

④ 明确标注的尺寸及参数：风口标明大小及位置；风管标明规格；风机标明主要性能参数；阀门标明主要性能。

⑤ 如果是地下室排风系统，排风机则将气体排至风管，风管再通至地面上。

(2) 识图举例　如图 1-28 所示是排风系统平面图，系统设置 4 个排风口，类型是单层百叶，规格为 500mm×300mm，风口的位置标注在图中，经变风量风机箱将废气通过外墙排风口排至室外大气环境。按气流运动方向风管的规格分别为 500mm×200mm、630mm×250mm。

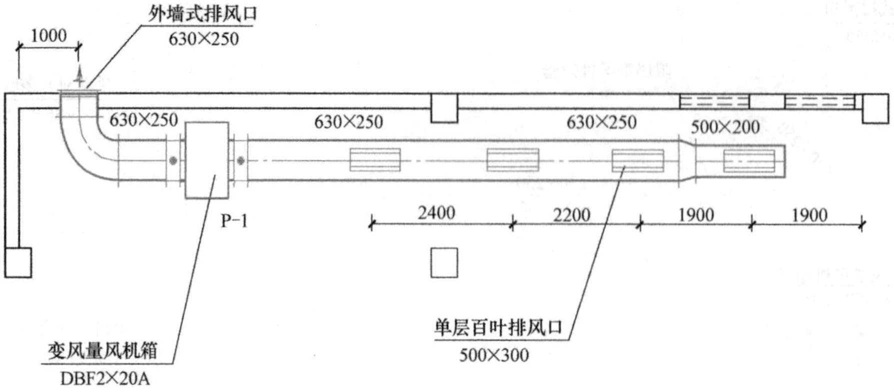

图 1-28　排风系统平面图

如图 1-29 所示是送风系统平面图，系统设置二个送风口，类型是单层百叶，规格为 800mm×320mm 和 800mm×400mm，风口的位置标注在图中，室外新风经通风竖井进入进风机房，经混流风机加压后送入房间。按气流运动方向风管的规格分别为 1000mm×400mm、630mm×400mm。在送风口前设置 70℃关闭的防火阀，防火阀与送风机联动。

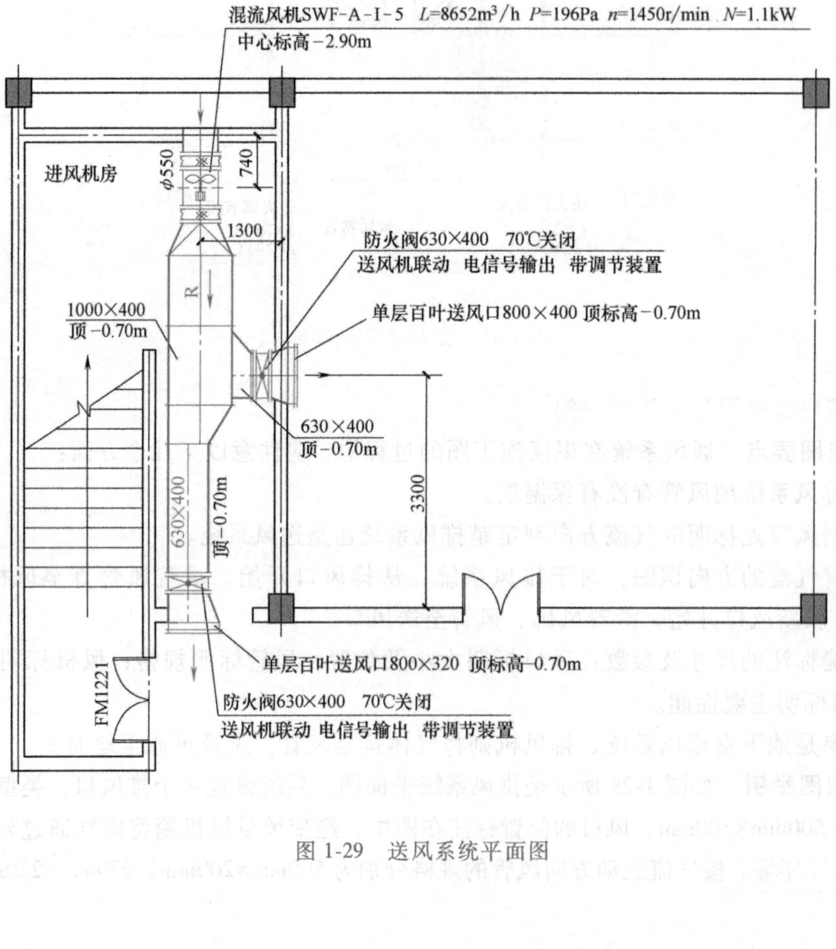

图 1-29　送风系统平面图

3. 机械排烟系统施工图的识图

(1) 识图要点　机械排烟系统在识读施工图的过程中，应注意以下几个方面：

① 机械排烟系统通常具有风管、风口和排烟风机，并在机房入口设有当温度超过 280℃ 时能自动关闭的排烟防火阀。排烟管道必须采用不燃材料制作。安装在吊顶内的排烟管道，其隔热层应采用不燃烧材料制作，并应与可燃物保持不小于 150mm 的距离。

② 排烟风机通常设置在需排烟的建筑层内。风机性能参数标注有风量、风压和功率。

③ 如果地下室排烟，排烟风机则将烟气排至烟道，烟道再通至地面上。

(2) 识图举例　如图 1-30 所示，该图为地下室排烟平面图，图中风管较为复杂，分支风管的规格分别为 400mm×200mm 和 630mm×320mm，主风管的规格为 1000mm×320mm，高度为顶棚下 0.7m，并设有当温度超过 280℃ 时能自动关闭的排烟防火阀。风口均为单层百叶排风口，规格为 800mm×320mm 共 2 个，400mm×400mm 共 2 个，400mm×250mm 共 2 个。同时在本层中排烟机房内设有消防低噪声柜式离心风机，排烟防火阀与排烟风机联动。

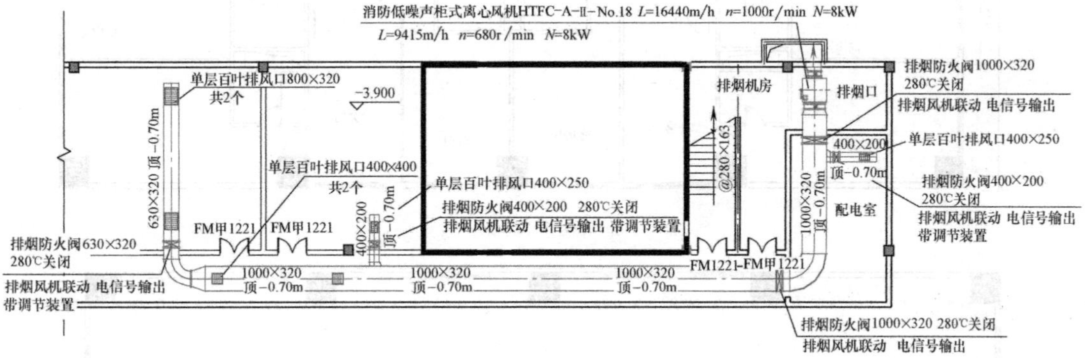

图 1-30　地下室排烟平面图

4. 机械加压送风防烟系统施工图的识图

(1) 识图要点　加压送风防烟的风机通常设置在屋顶，大多数采用混凝土风管（土建施工时完成），根据风口处标明的气流方向判定是排烟系统还是加压送风防烟系统。注意标注的尺寸及参数：风口标明大小及位置；风管标明规格；风机标明主要性能参数；阀门标明主要性能。施工安装主要内容为风机的安装和风口的安装。

(2) 识图举例　如图 1-31 所示为加压送风防烟系统平面图，图中所示防烟楼梯间和消防电梯间前室均设置了全自动正压送风口，防烟楼梯间设置两个正压送风口，型号为 PYKZ24/0.2，尺寸为 400mm×200mm，安装位置距地面 300mm。消防电梯间前室设置一个正压送风口，型号为 PYKZ24/0.2，尺寸为 400mm×250mm，安装位置距地面 300mm。

如图 1-32 所示为电梯机房防排烟平面图，图中屋顶设置加压送风机，分别用于两个剪刀楼梯间正压送风和合用前室正压送风。风机均采用低噪声消防柜式离心风机，每台风机的性能参数主要标注风量、风压和功率，如合用前室正压送风机风量为 $20813m^3/h$，风压为 410Pa，功率为 11kW。并在风机的正压段设置当烟气温度超过 280℃ 时能自动关闭的防火阀。

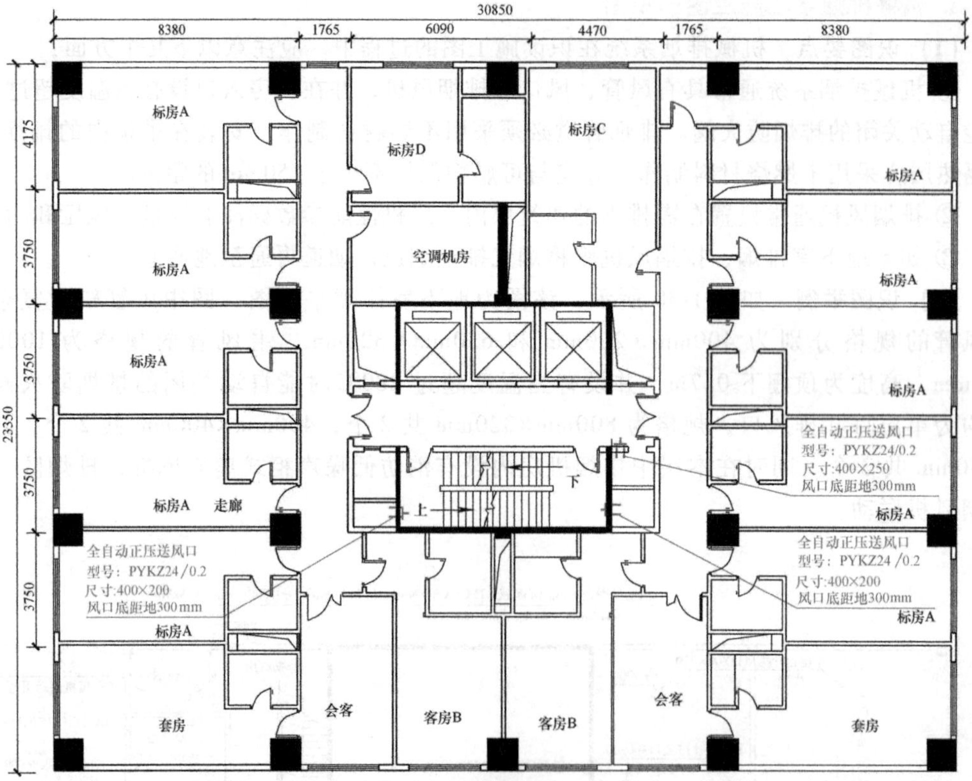

图 1-31　加压送风防烟系统平面图

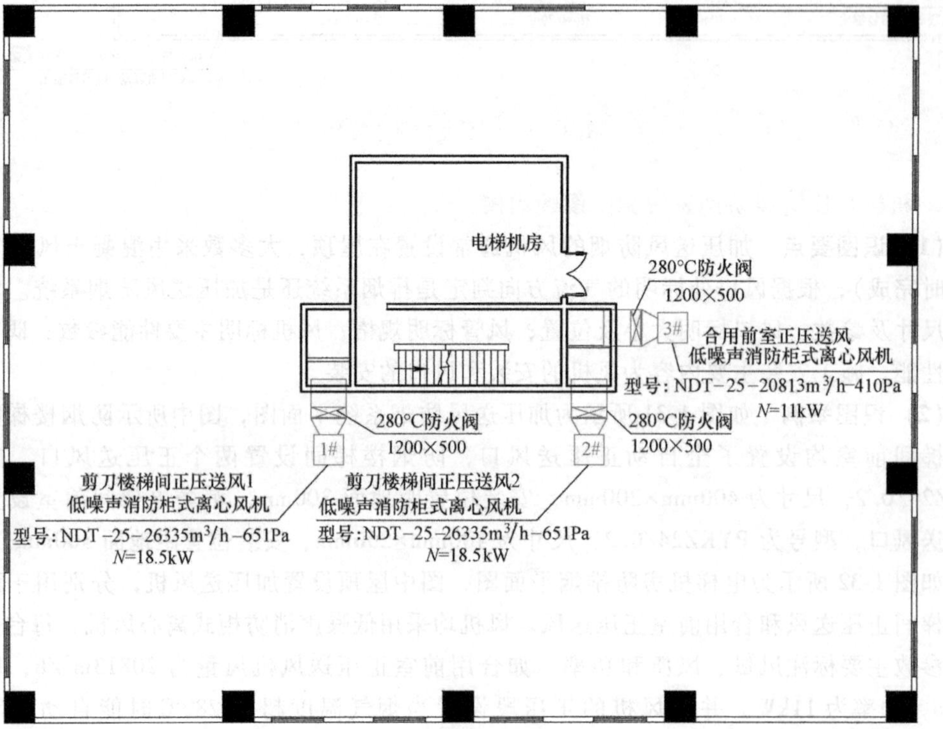

图 1-32　电梯机房防排烟平面图

1.2　制作风管的板材与拼接方法

1.2.1　风管的分类与常用材料

1. 风管的分类

(1) 按材质分类　风管按材质分为金属材料风管、非金属材料风管、复合材料风管3类。金属材料风管主要包括钢板、镀锌钢板、不锈钢板、铝板风管等；非金属材料风管包括硬聚氯乙烯、无机玻璃钢、有机玻璃钢风管等；复合材料风管主要指酚醛铝箔复合板、聚氨酯复合板、玻璃纤维复合板风管等。

(2) 按工作压力分类　风管系统按其工作压力划分为微压系统、低压系统、中压系统和高压系统4类。

微压系统是指工作压力 $p \leqslant 125\text{Pa}$，要求接缝和接管连接处应严密；低压系统是指工作压力 $125\text{Pa} < p \leqslant 500\text{Pa}$，要求接缝和接管连接处严密；中压系统是指工作压力 $500\text{Pa} < p \leqslant 1500\text{Pa}$，要求接缝和接管连接处增加密封措施；高压系统是指工作压力 $1500\text{Pa} < p \leqslant 2500\text{Pa}$，要求所有的拼接缝和接管连接处均应采取密封措施。

2. 风管常用材料与风管制作材料要求

(1) 金属风管常用材料　金属风管常用材料有普通薄钢板、镀锌薄钢板、铝及铝合金板、不锈钢板等。

1) 普通薄钢板：俗称黑铁皮，厚度0.5~2.0mm，有良好的机械强度和加工性能，价格比较便宜，所以在通风工程中使用较为广泛。但其表面易生锈，故在使用前需刷油防腐处理。

2) 镀锌薄钢板：表面呈银白色，又称白铁皮。厚度0.25~2.0mm，通风空调工程中常用厚度是0.5~1.5mm，镀锌层厚度不小于0.02mm。表面有锌层，具有良好的防腐性能。表面光滑洁净，且有热镀锌特有的结晶花纹。

3) 铝及铝合金板：加工性能好，有良好的耐腐蚀性，但纯铝强度低。铝合金板具有较强的机械强度，比较轻，塑性及耐腐蚀性能也较好，易于加工成型。摩擦不易产生火花，常用于防爆系统。注意保护材料表面，不得出现划痕。

4) 不锈钢板：表面有铬元素形成的钝化保护膜，使钢不被氧化。有较高的强度和硬度，韧性大，可焊性强，在空气、酸、碱溶液或其他介质中有较高的化学稳定性。表面光洁，不易锈蚀和耐酸。加工存放过程中，不应使板材表面产生划痕、刮伤等。

(2) 金属风管制作材料的要求　金属风管制作过程中，材质应符合下列要求：

① 所使用板材、型钢的主要材料应具有出厂合格证明书或质量鉴定文件。

② 镀锌薄钢板表面不得有裂纹、结疤及水印等缺陷，应有镀锌层结晶花纹。

③ 不锈钢板材应具有高温下耐酸耐碱的抗腐蚀能力。板面不得有划痕、刮伤、锈斑和凹穴等缺陷。

④ 铝板材应具有良好的塑性、导电、导热性能及耐酸腐蚀性能，表面不得有划痕及磨损。

⑤ 金属风管的材料品种、规格、性能与厚度等应符合设计和现行国家产品标准的规定。

当设计无规定时，应按规范执行。钢板或镀锌钢板的厚度不得小于表 1-7 的规定；不锈钢板的厚度不得小于表 1-8 的规定；铝板的厚度不得小于表 1-9 的规定。

表 1-7　钢板或镀锌钢板风管和配件板材厚度

风管直径或长边尺寸 b/mm	微压、低压系统风管/mm	中压系统风管		高压系统风管/mm	除尘系统风管/mm
		圆形/mm	矩形/mm		
$b \leqslant 320$	0.5	0.5	0.5	0.75	2.0
$320<b \leqslant 450$	0.5	0.6	0.6	0.75	2.0
$450<b \leqslant 630$	0.6	0.75	0.75	1.0	3.0
$630<b \leqslant 1000$	0.75	0.75	0.75	1.0	4.0
$1000<b \leqslant 1500$	1.0	1.0	1.0	1.2	5.0
$1500<b \leqslant 2000$	1.0	1.2	1.2	1.5	按设计要求
$2000<b \leqslant 4000$	1.2	按设计要求	1.2	按设计要求	

注：1. 螺旋风管的钢板厚度可按圆形风管减少 10%～15%。
2. 排烟系统风管钢板厚度可按高压系统。
3. 不适用于地下人防与防火隔墙的预埋管。

表 1-8　不锈钢板风管和配件板材厚度

风管直径或长边尺寸 b/mm	微压、低压、中压系统风管/mm	高压系统风管/mm
$b \leqslant 450$	0.5	0.75
$450<b \leqslant 1120$	0.75	1.0
$1120<b \leqslant 2000$	1.00	1.2
$2000<b \leqslant 4000$	1.2	按设计要求

表 1-9　铝板风管和配件板材厚度

风管直径或长边尺寸 b/mm	微压、低压、中压系统风管/mm
$b \leqslant 320$	1.0
$320<b \leqslant 630$	1.5
$630<b \leqslant 2000$	2.0
$2000<b \leqslant 4000$	按设计要求

（3）非金属与复合风管常用制作材料的要求　非金属与复合风管主要有无机玻璃钢风管、硬聚氯乙烯风管、酚醛铝箔复合风管、聚氨酯铝箔复合风管、玻璃纤维复合风管、玻镁复合风管等。本节主要介绍非金属与复合风管的技术参数及适用范围。

1）无机玻璃钢风管：材料密度≤2000kg/m³，弯曲强度≥65MPa，适用于低、中、高压空调系统及防排烟系统。

2）硬聚氯乙烯风管：材料密度为 1300～1600kg/m³，弯曲强度≥34MPa，适用于洁净室及含酸碱的排风系统。

3）酚醛铝箔复合风管：材料密度为 60kg/m³，厚度为 20mm，弯曲强度≥1.05MPa，适用于设计工作压力≤2000Pa 的空调系统及潮湿环境，风速≤12m/s，边长≤2000mm。

4）聚氨酯铝箔复合风管：材料密度≥45kg/m³，厚度≥20mm，弯曲强度≥1.02MPa，适用于设计工作压力≤2000Pa 的空调系统、洁净空调及潮湿环境，风速≤12m/s，边长≤2000mm。

5）玻璃纤维复合风管：材料密度≥70kg/m^3，厚度≥25mm，适用于设计工作压力≤1000Pa 的空调系统，风速≤10m/s，边长≤2000mm。

6）玻镁复合风管：分为普通型、节能型、低温节能型、洁净型、排烟型、防火型、耐火型，不同类型厚度均不相同，按复合板不同类型分别适用于空调系统、洁净系统及防排烟系统。

1.2.2　板材拼接方法

风管咬口类型

1. 金属板材拼接方法

金属薄板制作风管时采用咬口连接、焊接、铆钉连接等不同拼接方法。不同板材拼接方法可按表 1-10 确定。

表 1-10　金属板材拼接方法

<table>
<tr><th rowspan="2">板厚 δ/mm</th><th colspan="4">材　质</th></tr>
<tr><th>镀锌钢板(有保护层的钢板)</th><th>普通钢板</th><th>不锈钢板</th><th>铝　板</th></tr>
<tr><td>δ≤1.0</td><td rowspan="2">咬口连接</td><td rowspan="2">咬口连接</td><td>咬口连接</td><td rowspan="2">咬口连接</td></tr>
<tr><td>1.0<δ≤1.2</td><td rowspan="3">氩弧焊或电焊</td></tr>
<tr><td>1.2<δ≤1.5</td><td>咬口连接或铆接</td><td rowspan="2">电焊</td><td>铆钉连接</td></tr>
<tr><td>δ>1.5</td><td>焊接</td><td>气焊或氩弧焊</td></tr>
</table>

(1) 咬口连接　咬口连接能增加风管强度，变形小、外形美观，在风管连接中应用广泛。

1）咬口的种类：咬口有单平咬口、单立咬口、转角咬口、联合咬口、按扣式咬口等类型，咬口连接应根据使用范围选择咬口形式。

① 单平咬口：如图 1-33 所示，常用于低、中、高压系统板材的拼接和圆形风管或部件的纵向闭合缝。

② 单立咬口：如图 1-34 所示，主要用于圆形、矩形风管横向连接或纵向接缝，弯管横向连接。

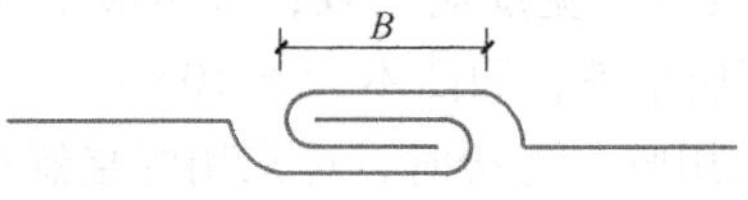

图 1-33　单平咬口

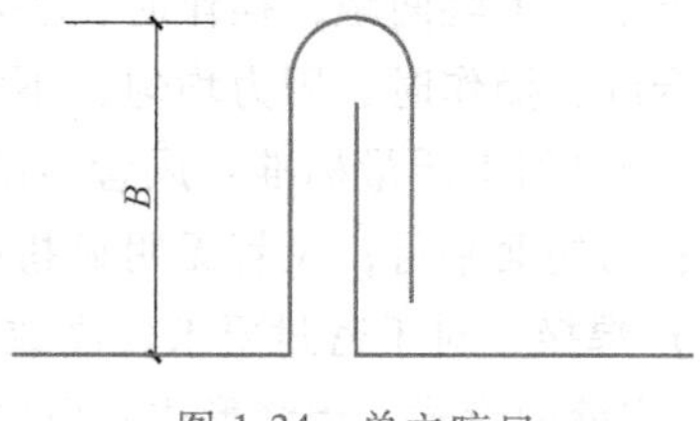

图 1-34　单立咬口

③ 转角咬口：如图 1-35 所示，多用于低、中、高压系统矩形风管或配件的纵向闭合缝和有净化要求的空调系统，有时也用于矩形弯管、矩形三通的转角缝。

④ 联合咬口：如图 1-36 所示，主要用于低、中、高压系统矩形风管或配件四角咬口

连接。

⑤ 按扣式咬口：如图 1-37 所示，主要用于低、中压系统矩形风管的咬接，有时也用于矩形弯管、三通或四通等配件的咬接。

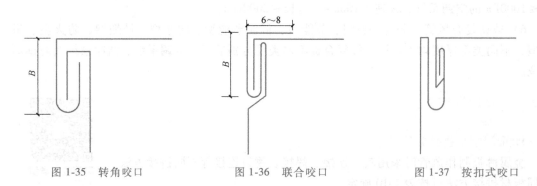

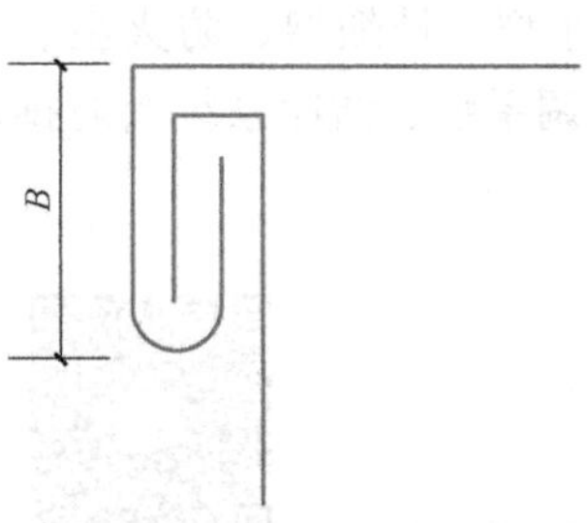

图 1-35 转角咬口

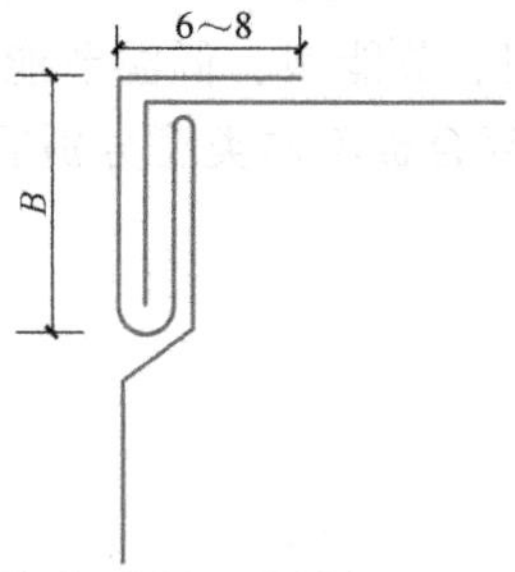

图 1-36 联合咬口

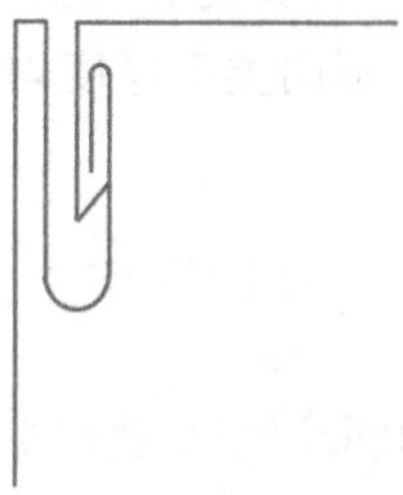

图 1-37 按扣式咬口

2）咬口的宽度：咬口的宽度应根据钢板的厚度确定，宽度数值见表 1-11。对于单平咬口、单立咬口、转角咬口应留 3 倍咬口宽度的留量（在其中一块板上留一倍咬口宽度，另一块留两倍咬口宽度）。联合咬口、按扣式咬口应留出 4 倍咬口宽度的留量（在其中一块板上留一倍咬口宽度，另一块留 3 倍咬口宽度）。

表 1-11 咬口宽度表

钢板厚度 δ/mm	平咬口宽 B/mm	角咬口宽 B/mm
$\delta \leq 0.7$	6~8	6~7
$0.7<\delta \leq 0.85$	8~10	7~8
$0.85<\delta \leq 1.2$	10~12	9~10

3）咬口的加工：咬口的加工主要是折边和咬合压实。折边的质量要求是保证咬口的严密和牢固，折边的宽度应一致，平直均匀，不得出现含半咬口和张裂现象。折边宽度应稍小于咬口宽度。

咬口加工时，手指距滚轮护壳不小于 5cm，手不准放在咬口机轨道上。咬口后的板料，按画好的折方线放在折方机上，置于下模的中心线。操作时使机械上刀片中心线与下模中心线重合，折成所需要的角度。折方时应互相配合并与折方机保持一定距离，以免被翻转的钢板或配重碰伤。制作圆风管时，将咬口两端拍成圆弧状放在卷圆机上圈圆，按风管直径规格适当调整上、下辊间距，操作时，手不得直接推送钢板。折方或卷圆后的钢板用合口机或手工进行合缝，操作时，用力均匀，不宜过重。单、双口确实咬合，无胀裂和半咬口现象。

4）咬口加工质量标准：风管与配件的咬口缝应紧密、宽度应一致；折角应平直，圆弧应均匀；两端面平行；风管无明显扭曲与翘角；表面应平整，凹凸不大于 10mm。

(2) 焊接 对于密封要求较高或板材较厚不宜采用咬口连接时，可采用焊接制作风管。

1）焊缝的形式：焊缝形式应根据风管的构造和焊接方法而定，可选如图 1-38 所示的几种形式。板材的拼接缝、横向缝或纵向闭合缝可采用对接缝；角缝适用矩形风管及配件的纵向闭合缝和转角缝；搭接缝、搭接角缝适用于板材厚度较薄的矩形风管和配件以及板材的拼接；板边缝及板边角缝适用于板材厚度较薄的矩形风管和配件以及板材的拼接，且采用气焊时；丁字接增强结构强度和耐久性；卷边接主要用于薄板和有色金属的焊接。

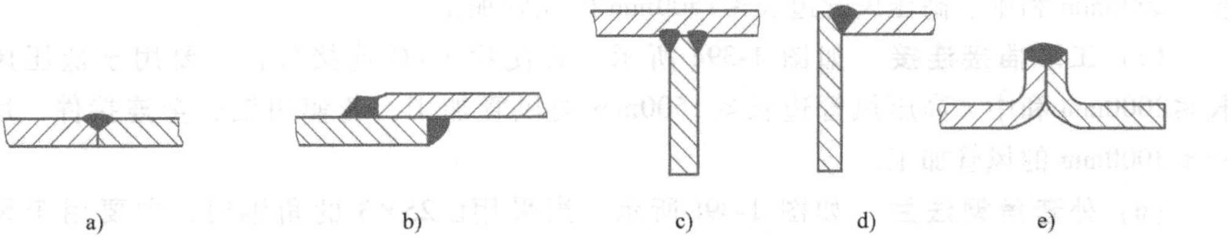

图 1-38　焊缝形式
a）对接　b）搭接　c）丁字接　d）角接　e）卷边接

2）焊接的方法：焊接时可采用电焊、气焊或氩弧焊。

① 电焊预热时间短，穿透力强，焊接速度快，焊接变形小，但较薄钢板易烧透。矩形风管的焊缝多用电焊焊接，焊接时，应除去焊缝周围的铁锈、污物，风管板材较薄的对接焊可不必坡口，留出 0.5~1.0mm 的焊缝。搭接焊时，应留出 10mm 左右的搭接量。

② 气焊预热时间长，加热面积大，焊接后板材变形大，影响风管表面的平整，特别是厚度在 0.8~1.2mm 之间的钢板。板厚>1.5mm 的铝板常用此方法。

③氩弧焊是利用氩气作保护气体的气电焊。氩气保护了被焊接的金属板材，接头具有很高的强度和耐腐蚀性能，由于热量集中，板材焊接后不易发生变形，更适用于不锈钢板及铝板的焊接。

3）焊缝的质量：焊缝表面应平整，不应有裂缝、凸瘤、穿透的夹渣、气孔及其他缺陷等，焊接后板材的变形应矫正，并将焊渣及飞溅物消除干净。检查数量按制作数量的 10% 抽查，不得少于 5 件；净化空调工程按制作数量的 20% 抽查，不得少于 5 件。焊接质量通过查验测试记录、进行装配试验、尺量、观察检查。

（3）铆钉连接　铆钉连接是利用铆钉将两个或两个以上的元件（一般为板材或型材）连接在一起的一种不可拆卸的连接，简称铆接。铆钉有空心和实心两大类。最常用的铆接是实心铆钉连接。实心铆钉连接多用于受力大的金属零件的连接，空心铆钉连接用于受力较小的薄板或非金属零件的连接。铆钉的材料必须具有良好的塑性和无淬硬性。为避免膨胀系数的不同而影响铆缝的强度或与腐蚀介质接触时产生电化学反应，一般铆钉材料应与被铆件的材料相同或相近。常用的铆钉材料有钢铆钉、铜铆钉和铝铆钉。

铆接工艺简单、连接可靠、抗震、耐冲击。但与焊接相比，结构笨重，铆孔削弱被连接件截面强度的 15%~20%，操作劳动强度大、噪声大，生产效率低。因此，铆接经济性和紧密性不如焊接。

2. 非金属板材拼接方法

非金属与复合风管的制作方式应根据风管连接形式确定，本节主要介绍非金属与复合风管连接形式及适用范围。

（1）45°粘接　如图 1-39a 所示，用于酚醛铝箔复合风管、聚氨酯铝箔复合风管边长≤500mm 的风管加工。

（2）承插阶梯粘接　如图 1-39b 所示，用于玻璃纤维复合风管的加工。

（3）对口粘接　如图 1-39c 所示，主要用于玻镁复合风管，边长≤2000mm 的风管加工。

（4）槽形插接连接　需使用 PVC 连接件，如图 1-39d 所示，主要用于低压风管边长≤2000mm 和中、高压风管边长≤1500mm 的风管加工。

(5) 工形插接连接 如图 1-39e 所示，若使用 PVC 连接件，主要用于低压风管边长≤2000mm 和中、高压风管边长≤1500mm 的风管加工；若使用铝合金连接件，用于边长≤3000mm 的风管加工。

(6) 外套角钢法兰 如图 1-39f 所示，当采用∟25×3 的角钢时，主要用于风管边长≤1000mm 的风管加工；当采用∟30×3 的角钢时，主要用于风管边长≤1600mm 的风管加工；当采用∟40×4 的角钢时，主要用于风管边长≤2000mm 的风管加工。

(7) C 形插接法兰 如图 1-39g 所示，可使用 PVC 连接件或铝合金连接件，当板厚≥1.2mm 时采用镀锌板连接件，C 形插接法兰主要用于风管边长≤1600mm 的风管加工。

(8) “H” 连接法兰 如图 1-39h 所示，采用铝合金连接件，用于风管与阀部件及设备的连接。

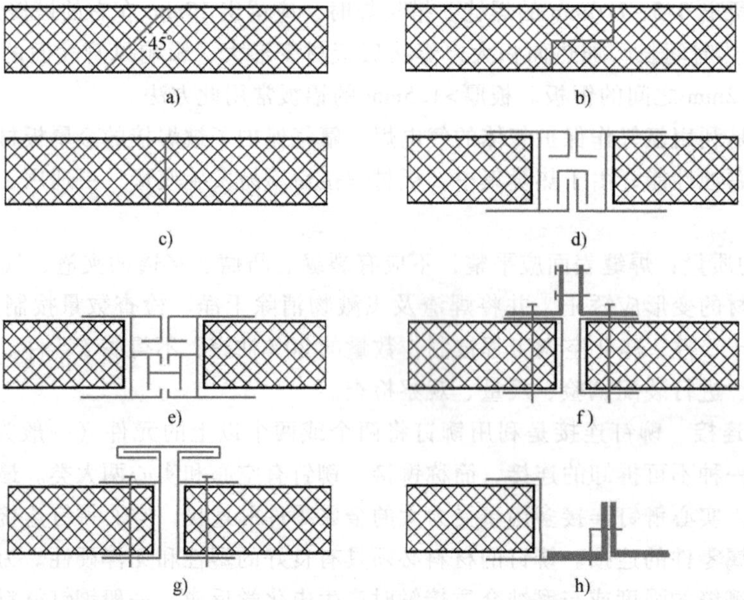

图 1-39 非金属与复合风管连接形式

a) 45°粘接 b) 承插阶梯粘接 c) 对口粘接 d) 槽形插接连接 e) 工形插接连接 f) 外套角钢法兰 g) C 形插接法兰 h) “H” 连接法兰

1.3 风管及部件的制作

1.3.1 金属风管及配件的制作

风管展开图的绘制与制作

1. 金属风管的制作

金属风管制作应按如图 1-40 所示的工序进行。

图 1-40 金属风管制作工序

（1）展开下料　划线是利用几何作图的基本方法，划出各种线段和几何图形。风管制作时，经常画的线有直角线、垂直平分线、平行线、角平分线、直线等分线、圆等分线等。展开方法宜采用平行线法、放射线法和三角线法。根据图及大样风管不同的几何形状和规格分别进行划线展开。

划线工具主要有不锈钢直尺、钢板直尺、直角尺、划规、地规、量角器、划针、样冲，如图1-41所示。

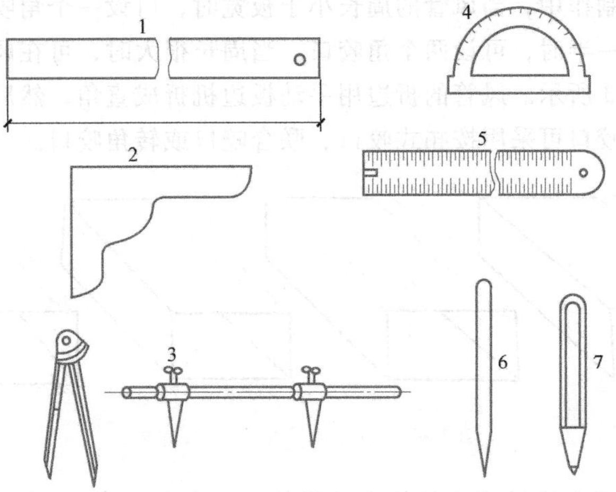

图1-41　划线工具

1—钢板直尺　2—直角尺　3—划规、地规　4—量角器　5—1m长不锈钢钢板尺　6—划针　7—样冲

1）圆形直风管的展开下料：圆风管的展开图是一个矩形，它的一边是周长，另一边是风管的长度。为了保证风管质量，展开时，矩形的4个角必须垂直，可用对角线法检验。应根据板厚留出咬口留量、法兰的翻边量（一般为10mm）。若风管采用对接焊时，展开图可直接在薄钢板上画出即可。当风管直径较大，用单张板料不够时，可进行拼接。

2）矩形风管的展开下料：矩形风管的展开下料方法与圆形风管相同，只是它的周长是矩形断面各边长之和，另一边是风管的长度，同样对于风管的展开图应严格用方角，以避免制作出的风管出现扭曲、翘角现象。

（2）剪切　板材的剪切就是将板材按划线形状进行裁剪的过程。板材剪切前，必须进行下料的复核，以免有误，造成材料浪费。剪切时，应做到准确、切口整齐、直线平直、曲线圆滑。剪切可用手工剪切和机械剪切。

手工剪切常用的工具有手工直剪、弯剪、侧刀剪和手动滚轮剪等。机械剪切板材可以提高工作效率。常用的机械剪切工具有龙门剪板机、双轮直线剪板机和振动式曲线剪板机等。

（3）倒角　金属风管制作时，板材倒角的目的是为避免咬口处因板材叠加产生不能压实而出现漏风的现象，板材下料后在压口之前，必须用倒角机或剪刀进行倒角工作，倒角形状如图1-42所示。

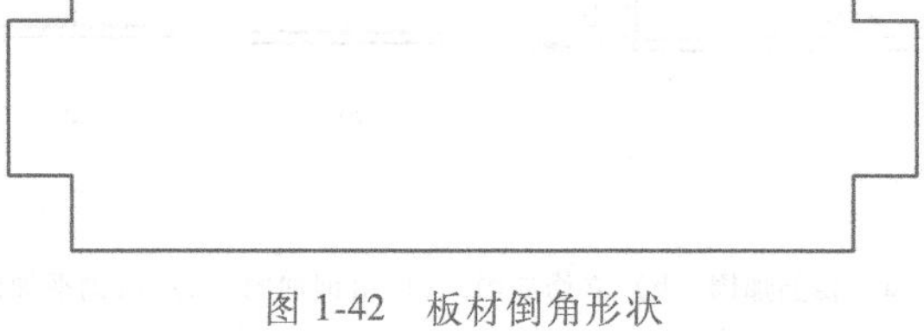

图1-42　板材倒角形状

(4) 咬口制作与加工 见 1.2.2 (1) 咬口连接。

(5) 风管折方成型 圆形风管需卷圆，矩形风管需要折方。

圆形风管的加工，通常采用手工或机械进行。手工加工前应将剪切好的板材贴在圆管上压圆，再用木方尺修整，使咬口能互相扣合，再把咬口打紧打实，最后用方尺调圆，直到圆弧均匀为止。机械加工是用卷圆机进行滚压，板材经卷圆机卷圆后，再将咬口压实，就成为圆形风管。

矩形风管的加工制作中，当风管的周长小于板宽时，可设一个角咬口。当板宽小于风管的周长，大于周长的一半时，可设两个角咬口。当周长很大时，可在风管的 4 个边角分别设 4 个角咬口，如图 1-43 所示。风管的折边用手动板边机折成直角，然后将咬口压实后即成矩形风管。矩形风管的咬口可采用按扣式咬口、联合咬口或转角咬口。

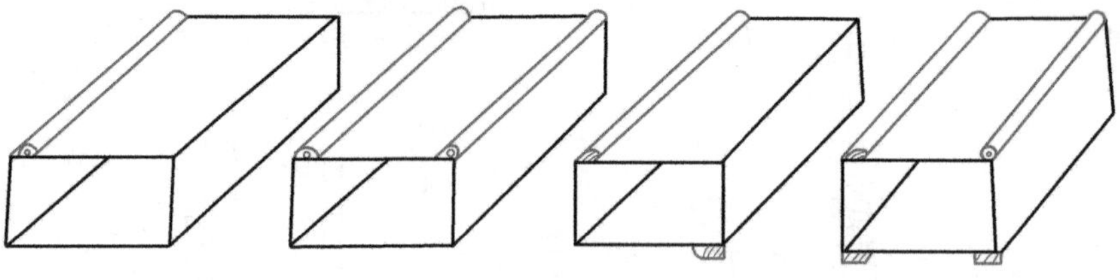

图 1-43 矩形风管角咬口示意图

(6) 风管加固 对于直径或边长较大的风管，避免风管断面变形，减少运转振动产生的噪声，需要进行加固。

对于圆形风管，本身强度高，一般不加固。但当直咬缝圆形风管直径大于或等于 800mm，且管段长度大于 1250mm 或管段总表面积大于 $4m^2$ 时，每隔 1500mm 加设一个扁钢加固圈，并用铆钉固定在风管上。如果运输圆形风管直径大于 500mm 时，纵向咬口的两端用铆钉或点焊固定。用于高压系统的螺旋风管，直径大于 2000mm 时应采取加固措施。

对于矩形风管，本身强度低、易变形，尤其边长较大风管通常采取加固措施。当矩形风管的长边尺寸大于或等于 630mm，保温风管长边尺寸大于 800mm，管段长度在 1250mm 以上，或低压风管的单边平面积大于 $1.2m^2$，中、高压风管大于 $1.0m^2$ 时，采取加固措施。

风管加固方法如图 1-44 所示，图 1-44a 为楞筋加固，是在风管壁上滚槽加固，将板放在滚槽机械上滚槽，加工出凸棱；图 1-44b 为立筋加固，即用立咬口；图 1-44c 为角钢加固；图 1-44d 为扁钢平加固；图 1-44e 为扁钢立加固，加固框必须铆接在风管外侧，应用较为普遍；图 1-44f 为加固筋，用 1.0~1.5mm 厚的镀锌钢板条压成三角菱形作为加固肋条，铆接在风管壁上；图 1-44g 为管内支撑加固，采用扁钢在管内支撑，扁钢两端铆接在风管上。

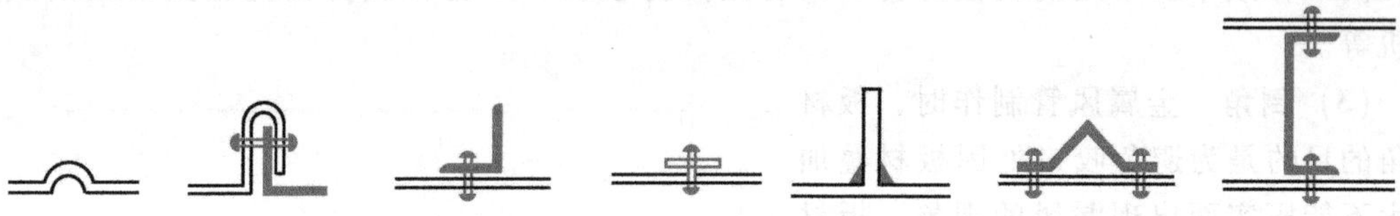

a) b) c) d) e) f) g)

图 1-44 金属风管的加固

a) 楞筋加固 b) 立筋加固 c) 角钢加固 d) 扁钢平加固 e) 扁钢立加固 f) 加固筋 g) 管内支撑加固

2. 风管法兰制作

法兰主要用于风管之间，风管与配件、部件之间的延长连接。使用法兰连接不仅便于安装和拆卸维修，而且还可以增加风管的刚度。

风管法兰的加工

(1) 法兰用料规格　在钢板风管中，矩形法兰用等边角钢制作；圆形法兰直径小于 280mm 用扁钢制作，其余均用等边角钢制作。矩形风管法兰用料规格和圆形风管法兰用料规格见表 1-12 和表 1-13。

表 1-12　矩形风管法兰用料规格

矩形风管长边尺寸 b/mm	法兰角钢规格/mm
$b\leqslant 630$	∟25×3
$630<b\leqslant 1500$	∟30×3
$1500<b\leqslant 2500$	∟40×4
$2500<b\leqslant 4000$	∟50×5

表 1-13　圆形风管法兰用料规格

圆形风管直径 D/mm	扁钢规格/mm	角钢规格/mm
$D\leqslant 140$	−20×4	—
$140<D\leqslant 280$	−25×4	—
$280<D\leqslant 630$	—	∟25×3
$630<D\leqslant 1250$	—	∟30×4
$1250<D\leqslant 2000$	—	∟40×4

(2) 风管角钢法兰的加工　风管法兰的加工工序通常为：下料→划线→钻孔→组焊。

1) 下料：计算下料尺寸并在角钢上划线，选择合适的下料方式将角钢切断。

2) 划线：对角钢料进行调直和整理，然后分别划出螺栓孔和铆钉孔的中心线。

3) 钻孔：在台钻或立钻上钻出螺栓孔和铆钉孔。

4) 组焊：在平台上划出矩形，注意四角应严格角方，保证 90°，矩形对角线相等，矩形的长与宽尺寸应大于风管外径 2~3mm，不能出现负值。待检查尺寸后将角钢平面朝上，把其他角钢摆放在平台或地平面上进行点焊，直至制作完毕。

对于矩形风管，方法兰由 4 根角钢组焊而成，划线下料时应注意使焊成后的法兰内径不能小于风管的外经，用型钢切割机按线切断。下料调直后放在冲床上冲击铆钉孔及螺栓孔，微压、低压和中压系统风管孔距不应大于 150mm；高压系统风管孔距不得大于 100mm。如采用 8501 阻燃密封胶条做垫料时，螺栓孔距可适当增大，但不得超过 300mm。法兰四角处应设螺栓孔。冲孔后的角钢放在焊接平台上进行焊接，焊接时按各规格模具卡紧。

对于圆形风管，加工法兰时先将整根角钢或扁钢放在冷煨法兰卷圆机上按所需法兰直径调整机械的可调零件，卷成螺旋形状后取下。将卷好后的型钢画线割开，逐个放在平台上找平找正，进行焊接、冲孔。

(3) 角钢法兰与风管的装配　法兰与风管装配形式有两种，一是翻边铆接，另一种为焊接或翻边间断焊。

1) 翻边铆接：风管板厚小于或等于 1.2mm 且风管长边尺寸小于或等于 2000mm 的风

管，与角钢法兰连接宜采用翻边铆接。风管的翻边应紧贴法兰，翻边宽度均匀且不小于6mm，且不应大于9mm。铆接应牢固，铆钉间距100~120mm，且数量不少于4个。

不锈钢风管与法兰铆接时，应采用不锈钢铆钉；法兰及连接螺栓为碳素钢时，其表面应采用镀铬或镀锌等防腐措施。铝板风管与法兰连接时，宜采用铝铆钉；法兰为碳素钢时，其表面应按设计要求作防腐处理。薄钢板法兰与风管连接时，宜采用冲压连接或铆接，低、中压风管法兰的铆接点间距宜为120~150mm；高压风管和法兰的铆接点间距宜为80~100mm。

2）焊接：风管板厚大于1.2mm的风管，与角钢法兰连接可采用焊接或翻边间断焊。风管与法兰应紧贴，风管端面不得凸出法兰接口平面，间断焊的焊缝长度宜在30~50mm，间距不应大于50mm。满焊时，法兰应伸出风管管口4~5mm。焊接完成后，应对施焊处进行相应的防腐处理。

成型的矩形风管薄钢板法兰应符合下列规定：薄钢板法兰风管连接端面接口处应平整，接口四角处应有固定角件，其材质为镀锌钢板，板厚不应小于1.0mm。固定件与法兰连接处应采用密封胶进行密封。

3. 风管与风管（管件）的连接形式

风管与风管（管件）的连接可以采用铆接连接、法兰连接、无法兰连接、焊接连接等形式，其中法兰连接应用较为广泛。

（1）铆接连接　风管铆接连接必须使铆钉中心线垂直于板面，铆钉头应把板材压紧，使板缝密合并且铆钉排列整齐、均匀。

（2）角钢法兰连接　如图1-45所示，风管法兰连接时，法兰之间应加垫料，将螺栓拧紧，连接紧密。风管的法兰垫料非常重要，它关系到风管的严密性。常用的法兰垫料有橡胶板、石棉橡胶板、软聚氯乙烯板、闭孔海绵橡胶板等材料。橡胶板弹性和严密性好，应用广泛；石棉橡胶板具有良好的弹性，耐高温，应用于风管内输送介质温度较高的场合。软聚氯乙烯板耐腐蚀，热稳定性差。闭孔海绵橡胶板耐高温、耐酸碱、阻燃。使用时根据使用场合及所输送介质来确定。

（3）共板法兰连接　如图1-46所示，共板式法兰风管又称无法兰风管，其制作比传统的矩形风管加工速度更快捷、更方便，漏风率更小。其优点是节省材料，减少工程投资；漏风量小，降低能耗，节省运行费用，颇受施工企业欢迎。

图1-45　角钢法兰连接示意图

共板法兰主要由角码、法兰夹及与风管一体相连的法兰组成，如图1-46所示。四角采用螺栓固定，中间采用法兰夹等连接件，其间距不应大于150mm，最外端连接件距风管边缘尺寸按风管边长确定，如图1-47所示。这种形式风管减少了角钢用量，减少了制作角钢法兰的人工用量，但必须通过机床进行加工，手工制作几乎不能实现它的制作，通常应用于新风系统，空调系统等。共板法兰风管加工流水线在国内的应用已越来越普遍。

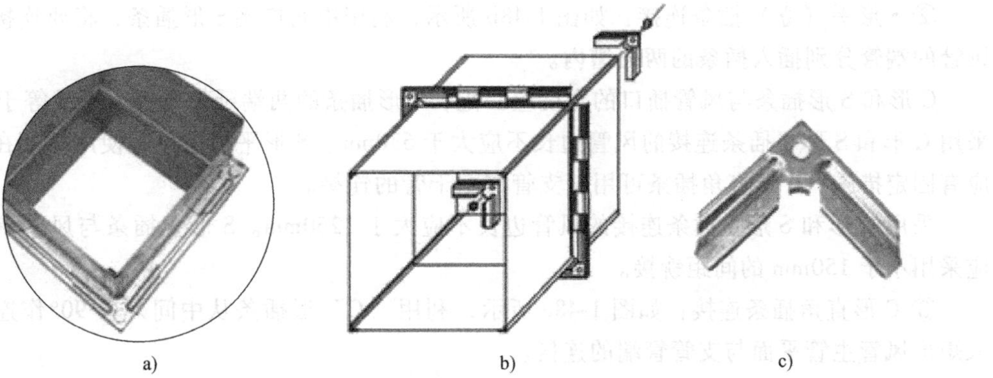

图 1-46　共板法兰连接示意图

a）共板法兰连接　b）共板法兰安装风管示意图　c）角码（圆、方孔）

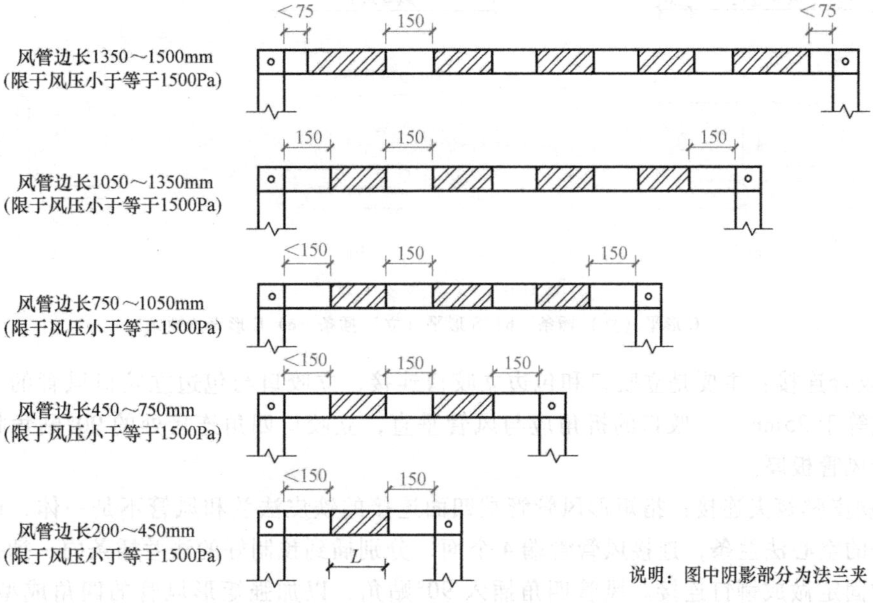

图 1-47　法兰夹间距

（4）无法兰连接

1）承插连接。

① 直接承插连接：制作风管时，一端比另一端略大，然后插入连接，插入深度大于或等于 30mm，用拉铆钉或螺钉固定两节风管连接位置，在接口缝内或外沿涂抹密封胶，完成风管段的连接。

② 芯管承插连接：利用芯管作为中间连接件，芯管两端分别插入两根风管实现连接，插入深度≥20mm，然后用拉铆钉或自攻螺钉将风管和芯管连接段固定，并用密封胶将接缝封堵严密。这种连接方式一般用在微压、低压、中压风管上。

2）插条连接。

① C 形平（立）插条连接：如图 1-48a 所示，利用“C”形插条插入端头翻边的两风管连接部位，将风管扣咬达到连接的目的。

② S形平（立）插条连接：如图1-48b所示，利用中间连接S形插条，将要连接的两根风管的端管分别插入插条的两面槽内。

C形和S形插条与风管插口的宽度应匹配，C形插条的两端延长量宜大于或等于20mm。采用C形和S形平插条连接的风管边长不应大于630mm。S形平插条单独使用时，在连接处应有固定措施。C形直角插条可用于支管与主干管的连接。

采用C形和S形立插条连接的风管边长不应大于1250mm。S形立插条与风管壁连接处应采用小于150mm的间距铆接。

③ C形直角插条连接：如图1-48c所示，利用“C”形插条从中间外弯90°作连接件插入矩形风管主管平面与支管管端的连接。

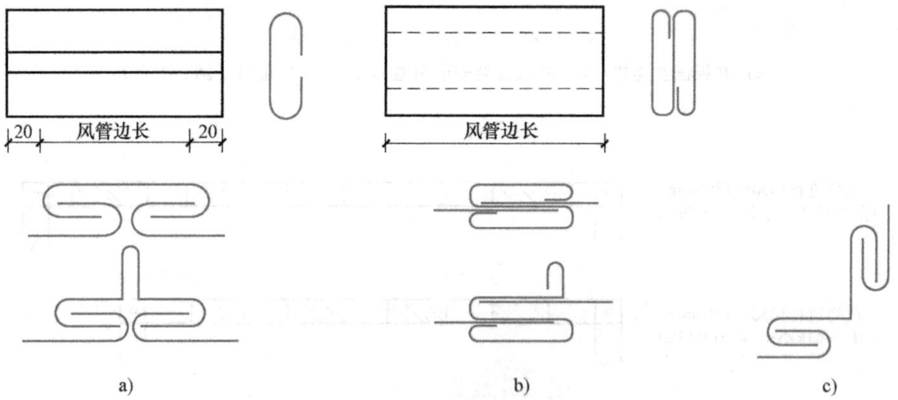

图1-48 插条连接示意图

a）C形平（立）插条 b）S形平（立）插条 c）C形直角插条

3）咬合连接：主要是立咬口和包边立咬口连接，立咬口与包边立咬口风管的立筋高度应大于或等于25mm。立咬口的折角应与风管垂直，立咬口四角连接处的90°贴角板厚应大于或等于风管板厚。

4）铁皮弹簧夹连接：指矩形风管管端四面连接的铁皮法兰和风管不是一体，而是专门压制出来的空心法兰条，连接风管管端4个面，分别插到预制好的法兰插条内，插条和风管本体板的固定做成铆钉连接。风管四角插入90°贴角，以加强矩形风管的四角成型及密封。弹簧夹须用专用机械加工，连接接口密封除插入空心法兰风管管端平面有密封胶条密封外，两法兰平面也需由密封胶条在连接时加以密封。

(5) 焊接连接 当普通钢板的厚度大于1.2mm，不锈钢板的厚度大于1.0mm，铝板厚度大于1.5mm时，可采用焊接连接。对于碳钢板风管宜采用直流焊机焊接或气焊焊接。对于不锈钢风管的焊接可用非熔化极氩弧焊。铝板风管的焊接宜采用氧乙炔或氩弧焊。焊接前，必须清除焊接端口处的污物、锈蚀；采用点焊或连续焊缝时，还需清除氧化物。对接口应保持最小的缝隙，手工点焊定位处的焊瘤应及时清除。除尘系统风管与法兰的连接宜采用内侧满焊、外侧间断焊。风管端面距法兰接口平面的距离不应小于5mm。

4. 部件加工

(1) 矩形风管弯头 常见的弯头有内外弧形矩形弯头、内斜线形矩形弯头、内弧形矩形弯头。它们主要由两块侧壁、弯头背和弯头里组成。内外弧形矩形弯头展开图如图1-49所示，$R_1=0.5A$，$R_2=1.5A$，M=法兰角钢边宽+10mm，$L_1=1.57R_1$，$L_2=1.57R_2$。

内斜线形矩形弯头由两块侧壁板、一块弯头背板（中间折方）和一块弯头里斜板组成，展开图如图 1-50 所示。内弧线形矩形弯头与内斜线弯头相似，展开图如图 1-51 所示。

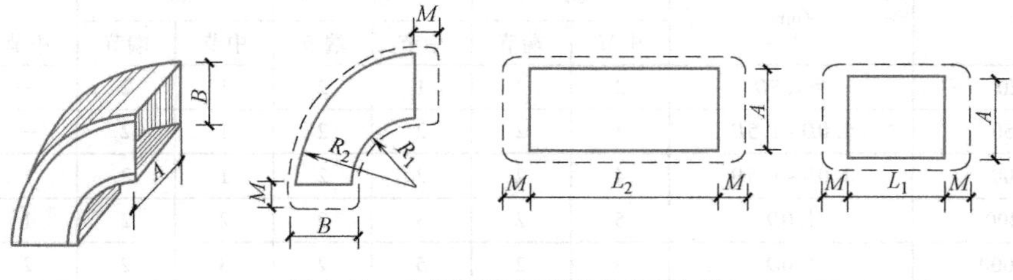

图 1-49　内外弧形矩形弯头的展开图

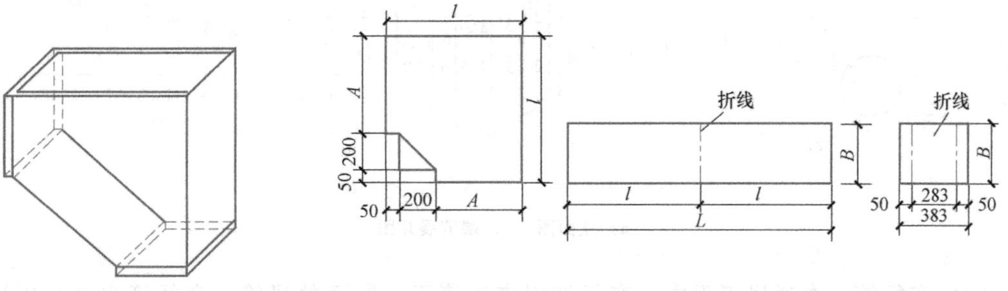

图 1-50　内斜线形矩形弯头的展开图

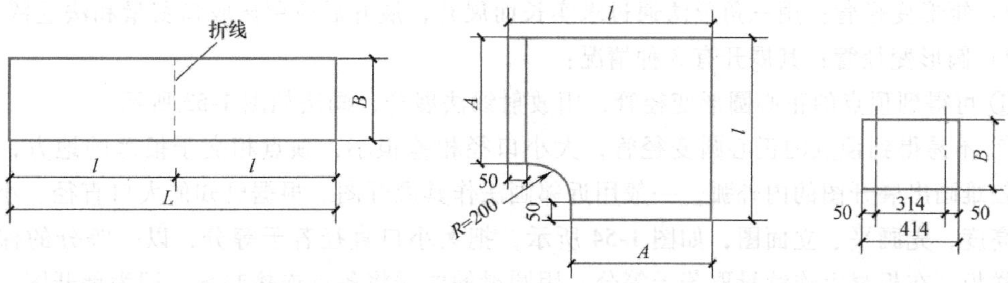

图 1-51　内弧线形矩形弯头展开图

加工步骤：

1）划侧壁板图：根据弯曲半径和侧板宽度 A，划出弯头侧里面图，依照咬口形式在背弧和里弧处放出咬口单边留量；在两个口径处放出法兰留量和法兰翻边留量。

2）划背板和里板：用计算或丈量侧壁背弧所得的长度，以及背里宽度和里板的展开矩形，并在其两侧放出咬口双边留量；在其两头同样要放出法兰及其翻边留量。

3）下料：进行裁剪时注意图中去角部分一定要剪去，否则翻边困难。

（2）圆形风管弯管　圆形风管弯管由两个带有单斜口的端节和若干个带有双斜口的中节组成，两端节是中间节的一半。要求弯头阻力不能太大，弯曲半径要满足工程需要，加工时节工省料。弯曲半径和弯头节数应符合规范规定。

圆形弯管的展开采用平行线展开法。先根据表 1-14 所示的弯管直径、弯曲角度确定弯曲半径和节数，画出立面图，如图 1-52 所示。画中间节的展开图时，只要用平行线法将端节展开，取 2 倍端节的展开图，就可得到中间节的展开图。

表 1-14　圆形弯管的弯曲半径和最少节数

弯管直径 D /mm	弯曲半径 R /mm	弯曲角度和最少节数							
		90°		60°		45°		30°	
		中节	端节	中节	端节	中节	端节	中节	端节
80～220	≥1.5*D*	2	2	1	2	1	2	—	2
240～450	1.0*D*～1.5*D*	3	2	2	2	1	2	—	2
480～800	1.0*D*～1.5*D*	4	2	2	2	1	2	1	2
850～1400	1.0*D*	5	2	3	2	2	2	1	2
1500～2000	1.0*D*	8	2	5	2	3	2	2	2

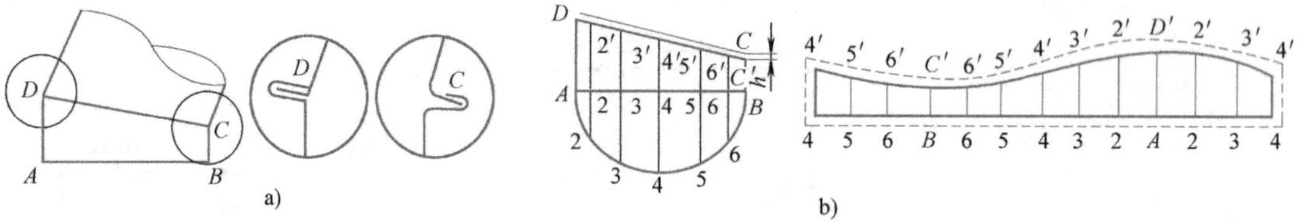

图 1-52　圆形弯管的立面图和端节展开图

a）立面图　b）端节展开图

(3) 变径管　在通风工程中，变径管用来连接不同断面的风管，变径管主要有矩形变径管、圆形变径管和天圆地方变径管。

1）矩形变径管：用三角形法通过求实长而展开，展开后应留出咬口留量和法兰留量。

2）圆形变径管：其展开有 3 种情况：

① 可得到顶点的正心圆形变径管，用放射线法展开，画法如图 1-53 所示。

② 不易得到顶点的正心圆变径管，大小口径相差很小，顶点相交于很远的地方，划线工具较难画出展开图的内外弧，一般用近邻画法作其展开图。根据已知的大口直径、小口直径、高度，先画平、立面图，如图 1-54 所示，把大小口直径若干等分，以一等分的梯形面积作样板，在板材上连续量取若干等分，用圆滑的曲线将各点连接起来，即为展开图。

③ 偏心圆变径管的展开，主要用放射线法画展开图。

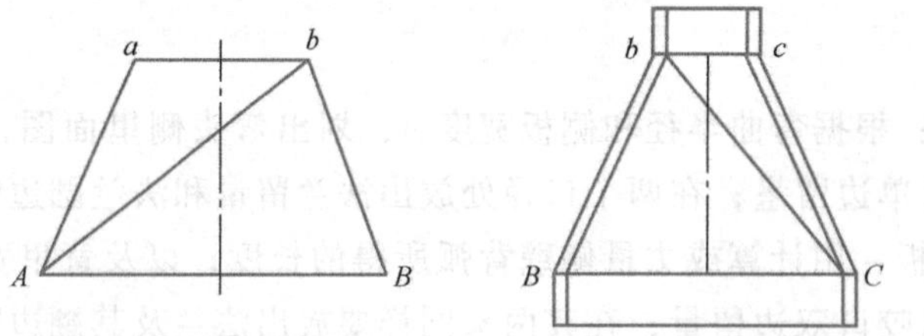

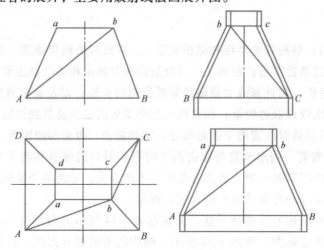

图 1-53　可得到顶点的正心圆形变径管展开图

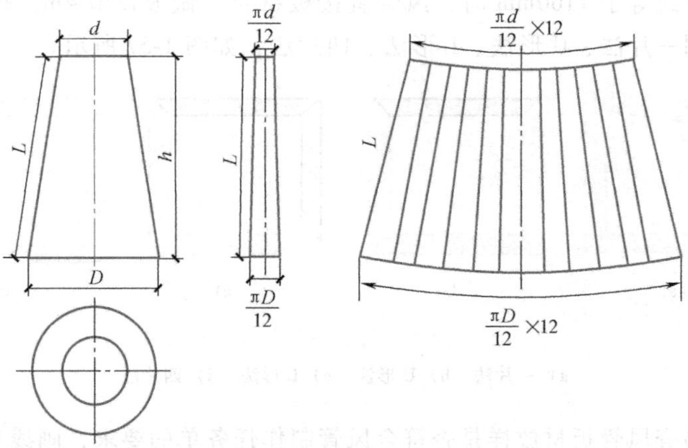

图 1-54　不易得到顶点的正心圆变径管展开图

3）天圆地方变径管：凡是圆形断面变为矩形断面的风管，均需天圆地方，如风机出口、送风口等连接处，展开图如图 1-55 所示。

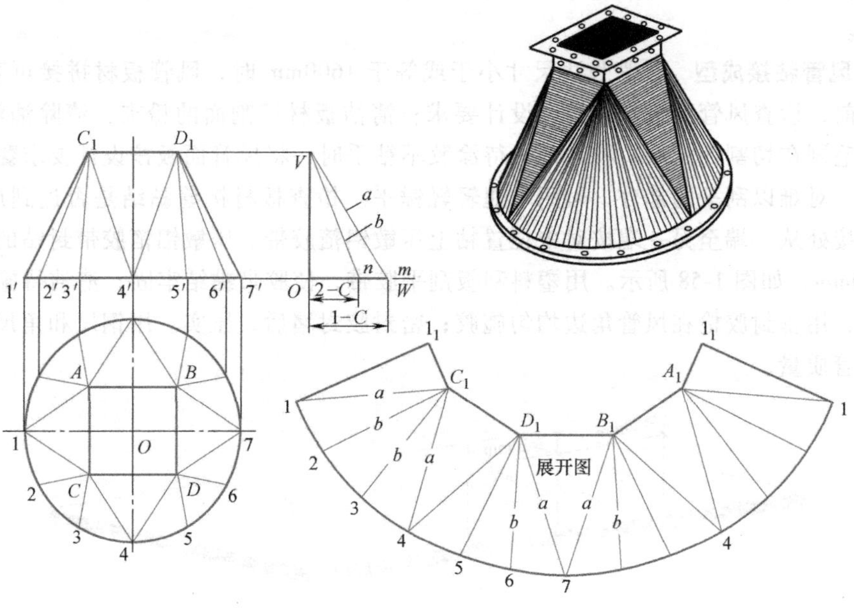

图 1-55　天圆地方变径管展开图

1.3.2　非金属与复合风管及配件的制作

1. 聚氨酯铝箔与酚醛铝箔复合风管的制作

聚氨酯铝箔与酚醛铝箔复合风管制作应按如图 1-56 所示的工序进行。

(1) 板材放样下料　放样下料应在平整、洁净的工作台上进行，并不应破坏覆面层。

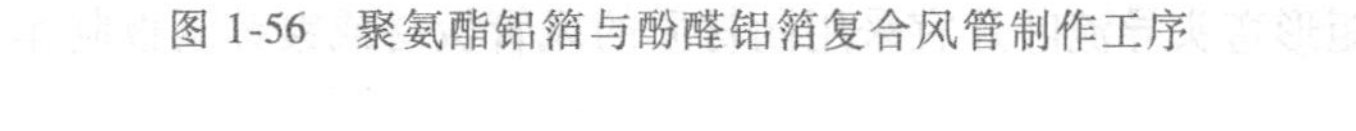

图 1-56　聚氨酯铝箔与酚醛铝箔复合风管制作工序

风管长边尺寸小于或等于 1160mm 时，风管宜按板材长度做成每节 4m。矩形风管的板材放样下料展开宜采用一片法、U 形法、L 形法、四片法，如图 1-57 所示。

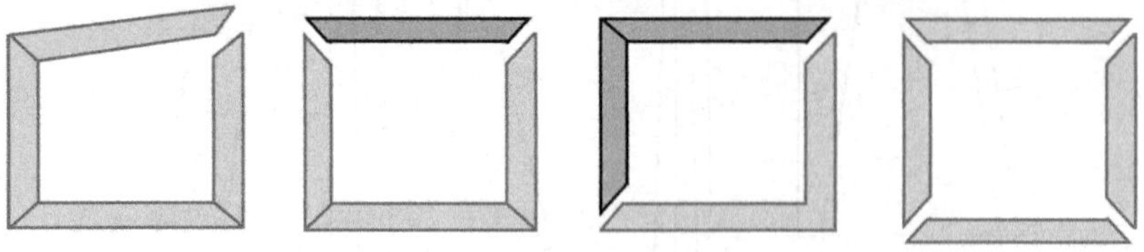

图 1-57　矩形风管的板材放样下料展开

a）一片法　b）U 形法　c）L 形法　d）四片法

切割前，应检查风管板材放样是否符合风管制作任务单的要求，画线是否正确，板材是否完好，检查刀具刀片安装是否牢固，检查刀片伸出高度是否符合要求。将板材放置在工作台上，钢尺等固定在恰当位置。手持刀具，将刀具基准边靠紧方钢尺，刨面压紧板材，刀具基准线对准放样线，向前推或向后拉刀具，直到将板材切断；单侧 45°刀将板材切边；双侧 45°刀将板材开槽。板材切断成单块风管板后，将风管板编号并摆放整齐，防止不同风管的板材混乱。

（2）风管粘接成型　风管长边尺寸小于或等于 1600mm 时，风管板材拼接可直接粘接。风管成型前，检查风管面板是否符合设计要求；清洁板材切割面的粉末，清除油渍、水渍、灰尘。用毛刷在切割面上涂刷胶粘剂；待涂胶不粘手时，将风管面板按设计要求黏合，并用刮板压平。对难以刮平的部分，可用木槌轻轻锤平。检查板材接缝黏结是否达到质量标准。在板材拼接处从一端至另一端按对中位置粘上压敏铝箔胶带。压敏铝箔胶带封贴的宽度每边不小于 20mm，如图 1-58 所示。用塑料刮板刮平胶带，使胶带黏结牢固；清洁待施胶的风管内四角边，用密封胶枪在风管角边均匀施胶；密封胶封堵后，压实。用钢尺和角尺检查黏结成形的风管质量。

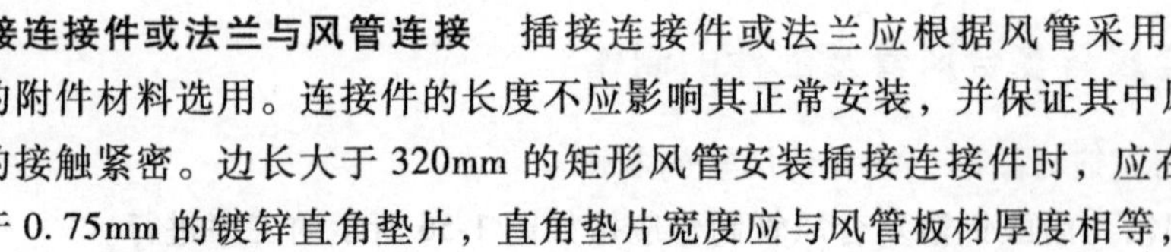

图 1-58　风管粘接成型

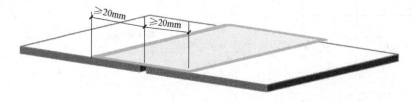

（3）插接连接件或法兰与风管连接　插接连接件或法兰应根据风管采用的连接方式，按规范规定的附件材料选用。连接件的长度不应影响其正常安装，并保证其中风管两个垂直方向安装时的接触紧密。边长大于 320mm 的矩形风管安装插接连接件时，应在风管四角粘贴厚度不小于 0.75mm 的镀锌直角垫片，直角垫片宽度应与风管板材厚度相等，边长不应小于 55mm。插接连接件与风管粘接应牢固。

（4）加固与导流叶片安装　风管宜采用直径不小于 8mm 的镀锌螺杆做内支撑加固，内支撑件穿管壁处应密封处理，如图 1-59 所示。内支撑的横向加固点数和纵向加固间距应符合表 1-15 的规定。矩形弯头导流叶片宜采用同材质的风管板材或镀锌钢板制作，并应安装牢固。

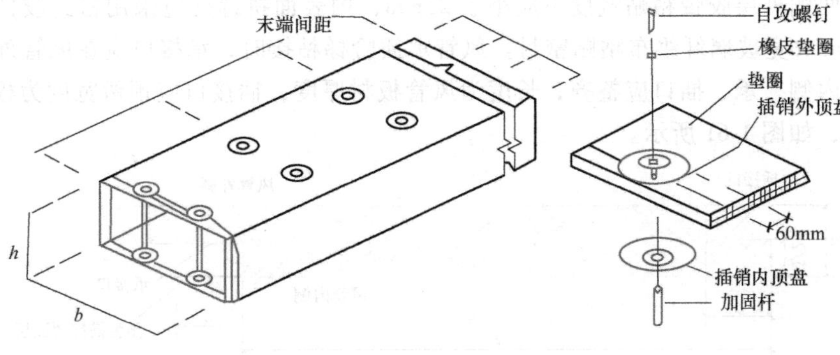

图 1-59　风管加固示意图

表 1-15　聚氨酯铝箔复合风管与酚醛铝箔复合风管内支撑横向加固点数和纵向加固间距

类别		系统设计工作压力/Pa						
		≤300	301~500	501~750	751~1000	1001~1250	1251~1500	1501~2000
		横向加固点						
风管内边长 b /mm	410≤b<600	—	—	—	1	1	1	1
	600≤b<800	—	1	1	1	1	1	2
	800≤b<1000	1	1	1	1	1	2	2
	1000≤b<1200	1	1	1	1	1	2	2
	1200≤b<1500	1	1	1	2	2	2	2
	1500≤b<1700	2	2	2	2	2	2	2
	1700≤b<2000	2	2	2	2	2	2	3
纵向加固间距/mm								
聚氨酯铝箔复合风管		≤1000	≤800	≤600				≤400
酚醛铝箔复合风管		≤800		≤600				—

2. 玻璃纤维复合风管的制作

玻璃纤维复合风管制作工序同聚氨酯铝箔与酚醛铝箔复合风管的制作工序。

(1) 板材放样下料　放样与下料应在平整、洁净的工作台上进行。风管板材的槽口形式可采用45°角形或90°梯形（图1-60）。其封口处宜留有不小于板材厚度的外覆面层搭接边量。展开长度超过3m的风管宜用两片法或四片法制作。板材切割应选用专用刀具，切口平直、角度准确、无毛刺，且不应破坏覆面层。

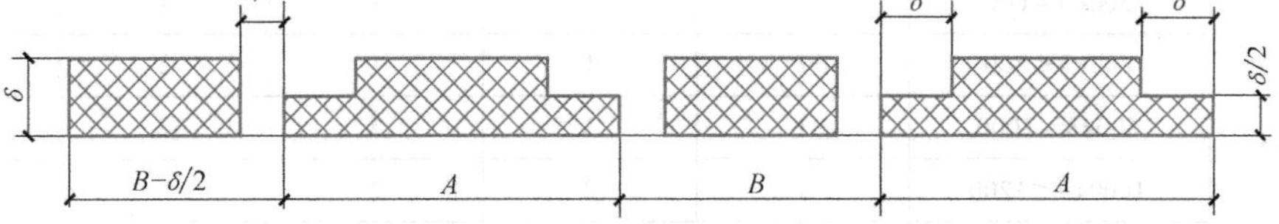

图 1-60　玻璃纤维复合风管 90°梯形槽口示意

δ—风管板厚　A—风管长边尺寸　B—风管短边尺寸

(2) 风管粘接成型　风管板材拼接时，应在结合口处涂满胶黏剂，并应紧密黏合。外表面拼缝处宜预留宽度不小于板材厚度的覆面层，涂胶密封后，再用大于或等于50mm宽热敏或压敏铝箔胶带粘贴密封；当外表面无预留搭接覆面层时，应采用两层铝箔胶带重叠封闭，接缝处两侧外层胶带粘贴宽度不应小于 25mm，内表面拼缝处应采用密封胶抹缝或用大于或等于 30mm 宽玻璃纤维布粘贴密封。风管承插阶梯粘接时，承接口应在风管外侧，插接口应在风管内侧。承、插口应整齐，长度为风管板材厚度，插接口应预留宽度为板材厚度的覆面层材料，如图 1-61 所示。

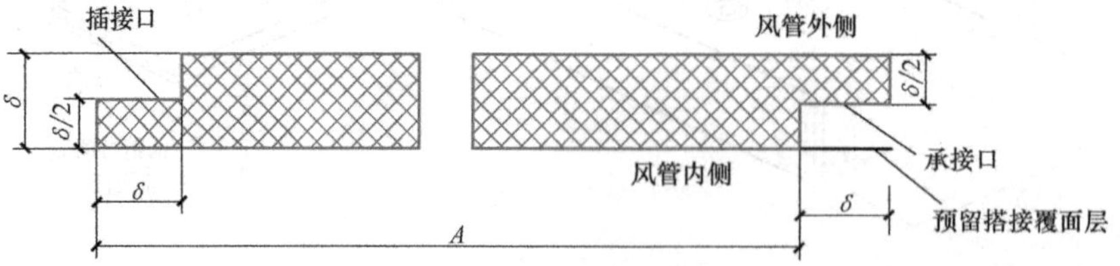

图 1-61 风管承插阶梯粘接示意

（3）插接连接件或法兰与风管连接 采用外套角钢法兰连接时，角钢法兰规格可比同尺寸金属风管法兰小一号，槽形连接件宜采用厚度为 1.0mm 的镀锌钢板制作。角钢外法兰与槽形连接件应采用规格为 M6 镀锌螺栓连接，螺孔间距不应大于 120mm。连接时，法兰与板材间及螺栓孔的周边应涂胶密封。采用槽形、工形插接连接及 C 形插接法兰时，插接槽口应涂满胶粘剂，风管端部应插入到位。

（4）加固与导流叶片安装 矩形风管宜采用直径不小于 6mm 的镀锌螺杆做内支撑加固。风管长边尺寸大于或等于 1000mm 或系统设计工作压力大于 500Pa 时，应增设金属槽形外框加固，并应与内支撑固定牢固。风管内支撑的横向加固点数及金属槽形框纵向间距应符合表 1-16 的规定。金属槽形框的规格应符合表 1-17 的规定。风管采用外套角钢法兰或 C 形插接法兰连接时，法兰处可作为一加固点；风管采用其他连接方式，其边长大于 1200mm 时，应在连接后的风管一侧距连接件 150mm 内设横向加固；采用承插阶梯粘接的风管，应在距粘接口 100mm 内设横向加固。矩形弯头导流叶片可采用 PVC 定型产品或采用镀锌钢板弯压制成，应安装牢固。

表 1-16 玻璃纤维复合风管内支撑横向加固点数及金属槽形框纵向间距

类别		系统设计工作压力/Pa				
		≤100	101~250	251~500	501~750	751~1000
		内支撑横向加固点数				
风管内边长 b /mm	300<b≤400	—	—	—	—	1
	400<b≤500	—	—	1	1	1
	500<b≤600	—	1	1	1	1
	600<b≤800	1	1	1	2	2
	800<b≤1000	1	1	2	2	3
	1000<b≤1200	1	2	2	3	3
	1200<b≤1400	2	2	3	3	4
	1400<b≤1600	2	3	3	4	5
	1600<b≤1800	2	3	4	4	5
	1800<b≤2000	3	3	4	5	6
金属槽形框纵向间距/mm		≤600		≤400		≤350

表 1-17　玻璃纤维复合风管金属槽形框规格　　（单位：mm）

风管内边长 b	槽形钢（宽度×高度×厚度）
$b \leq 1200$	40×10×1.0
$1200 < b \leq 2000$	40×10×1.2

1.4　风管制作质量检验

1.4.1　主控项目

风管制作质量检验

1. 材料要求

1）金属风管的材料品种、规格、性能与厚度等应符合设计和现行国家产品标准的规定。

检查数量：按 1 方案（见附表 A）。

检查方法：查验材料质量合格证明文件、性能检测报告，尺量、观察检查。

2）非金属风管的材料品种、规格、性能与厚度等应符合设计和现行国家产品标准的规定。

检查数量：按 1 方案（见附表 A）。

检查方法：查验材料质量合格证明文件、性能检测报告，尺量、观察检查。

3）防火风管的本体、框架与固定材料、密封垫料必须为不燃材料，其耐火等级应符合设计的规定。

检查数量：全数检查。

检查方法：查验材料质量合格证明文件、性能检测报告，尺量、观察检查与点燃试验。

4）复合材料风管的覆面材料必须为不燃材料，内部的绝热材料应为不燃或难燃，且对人体无害的材料。

检查数量：全数检查。

检查方法：查验材料质量合格证明文件、性能检测报告，尺量、观察检查与点燃试验。

2. 风管强度和严密性要求

风管必须通过工艺性的检测或验证，其强度和严密性要求应符合设计或下列规定：

1）风管在试验压力保持 5min 及以上时，接缝处应无开裂，整体结构应无永久性的变形及损伤。低压风管的试验压力应为 1.5 倍工作压力；中压风管的试验压力应为 1.2 倍工作压力，且不低于 750Pa；高压风管的试验压力应为 1.2 倍工作压力。

2）矩形风管的允许漏风量应符合以下规定：

低压系统风管　　$Q_L \leq 0.1056P^{0.65}$

中压系统风管　　$Q_M \leq 0.0352P^{0.65}$

高压系统风管　　$Q_H \leq 0.0117P^{0.65}$

式中　Q_L、Q_M、Q_H——系统风管在相应工作压力下，单位面积风管单位时间内的允许漏风量［$m^3/(h \cdot m^2)$］；

P——指风管系统的工作压力（Pa）。

3）低压、中压圆形金属风管、复合材料风管以及采用非法兰形式的非金属风管的允许漏风量，应为矩形风管规定值的50%。

4）砖、混凝土风道的允许漏风量不应大于矩形低压系统风管规定值的1.5倍。

5）排烟、除尘、低温送风系统按中压系统风管的规定，1~5级净化空调系统按高压系统风管的规定。

检查数量：按风管系统的类别和材质分别抽查，宜为3节及以上，且总表面积不应少于$15m^2$。

检查方法：按风管系统的类别和材质分别进行，检查产品合格证明文件和测试报告，或实测旁站。

3. 风管连接

（1）金属风管的连接　金属风管的连接应符合下列规定：

1）风管板材拼接的咬口缝应错开，不得有十字形拼接缝。

2）金属风管法兰材料规格不应小于规范的规定，中、低压系统风管法兰的螺栓及铆钉孔的孔距不得大于150mm；高压系统风管不得大于100mm。矩形风管法兰的四角部位应没有螺孔。当采用加固方法提高风管法兰部位的强度时，其法兰材料规格相应的使用条件可适当放宽。无法兰连接风管的薄钢板法兰高度应参照金属法兰风管的规定执行。

检查数量：按1方案（见附表A）。

检查方法：尺量、观察检查。

（2）非金属（硬聚氯乙烯）风管的连接　非金属（硬聚氯乙烯）风管的连接应符合下列规定：

1）法兰的规格应分别符合表1-18、表1-19的规定，其螺栓孔的间距不得大于120mm；矩形风管法兰的四角处，应设有螺孔。

2）采用套管连接时，套管厚度不得小于风管板材厚度。

检查数量：按1方案（见附表A）。

检查方法：尺量、观察检查。

表1-18　硬聚氯乙烯圆形风管法兰规格　（单位：mm）

风管直径 D	材料规格（宽×厚）	连接螺栓	风管直径 D	材料规格（宽×厚）	连接螺栓
$D \leq 180$	35×6	M6	$800 < D \leq 1400$	40×12	M10
$180 < D \leq 400$	35×8	M8	$1400 < D \leq 1600$	50×15	
$400 < D \leq 500$	35×10		$1600 < D \leq 2000$	60×15	
$500 < D \leq 800$	40×10		$D > 2000$	按设计要求	

表1-19　硬聚氯乙烯矩形风管法兰规格　（单位：mm）

风管边长 b	材料规格（宽×厚）	连接螺栓	风管边长 b	材料规格（宽×厚）	连接螺栓
$b \leq 160$	35×6	M6	$800 < b \leq 1250$	45×12	M10
$160 < b \leq 400$	35×8	M8	$1250 < b \leq 1600$	50×15	
$400 < b \leq 500$	35×10		$1600 < b \leq 2000$	60×18	
$500 < b \leq 800$	40×10	M10	$b > 2000$	按设计要求	

(3) 复合材料风管采用法兰的连接 复合材料风管采用法兰连接时，法兰与风管板材的连接应可靠，其绝热层不得外露，不得采用降低板材强度和绝热性能的连接方法。

检查数量：按1方案（见附表A）。

检查方法：尺量、观察检查，查验材料质量证明书、产品合格证。

(4) 净化空调系统风管的连接 净化空调系统风管的连接应符合下列规定：

1）矩形风管底边宽度小于或等于900mm时，底面板不应有拼接缝；大于900mm且小于或等于1800mm时，底面拼接缝不得多于1条；大于1800mm且小于或等于2700mm时，底面拼接缝不得多于2条。

2）风管所用的螺栓、螺母、垫圈和铆钉均应采用与管材性能相匹配、不会产生电化学腐蚀的材料或采取镀锌与其他防腐措施，并不得采用抽芯铆钉。

3）风管无法兰连接不得使用S形插条、直角形插条及立联合角形插条等形式。

4）空气洁净度等级为1~5级的净化空调系统风管不得采用按扣式咬口连接。

5）风管的清洗不得用对人体和材质有危害的清洁剂。

6）镀锌钢板风管不得有镀锌层严重损坏的现象，如表层大面积白花、锌层粉化等。

检查数量：按1方案（见附表A）。

检查方法：查阅材料质量合格证明文件和观察检查，用白绸布擦拭。

1.4.2 一般项目

1. 金属风管的制作

金属风管的制作应符合下列规定：

1）风管与配件的咬口缝应紧密，宽度应一致；折角应平直，圆弧应均匀；两端面平行。风管无明显扭曲与翘角；表面应平整，凹凸不大于10mm。

2）风管外径或外边长的允许偏差：当小于或等于300mm时，为2mm；当大于300mm时，为3mm。管口平面度的允许偏差为2mm，矩形风管两条对角线长度之差不应大于3mm；圆形法兰任意两直径之差不应大于3mm。

3）焊接风管的焊缝应平整，不应有裂缝、凸瘤、穿透的夹渣、气孔及其他缺陷等，焊接后板材的变形应矫正，并将焊渣及飞溅物清除干净。

检查数量：按2方案（见附表B）。

检查方法：查验测试记录，进行装配试验，尺量、观察检查。

2. 金属法兰连接风管的制作

金属法兰连接风管的制作应符合下列规定：

1）风管配件的咬口缝应紧密、宽度应一致、折角应平直、圆弧应均匀，且两端面应平行。风管不应有明显的扭曲与翘角，表面应平整，凹凸不应大于10mm。

2）风管法兰的焊缝应熔合良好、饱满，无假焊和孔洞；法兰外径或外边长及平面度的允许偏差不应大于2mm。同一批量加工的相同规格法兰的螺孔排列应一致，并具有互换性。

3）风管与法兰采用铆接连接时，铆接应牢固，不应有脱铆和漏铆现象；翻边应平整，紧贴法兰，其宽度应一致，且不应小于6mm；咬缝与四角处不应有开裂与孔洞。

4）风管与法兰采用焊接连接时，焊缝应低于法兰的端面。除尘系统的风管，宜采用内侧满焊、外侧间断焊形式，风管端面距法兰接口平面不应小于5mm。当风管与法兰采用点焊固定连接时，焊点应融合良好，间距不应大于100mm；法兰与风管应紧贴，不应有穿透的缝隙或孔洞。

5）当不锈钢板或铝板风管的法兰采用碳素钢时，其规格应符合规范的规定，并应根据设计要求做防腐处理；铆钉应采用与风管材质相同或不产生电化学腐蚀的材料。

检查数量：按2方案（见附表B）。

检查方法：观察和尺量检查。

3. 风管的加固

风管的加固应符合下列规定：

1）风管的加固可采用楞筋、立筋、角钢（内、外加固）、扁钢、加固筋和管内支撑等形式。

2）楞筋或楞线的加固，排列应规则，间隔应均匀，最大间距应为300mm，板面应平整，凹凸变形不应大于10mm。

3）角钢加固筋的加固应排列整齐、均匀对称，其高度应小于或等于风管的法兰高度。角钢加固筋与风管的铆接应牢固、间隔应均匀，最大间隔不应大于220mm；各条加固筋的相交处或加固筋与法兰相交处宜连接固定。

4）管内支撑与风管的固定应牢固，穿管壁处应采取密封措施。各支撑点之间、支撑点与风管的边沿或法兰的间距应均匀，不应大于950mm。

5）中压和高压系统风管的管段，其长度大于1250mm时，还应有加固与补强。高压系统金属风管的单咬口缝还应有防止咬口缝胀裂的加固或补强措施。

检查数量：按2方案（见附表B）。

检查方法：观察和尺量检查。

4. 硬聚氯乙烯风管

1）风管的两端面平行，无明显扭曲，外径或外边长允许偏差为2mm；表面平整、圆弧均匀，凹凸不应大于5mm。

2）焊缝的形式有V形对接焊缝、X形对接焊缝、搭接焊缝、角焊缝、V形单面角焊缝、V形双面角焊缝，分别适用于单面焊接的风管、风管法兰及厚板的拼接、风管或配件的加固、风管配件的角焊、风管角部焊接、厚壁风管角部焊接等。

3）焊缝应饱满、焊条排列应整齐，无焦黄、断裂现象。

4）矩形风管的四角可采用煨角或焊接连接。当采用煨角连接时，纵向焊缝距煨角处宜大于80mm。

检查数量：按2方案（见附表B）。

检查方法：查验测试记录，观察和尺量检查。

5. 双面铝箔绝热板风管

1）风管的折角应平直，两端面应平行，允许偏差应符合表1-20的规定。

表 1-20 双面铝箔绝热板风管及法兰允许偏差 （单位：mm）

风管长边尺寸 b 或直径 D	允许偏差				
	边长或直径偏差	矩形风管表面平面度	矩形风管端口对角线之差	法兰或端面平面度	圆形法兰任意正交两直径之差
$b(D)\leqslant320$	±2	≤3	≤3	≤2	≤3
$320<b(D)\leqslant2000$	±3	≤5	≤4	≤4	≤5

2）板材的拼接应平整，凹凸不大于5mm，无明显变形、起泡和铝箔破损。

3）风管长边尺寸大于1600mm时，板材拼接应采用H形PVC或铝合金加固条。

4）边长大于320mm的矩形风管采用插接连接时，四角处应粘贴直角垫片，插接连接件与风管粘接应牢固，插接连接件应互相垂直，拖拉连接件间隙不应大于2mm。

5）风管采用法兰连接时，其连接应牢固。

6）矩形弯管的圆弧面采用机械压弯成型制作时，轧压深度不宜超过5mm。圆弧面成型后，应对轧压处的铝箔划痕进行密封处理。

7）聚氨酯铝箔复合材料风管或酚醛铝箔复合材料风管内支撑加固的镀锌螺杆直径不应小于8mm，穿管壁处应进行密封处理。

检查数量：按2方案（见附表B）。

检查方法：查验测试记录，观察和尺量检查。

6. 铝箔玻璃纤维板风管

1）风管的离心玻璃纤维板材应干燥、平整；板外表面的铝箔隔气保护层应与内玻璃纤维材料黏合牢固；内表面应有防纤维脱落的保护层，且不得释放有害物质。

2）风管采用承插阶梯接口形式连接时，承口应在风管外侧，插口应在风管内侧，承、插口均应整齐，插入深度应大于或等于风管板材厚度。插接口处预留的覆面层材料厚度应等同于板材厚度，接缝处的粘接应严密牢固。

3）当风管连接采用插入接口形式时，接缝处的粘接应严密、牢固，外表面铝箔胶带密封的每一边粘贴宽度不应小于25mm，并应有辅助的连接固定措施。

4）当风管采用外套角钢法兰连接时，角钢法兰规格可为同尺寸金属风管的法兰规格或小一档规格。

5）铝箔玻璃纤维复合风管内支撑加固的镀锌螺杆直径不应小于6mm，穿管壁处应采取密封处理。正压风管长边尺寸大于或等于1000mm时，应增设加固框。外加固框应与内支撑的镀锌螺杆相固定。负压风管的加固框应设在风管的内侧，在工作压力下其支撑的镀锌螺杆不得有弯曲变形。

检查数量：按2方案（见附表B）。

检查方法：查验测试记录，观察和尺量检查。

7. 净化空调系统风管

净化空调系统风管除满足金属风管制作要求外还应符合以下规定：

1）咬口缝处所涂密封胶宜在正压侧。

2）镀锌钢板风管的咬口缝、折边和铆接等处有损伤时，应进行防腐处理。

3）镀锌钢板风管的镀锌层不应有多处或10%表面积的损伤、粉化脱落等现象。

4）风管清洁达到清洁要求后，应对端部进行密闭封堵，并应存放在清洁的房间。

5）静压箱本体、箱内固定高效过滤器的框架及固定件应做镀锌、镀镍等防腐处理。

检查数量：按 2 方案（见附表 B）。

检查方法：观察检查，查阅风管清洗记录，用白绸布擦拭。

1.5 风管安装

风管支吊架形式和安装要求

1.5.1 支吊架的制作与安装

1. 管道支吊架的形式

（1）悬臂型及斜支撑型支吊架 宜安装在混凝土墙、混凝土柱及钢柱上。悬臂支架及斜支撑采用角钢或槽钢制作，支吊架与结构固定方式采用预埋件焊接固定或螺栓固定，如图 1-62 所示。

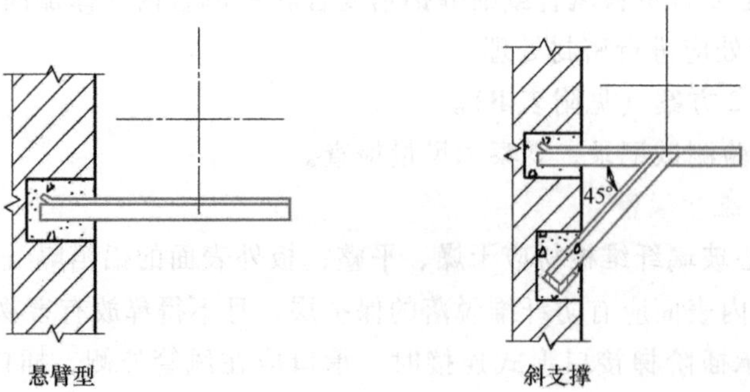

图 1-62　悬臂型及斜支撑支架示意图

（2）地面支撑型支架 地面支撑型支架用于设备、管道的落地安装，支架采用角钢、槽钢等型钢制作，与地面或支座用螺栓固定牢固，如图 1-63 所示。

（3）防晃支架 防晃支架不因管道或设备的位移而产生晃动，吊架采用角钢或槽钢制作，与吊架根部和横担焊接牢固。防晃支架用于支撑风管和水管，风管防晃支架如图 1-64 所示。

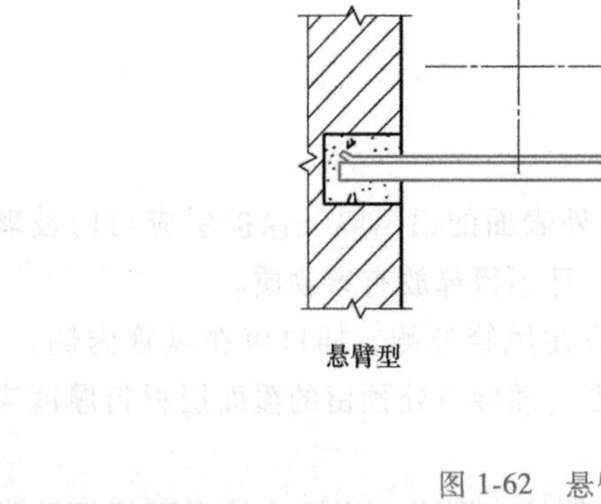

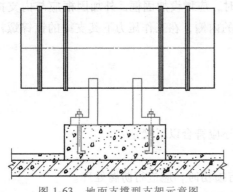

图 1-63　地面支撑型支架示意图

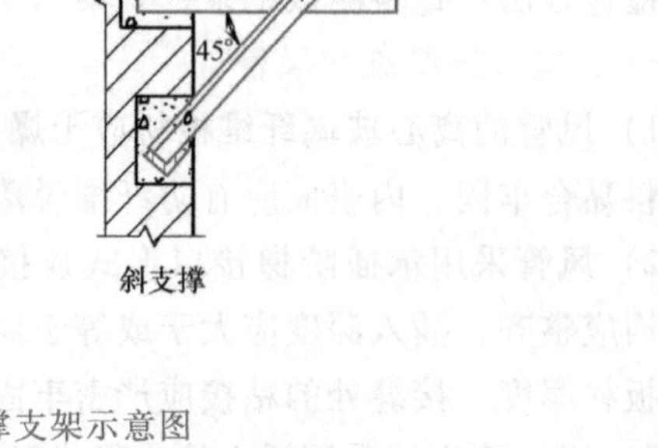

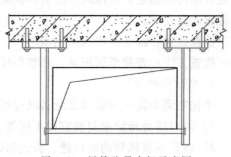

图 1-64　风管防晃支架示意图

（4）悬吊架 风管双管常采用悬吊型，风管布置一般为水平和垂直方向，如图 1-65 和图 1-66 所示。水管双管和多管的支吊架也常用悬吊型，如图 1-67 所示。共用支吊架的承载、材料规格须经校核计算。悬吊架安装在混凝土梁、楼板下时，吊架根部采用钢板、角钢或槽钢，吊杆采用圆钢、角钢或槽钢，横担采用角钢或槽钢。

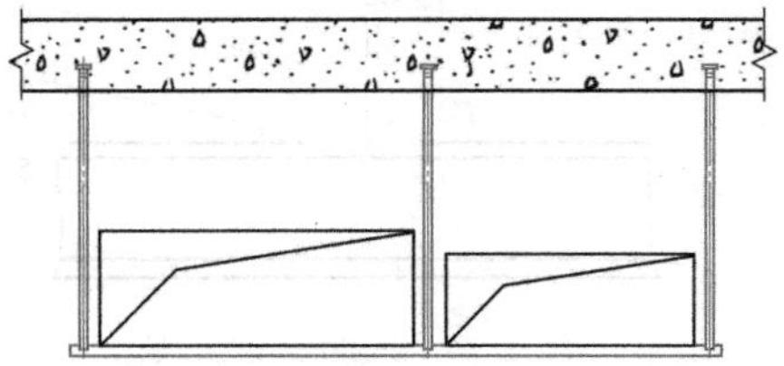

图 1-65　水平布置多风管共用吊架示意图

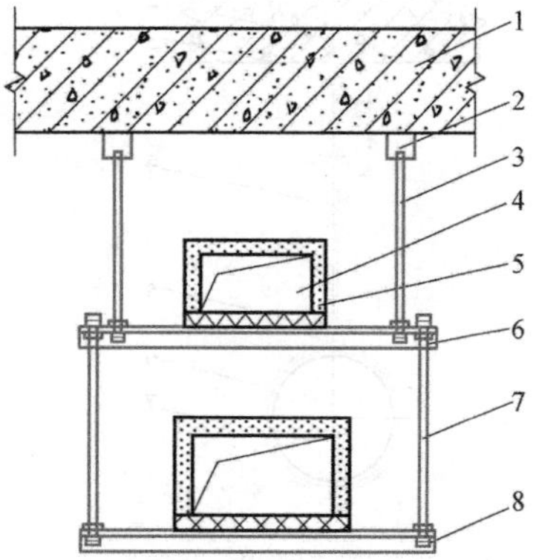

图 1-66　垂直布置双风管吊架示意图

1—楼板　2—吊架根部　3—吊杆　4—风管
5—绝热层　6、8—角钢　7—吊杆

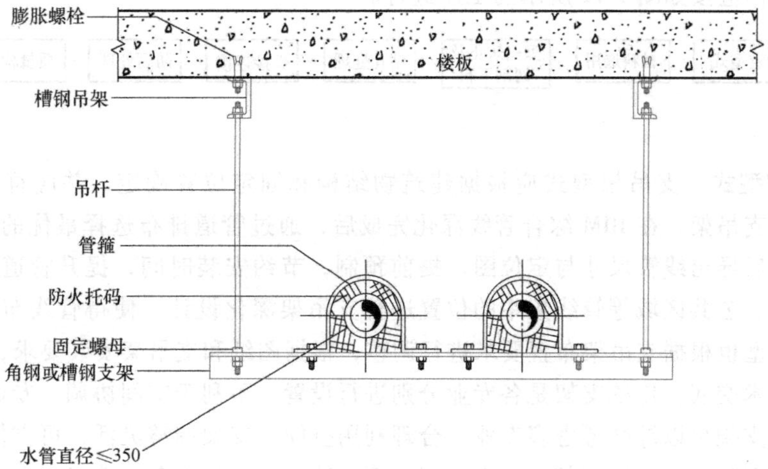

图 1-67　水管双管道共用悬吊架示意图

管道与支吊架之间可采用 U 形管卡或吊环固定。圆形风管道、水管道及制冷剂管道采用横担支撑时，用扁钢、圆钢制作 U 形管卡，U 形管卡与横担采用螺栓固定；保温水管在支架与 U 形管卡间设绝热衬垫，如图 1-68 所示。管道与支吊架间采用吊环固定时，吊环与吊杆的连接螺栓应固定牢固，如图 1-69 所示。

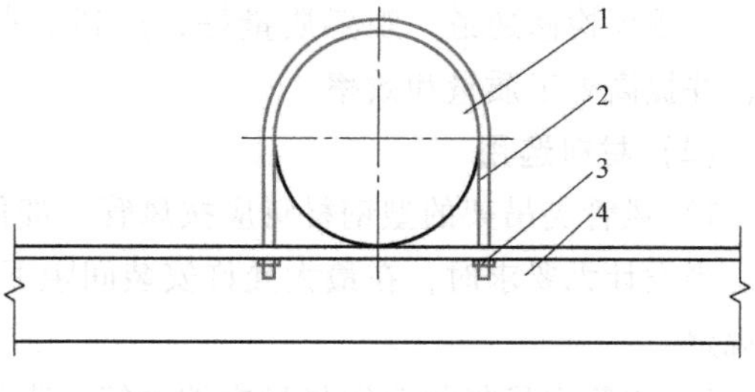

图 1-68　U 形管卡安装示意图

1—管道　2—U 形管卡　3—螺栓　4—横担

(5) 导向支架 如图 1-70 所示，是在滑动支架两侧的支架横梁上，每侧焊制一块导向板，导向板采用扁钢或角钢制作。扁钢导向板的高度宜为 30mm，厚度宜为 10mm；角钢规格宜为∟40×5。导向板的长度与支架横梁的宽度相同，导向板与滑动支架间应有 3mm 的间隙。

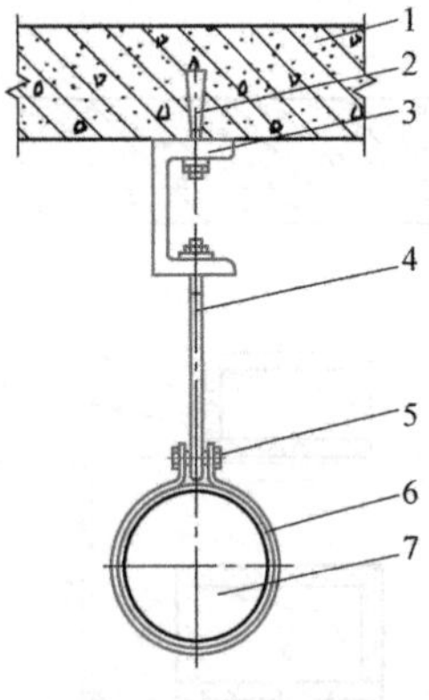

图 1-69 吊环安装示意图

1—楼板 2—膨胀螺栓 3—吊架根部 4—吊杆 5—螺栓 6—吊环 7—管道

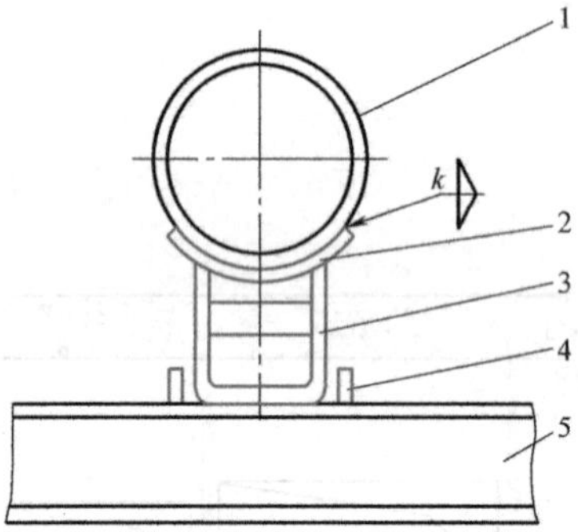

图 1-70 导向支架示意图

1—管道 2—弧形板 3—曲面板 4—导向板 5—槽钢横梁

2. 支吊架的制作

支吊架制作应按如图 1-71 所示的工序进行。

图 1-71 支吊架制作工序

(1) 确定型式 支吊架型式应根据建筑物结构和固定位置确定，并应符合设计要求。对于综合管线支吊架，在 BIM 综合管线深化完成后，通过管道排布选择最优的支吊架方案，负荷受力计算后导出线管尺寸与定位图，提前预制，节约安装时间，提升管道整体美观性。对设备区走廊、公共区域等管线集中的位置进行支吊架深化设计，使得管线布置美观合理。同时，BIM 模型也根据支吊架布置要求进行调整，根据图纸和支吊架安装要求，对项目班组进行可视化技术交底。传统支架是各专业分别进行设置，不利于空间协调，专业之间管线易冲突；而综合支架可以综合考虑多专业，合理利用空间，支架调整灵活，可方便地进行二次拆改，且拆卸下的配件和槽钢都可二次使用，不会造成材料的浪费。管线综合支吊架施工结合 BIM 模型的精准性、可视化等特点，可实现安装空间的合理分配与资源共享，满足功能要求，预留检修通道，观感质量好，达到节省空间和材料的目的，减少专业间的协调工作量，并提高施工质量和效率。

(2) 材料选用

1）风管支吊架的型钢材料应按风管、部件、设备的规格和重量选用，并应符合设计要求。当设计无要求时，在最大允许安装间距下，风管吊架的型钢规格应符合表 1-21 ~ 表 1-24 的规定。

2）水管支吊架的型钢材料应按水管、附件、设备的规格和重量选用，并应符合设计要求。当设计无要求时，应符合表 1-25 的规定。

表 1-21　水平安装金属矩形风管的吊架型钢最小规格　（单位：mm）

风管长边尺寸 b	吊杆直径	吊架规格	
		角钢	槽钢
b≤400	φ8	∟25×3	[50×37×4.5
400<b≤1250	φ8	∟30×3	[50×37×4.5
1250<b≤2000	φ10	∟40×4	[50×37×4.5 [63×40×4.8
2000<b≤2500	φ10	∟50×5	—

表 1-22　水平安装金属圆形风管的吊架型钢最小规格　（单位：mm）

风管直径 D	吊杆直径	抱箍规格		角钢横担
		钢丝	扁钢	
D≤250	φ8	φ2.8	25×0.75	—
250<D≤450	φ8	φ2.8 或 φ5 两根钢丝合用		
450<D≤630	φ8	φ3.6 两根钢丝合用		
630<D≤900	φ8	φ3.6 两根钢丝合用	25×1.0	—
900<D≤1250	φ10	—		
1250<D≤1600	两根 φ10	—	25×1.5（上下两个半圆弧）	∟40×4
1600<D≤2000	两根 φ10	—	25×2.0（上下两个半圆弧）	

表 1-23　水平安装非金属与复合风管的吊架横担型钢最小规格　（单位：mm）

风管类别	角钢或槽钢横担				
	∟25×3 [50×37×4.5	∟30×3 [50×37×4.5	∟40×4 [50×37×4.5	∟50×5 [63×40×4.8	∟63×5 [80×43×5.0
硬聚氯乙烯风管	b≤630	—	b≤1000	b≤2000	b>2000
酚醛铝箔复合风管	b≤630	630<b≤1250	b>1250	—	—
聚氨酯铝箔复合风管	b≤630	630<b≤1250	b>1250	—	—
玻璃纤维复合风管	b≤450	450<b≤1000	1000<b≤2000	—	—

表 1-24　水平安装非金属与复合风管的吊架吊杆型钢最小规格　（单位：mm）

风管类别	吊杆直径			
	φ6	φ8	φ10	φ12
硬聚氯乙烯风管	—	b≤1250	1250<b≤2500	b>2500
酚醛铝箔复合风管	b≤800	800<b≤2000	—	—
聚氨酯铝箔复合风管	b≤1250	1250<b≤2000	—	—
玻璃纤维复合风管	b≤600	600<b≤2000	—	—

表 1-25　水平安装水管支吊架的型钢最小规格　（单位：mm）

公称直径	横担角钢	横担槽钢	加固角钢或槽钢（斜支撑型）	膨胀螺栓	吊杆直径	吊环、抱箍
25	∟20×3	—	—	M8	φ6	30×2 扁钢或 φ10 圆钢
32	∟20×3	—	—	M8	φ6	
40	∟20×3	—	—	M10	φ8	
50	∟25×4	—	—	M10	φ8	40×3 扁钢或 φ12 圆钢
65	∟36×4	—	—	M14	φ8	
80	∟36×4	—	—	M14	φ10	

（续）

公称直径	横担角钢	横担槽钢	加固角钢或槽钢（斜支撑型）	膨胀螺栓	吊杆直径	吊环、抱箍
100	∟45×4	[50×37×4.5	—	M16	φ10	50×3 扁钢或 φ16 圆钢
125	∟50×5	[50×37×4.5	—	M16	φ12	
150	∟63×5	[63×40×4.8	—	M18	φ12	50×4 扁钢或 φ18 圆钢
200	—	[63×40×4.8	*∟45×4 或 [63×40×4.8	M18	φ16	
250	—	[100×48×5.3	*∟45×4 或 [63×40×4.8	M20	φ18	60×5 扁钢或 φ20 圆钢
300	—	[126×53×5.5	*∟45×4 或 [63×40×4.8	M20	φ22	60×5 扁钢或 φ20 圆钢

注：表中“*”表示两个角钢加固件。

3）装配式支吊架C型钢是一种新型材料，如图1-72所示，不仅截面形状对称，抗弯模量显著提高，上部开口处有锯齿式防滑槽，安全性能好，加工可批量化生产，施工功效和施工安全性好，节省人力成本，应用较多。

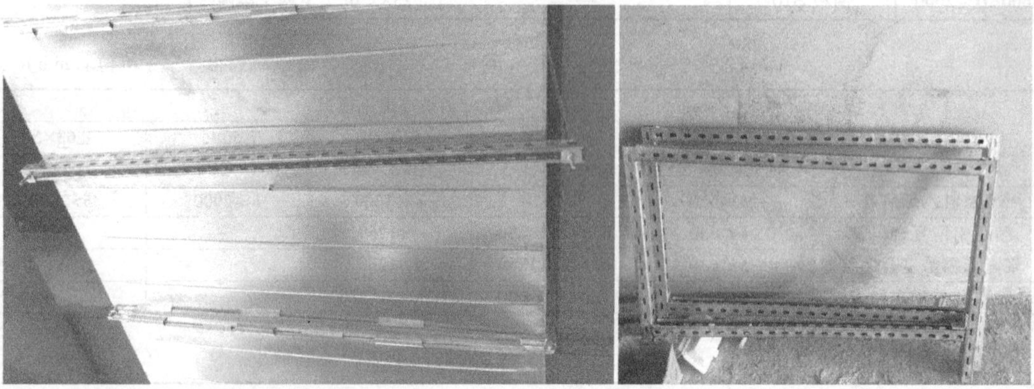

图1-72　C型钢制作支吊架

（3）型钢矫正及切割下料　支吊架制作前，应对型钢进行矫正。型钢宜采用机械切割，切割边缘处应进行打磨处理。型钢切割下料应符合下列规定：

1）型钢斜支撑、悬壁型钢支架栽入墙体部分应采用燕尾形式，栽入部分不应小于120mm。

2）横担长度应预留管道及保温宽度。

3）吊杆的长度应按实际尺寸确定，并应满足在允许范围内的调节余量。

4）柔性风管的吊环宽度应大于25mm，圆弧长应大于1/2周长，并应与风管贴合紧密。

（4）钻孔处理　型钢应采用机械开孔，开孔尺寸应与螺栓相匹配。

（5）焊接连接　支吊架焊接应采用角焊缝满焊，焊缝高度应与较薄焊接件厚度相同，焊缝饱满、均匀，不应出现漏焊、夹渣、裂纹、咬肉等现象。采用圆钢吊杆时与吊架根部焊接长度应大于6倍的吊杆直径。

(6) 防腐处理　防腐施工前应对金属表面进行除锈、清洁处理，可选用人工除锈或喷砂除锈的方法。涂刷防腐涂料时，应控制涂刷厚度，保持均匀，不应出现漏涂、起泡现象。

(7) 质量检查　制作完成的支吊架材质符合要求，焊接牢固，焊缝饱满，防锈漆涂刷均匀。

风管支吊架安装

3. 风管支吊架的安装

支吊架的安装应按照如图 1-73 所示的工序进行。

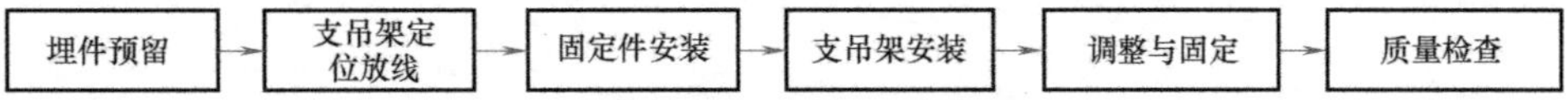

图 1-73　支吊架的安装工序

(1) 埋件预留　预埋件的形式、规格及位置应符合设计要求，并应与结构浇筑为一体。

(2) 支吊架定位放线　应按施工图中管道、设备等的安装位置，弹出支、吊架的中心线，确定支吊架的安装位置。风管支吊架的最大允许间距应满足设计要求，并应符合下列规定：

1）金属风管（含保温）水平安装时，支吊架的最大间距应符合表 1-26 的规定。

2）非金属与复合风管水平安装时，支吊架的最大间距应符合表 1-27 的规定。

3）风管垂直安装时，支吊架的最大间距应符合表 1-28 的规定。

表 1-26　水平安装金属风管支吊架的最大间距　（单位：mm）

风管边长 b 或直径 D	矩形风管	圆形风管	
		纵向咬口风管	螺旋咬口风管
≤400	4000	4000	5000
>400	3000	3000	3750

表 1-27　水平安装非金属与复合风管支吊架的最大间距　（单位：mm）

风管类别	风管边长 b						
	≤400	≤450	≤800	≤1000	≤1500	≤1600	≤2000
硬聚氯乙烯风管	4000	3000					
酚醛铝箔复合风管	2000				1500		1000
聚氨酯铝箔复合风管	4000	3000					
玻璃纤维复合风管	2400		2200		1800		

表 1-28　垂直安装风管支吊架的最大间距　（单位：mm）

管道类别		最大间距	支架最少数量
金属风管	钢板、镀锌钢板、不锈钢板、铝板	4000	单根直管不少于 2 个
复合风管	酚醛铝箔复合风管	2400	
	聚氨酯铝箔复合风管		
	玻璃纤维复合风管	1200	
非金属风管	硬聚氯乙烯风管	3000	

(3) 固定件安装　支吊架与结构固定常采用膨胀螺栓固定。结构现浇板内不设预埋件时，吊架与结构固定点（吊架根部）采用槽钢或角钢，通过膨胀螺栓与结构固定。吊杆与槽钢或角钢采用螺栓连接或焊接连接，如图 1-74 所示。

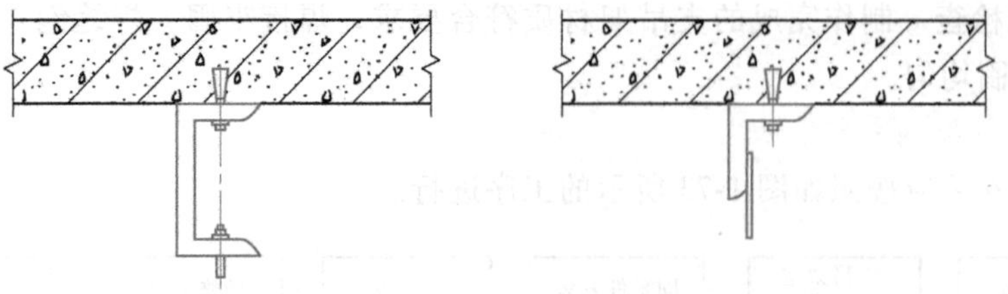

图 1-74　支吊架与结构固定

(4) 支吊架安装　风管支吊架的安装（图 1-75）除了满足间距规定之外，还应符合下列要求：

1）支吊架不应设置在风口、阀门、检查口及自控机构操作部位，且距风口不应小于 200mm。

2）圆形风管 U 形管卡圆弧应均匀，且应与风管外径相一致。

3）支吊架距风管末端不应大于 1000mm，距水平弯头的起弯点间距不应大于 500mm，设在支管上的支吊架距干管不应大于 1200mm。

4）吊杆与吊架根部连接应牢固。吊杆采用螺纹连接时，拧入连接螺母的螺纹长度应大于吊杆直径，并应有防松动措施。吊杆应平直，螺纹完整、光洁。安装后，吊架的受力应均匀，无变形。

5）边长（直径）大于或等于 630mm 的防火阀宜设独立的支吊架；水平安装的边长（直径）大于 200mm 的风阀等部件与非金属风管连接时，应单独设置支吊架。

6）当水平悬吊的主、干风管长度超过 20m 时，应设置防止摆动的固定点，每个系统不应少于 1 个。

7）水平安装的复合风管与支吊架接触面的两端，应设置厚度大于或等于 1.0mm、宽度宜为 60~80mm、长度宜为 100~120mm 的镀锌角形垫片。

8）横担上穿吊杆的螺孔距离应比风管宽 40~50mm，一般都使用双杆固定。为便于调节风管的标高，在端部套有长 50~60mm 的螺纹，便于调节。

9）矩形风管立面与吊杆的间隙不应大于 150mm。

10）消声弯头或边长（直径）大于 1250mm 的弯头、三通等应设置独立的支吊架。

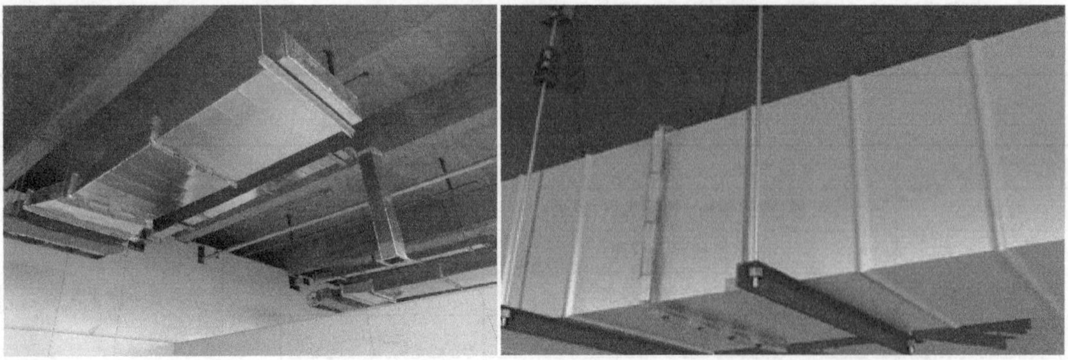

图 1-75　支吊架安装示意图

（5）调整与固定　支吊架安装后，应按照风管设计标高对支吊架进行调整，并加以固定，支吊架纵向应顺直、美观。

（6）质量检查　主要检查支吊架设置间距、固定件安装和支吊架安装均应符合规范规定。

1.5.2　风管及部件安装

风管及部件的安装

1. 风管安装的作业条件

1）一般送排风系统和空调系统的安装要在建筑物围护结构施工完，安装部位的障碍物已清理，地面无杂物的条件下进行。

2）对空气洁净系统的安装，应在建筑物内部安装部位的地面已做好，墙面已抹灰完毕，室内无灰尘飞扬或有防尘措施的条件下进行。

3）检查现场结构预留孔洞的位置、尺寸是否符合图纸要求，有无遗漏现象，预留的孔洞应比风管实际截面每边尺寸大100mm。

4）作业地点要有相应的辅助设施，如梯子、架子等以及电源和安全防护装置、消防器材等。

5）风管安装应有设计的图纸及大样图，并有施工员的技术、质量、安全交底。

2. 金属风管安装

金属风管安装应按如图1-76所示的工序进行。

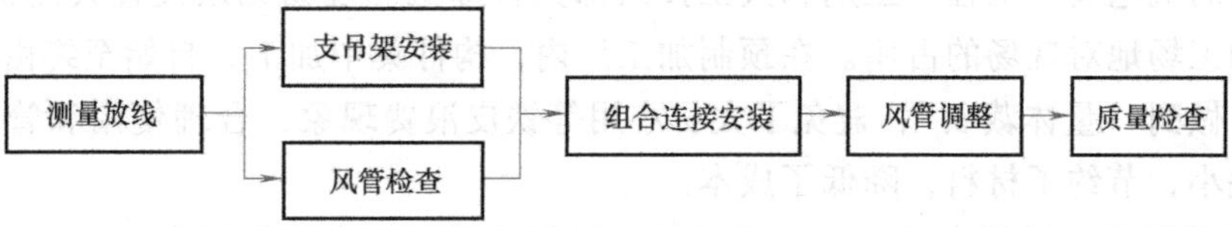

图1-76　金属风管安装工序

（1）测量放线　风管安装前，应先对其安装部位进行测量放线，确定管道中心线位置。

（2）支吊架安装　详见1.5.1支吊架的制作与安装。

（3）风管检查　各种安装材料产品应具有出厂合格证明书或质量鉴定文件及产品清单。风管成品不许有变形、扭曲、开裂、孔洞、法兰脱落，法兰开焊、漏铆、漏打螺栓孔等缺陷。

（4）组合连接安装　根据施工现场情况，风管安装通常在地面连成一定的长度，然后采用吊装的方法就位。一般安装顺序是先干管后支管。

1）组合连接：将各段加工好的风管，按施工图进行排列，为连接做好准备。风管连接应用广泛的方式是法兰连接，本节只介绍法兰连接。法兰连接时，按设计要求放置垫料，法兰垫料不能挤入或凸入管内，否则会增大流动阻力，增加管内积尘。把两个法兰先对正，穿上几条螺栓并戴上螺母，暂时不要上紧。然后用尖冲塞进穿不上螺栓的螺孔中，把两个螺孔撬正，直到所有螺栓都穿上后，再把螺栓拧紧。为了避免螺栓滑扣，紧螺栓时应按十字交叉逐步均匀地拧紧。连接好的风管，应以两端法兰为准，拉线检查风管连接是否平直。

2）风管安装：有接长吊装法和分节安装法。

① 风管接长吊装：是将在地面上连接好的风管，一般可接长至10~20m，用倒链或滑轮将风管升至吊架上的方法。风管吊装步骤：

a. 首先应根据现场具体情况，在梁柱上选择两个可靠的吊点，然后挂好倒链或滑轮。

b. 用麻绳将风管捆绑结实。塑料风管如需整体吊装时，绳索不得直接捆绑在风管上，应用长木板托住风管的底部，四周应有软性材料做垫层，方可起吊。

c. 起吊时，当风管离地200~300mm时，应停止起吊，仔细检查倒链式滑轮受力点和捆绑风管的绳索、绳扣是否牢靠，风管的重心是否正确。确定没问题后再继续起吊。

d. 风管放在支吊架后，将所有托盘和吊杆连接好，确认风管稳固好，才可以解开绳扣。

安装时注意：风管接口不得安装在墙内或楼板中，风管沿墙体或楼板安装时，距离墙面、楼板宜大于150mm。

② 风管分节安装：对于不便悬挂滑轮或因受场地限制，不能进行吊装时，可将风管分节用绳索拉到脚手架上，然后抬到支架上对正法兰逐节安装。

（5）基于BIM风管的装配式安装　基于BIM风管的装配式安装，是所有风管通过BIM深化设计排布后，导出单系统风管平面图，再进行风管管段分割、尺寸标注、风管编号，进行下料，工厂根据下料计划单进行排产。工厂加工好后，每节风管张贴二维码标签，现场拼装，现场按系统分配组装。预制加工厂采用流水化作业、标准化生产，由机械加工代替人工作业，可大幅降低人为误差，加工产品规格统一、外形美观，提高了产品质量。对于工期紧、任务重的机电安装工程，工期和人工投入都大幅降低。现场无须设置大面积加工场地，可以减少加工场地对现场的占用。在预制加工厂内，构件集中加工，自始至终由数字化设备负责下料，做到"量体裁衣"，避免了大材小用等铁皮浪费现象，合理使用和管理材料，边角余料损耗小，节约了材料，降低了成本。

（6）风管调整　风管安装后应进行调整，风管应平正、支吊架顺直。

（7）质量检查　主要检查风管安装的位置及标高、表面平整情况、连接垫料、法兰连接螺栓、支吊架安装等。

复合风管安装

3. 非金属与复合风管安装

非金属与复合风管安装的工序同金属风管安装工序，如图1-76所示。

（1）测量放线　同金属风管安装的测量放线。

（2）支吊架安装　见1.5.1支吊架的制作与安装。

（3）风管检查　风管安装前应检查风管有无破损、开裂、变形、划痕等外观质量缺陷，风管规格应与安装部位对应，复合风管承插口和插接件接口表面应无损坏。

（4）组合连接安装　即将风管连接在一起安装在支吊架上。

1）非金属风管连接：法兰连接时，应以单节形式提升管段至安装位置，在支吊架上临时定位，侧面插入密封垫料，套上带镀锌垫圈的螺栓，检查密封垫料无偏斜后，做两次以上对称旋紧螺母，并检查间隙应均匀一致。在风管与支吊架横担间应设置宽于支撑面、厚1.2mm的钢制垫板。插接连接时，应逐段顺序插接，在插口处涂专用胶，并应用自攻螺钉固定。

2）复合风管连接：宜采用承插阶梯粘接、错位对接粘接、工形插接连接、插件连接或法兰连接。风管连接应牢固、严密，并应符合下列规定：

① 承插阶梯粘接，如图1-77所示，应根据管内介质流向，上游的管段接口应设置为内

凸插口，下游管段接口为内凹承口，且承口表层玻璃纤维布翻边折成90°。清扫粘接口结合面，在密封面连续、均匀涂抹胶粘剂，晾干一定的时间后，将承插口黏合，清理连接处挤压出的余胶，并进行临时固定，在外接缝处应采用扒钉加固，间距不宜大于50mm，并用宽度大于或等于50mm的压敏胶带沿接合缝两边宽度均等进行密封，也可采用电熨斗加热热敏胶带粘接密封。临时固定应在风管接口牢固后才能拆除。

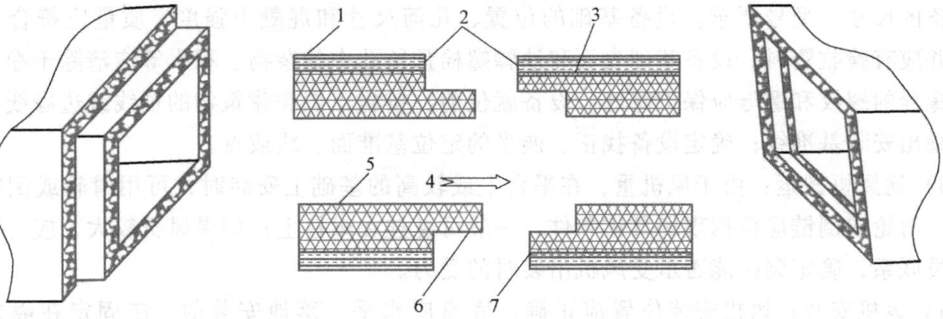

图1-77　承插阶梯粘接示意图

1—铝箔或玻璃纤维布　2—结合面　3—玻璃纤维布90°折边
4—介质流向　5—玻璃纤维布　6—内凸插口　7—内凹承口

② 错位对接粘接，如图1-78所示，应先将风管错口连接处的保温层刮磨平整，然后试装，贴合严密后涂胶粘剂，提升到支吊架上对接，其他安装要求同承插阶梯粘接。

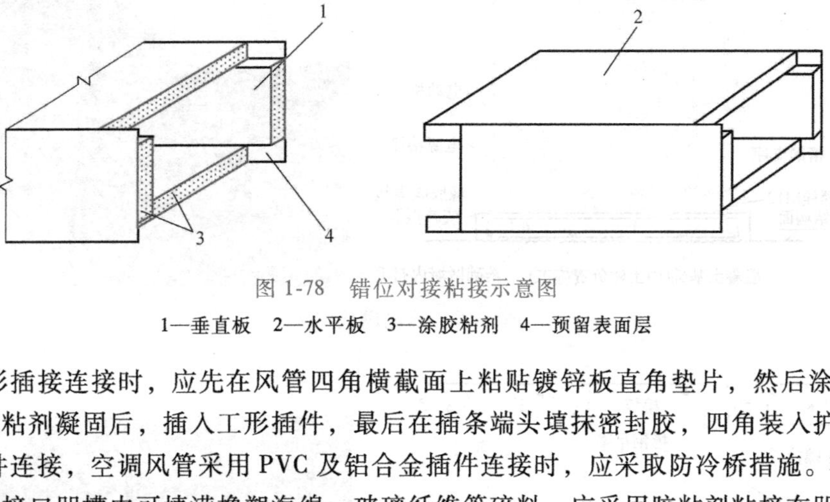

图1-78　错位对接粘接示意图

1—垂直板　2—水平板　3—涂胶粘剂　4—预留表面层

③ 工形插接连接时，应先在风管四角横截面上粘贴镀锌板直角垫片，然后涂胶粘剂粘接法兰，胶粘剂凝固后，插入工形插件，最后在插条端头填抹密封胶，四角装入护角。

④ 插件连接，空调风管采用PVC及铝合金插件连接时，应采取防冷桥措施。在PVC及铝合金插件接口凹槽内可填满橡塑海绵、玻璃纤维等碎料，应采用胶粘剂粘接在凹槽内，碎料四周外部应采用绝热材料覆盖，绝热材料在风管上搭接长度应大于20mm。中、高压风管的插接法兰之间应加密封垫料或采取其他密封措施。

（5）风管调整　同金属风管安装的风管调整。

（6）质量检查　同金属风管安装的质量检查。

4. 风机与风管上部件安装

（1）风机安装

风口与风机的安装

1）风机开箱检查：风机开箱检查时，首先应根据设计图核对名称、型号、机号、传动方式、旋转方向和风口位置等。符合设计要求后，应对通风机再进行下列检查：

① 检查电动机接线正确无误；通电试验，叶片转动灵活、方向正确，机械部分无摩擦、松脱，无漏电及异常声响。

② 进、排风口应有盖板严密遮盖，防止尘土和杂物进入。

③ 检查风机外露部分各加工面的防锈情况及转子是否发生明显的变形、碰伤等。

2）基础验收：风机安装前应根据设计图纸、产品样本或风机实物检查设备基础是否符合设备的尺寸、型号要求。设备基础的位置、几何尺寸和混凝土强度、质量应符合设计规定，并应有验收资料。设备基础表面和地脚螺栓预留孔中的杂物、积水等应清除干净；预埋地脚螺栓的螺纹和螺母应保护完好。设备就位前，按施工图和建筑物的轴线或边缘线和标高线，画出安装基准线；确定设备找正、调平的定位基准面、线或点。

3）通风机搬运：由于风机重，在平台上或较高的基础上安装时，可用滑轮或倒链进行吊装。滑轮或倒链应根据现场具体条件，一般可悬挂在梁柱上；如果风机较大，应与土建相关人员联系，确定梁柱能否承受风机吊装时的受力。

4）风机安装：风机安装位置应正确、底座应水平。落地安装前，应固定在隔振底座上，底座尺寸应与基础大小匹配，中心线一致。隔振底座与基础之间应按设计要求设置减振装置，并应采取防止设备水平位移的措施，如图 1-79 所示。风机吊架安装时吊架及减振装置应符合设计及产品技术文件的要求，如图 1-80 所示。

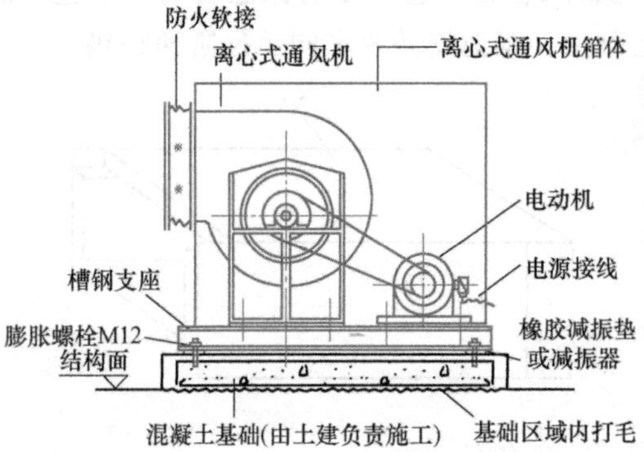

图 1-79　落地风机安装

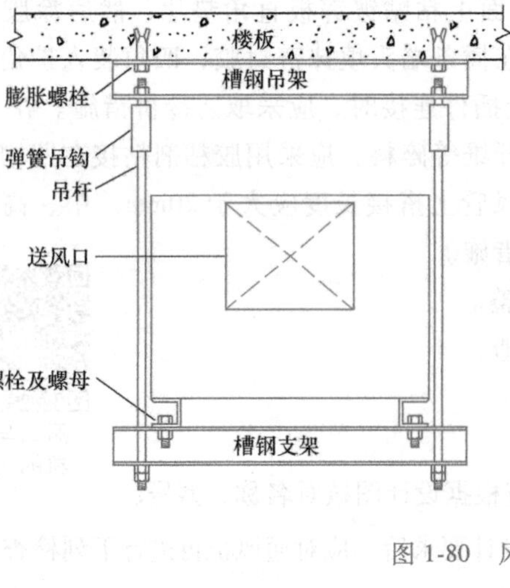

图 1-80　风机吊架安装

5）风机与风管柔性短管连接：风机与风管的连接应采用柔性短管连接，防排烟系统柔性短管的制作材料必须为不燃材料。柔性短管的安装宜采用法兰连接形式，柔性短管的长度宜为150~300mm，安装后应松紧适当，不应扭曲，且不应作为找平、找正的异径连接管，如图1-81所示。

图1-81　柔性短管连接

6）离心式通风机的进出口接管安装：风机的进出口风管应设置独立的支吊架，通风机出口接管应顺通风机叶片转向接出弯管。在现场条件允许下，还应保证通风机出口至弯管的距离A最好为风机出口长边的1.5~2.0倍（如受限制可内设导流片）。通风机的进风口或进风管路直通大气时，应加装保护网或采取其他安全防护措施。通风机的进风管、出风管应有单独的支撑，并与基础或其他建筑物连接牢固。

7）风机安装质量要求：产品的性能、技术参数应符合设计要求，出口方向应正确；叶轮旋转应平稳，每次停转后不应停留在同一位置上；固定设备的地脚螺栓应坚固，并应采取防松动措施；通风机安装允许偏差应符合表1-29的规定，叶轮转子与机壳的组装位置应正确；叶轮进风口插入风机机壳进风口或密封圈的深度应符合设备技术文件要求或应为叶轮直径的1/100；轴流风机的叶轮与筒体之间的间隙应均匀，安装水平偏差和垂直度偏差均不应大于1/1000。减振器安装位置应正确，各组或各个减振器承受荷载的压缩量应均匀一致，偏差应小于2mm。

表1-29　通风机安装允许偏差

项次	项目		允许偏差	检验方法
1	中心线的平面位移		10mm	经纬仪或拉线和尺量检查
2	标高		±10mm	水准仪或水平仪、直尺、拉线和尺量检查
3	皮带轮轮宽中心平面位移		1mm	在主、从动皮带轮端面拉线和尺量检查
4	传动轴水平度		纵向0.2‰ 横向0.3‰	在轴或皮带轮0°和180°的两个位置上，用水平仪检查
5	联轴器	两轴芯径向位移	0.05mm	采用百分表圆周法或塞尺四点法检查验证
		两轴线倾斜	0.2‰	

（2）风口安装　风管与风口的连接宜采用法兰连接，也可采用槽形或工形插接连接。首先在风管上按照风口的规格开孔，将风口基框法兰盘用自攻螺栓固定在风管壁面上，注意与风管连接处用密封胶密封，最后将散流器用螺栓固定在风口基框上或用弹簧片固定。百叶风口在通风与空调工程中应用广泛，安装方法同散流器。风口安装应符合下列要求：

1）风口与风管的连接应严密、牢固，与装饰面相紧贴；表面平整、不变形，调节灵活、可靠。

2）条形风口的安装，接缝处应衔接自然，无明显缝隙。同一厅室、房间内的相同风口的安装高度应一致，排列应整齐。

3）明装无吊顶的风口，安装位置和标高偏差不应大于10mm；风口水平安装，水平度的偏差不应大于3/1000。风口垂直安装，垂直度的偏差不应大于2/1000。

4）风口不应直接安装在主风管上，风口与主风管间应通过短管连接。

5）风口安装位置应正确，调节装置定位后应无明显自由松动。室内安装的同类型风口应整齐，与装饰面应贴合严密。

6）吊顶风口可直接固定在装饰龙骨上，当有特殊要求或风口较重时，应设置独立的支吊架。

（3）风阀安装 风管各类调节装置应安装在便于操作的部位。止回阀宜安装在风机压出端，开启方向必须与气流方向一致。电动、气动调节阀的安装应保证执行机构动作的空间。防火阀安装，方向位置应正确，易熔件应迎气流方向。风管穿越防火墙时防火阀安装应单独设吊架，穿墙风管的管壁厚度要大于等于1.6mm，安装后在墙洞与防火阀间用水泥砂浆密封，如图1-82所示。

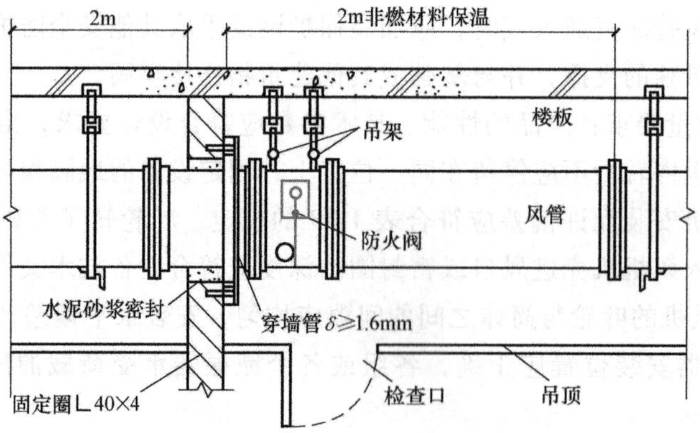

图1-82 风阀安装示意图

1.6 风管安装质量检验

风管安装
质量检验

1.6.1 主控项目

1. 风管及部件安装应符合的要求

（1）风管系统支吊架的安装 应符合下列规定：

1）预埋件位置应正确、牢固可靠，埋入部分应去除油污，且不得涂漆。

2）风管系统支吊架的形式和规格应按工程实际情况选用。

3）风管直径大于2000mm或边长大于2500mm的支吊架安装应按设计要求执行。

检查数量：按Ⅰ方案（见附表A）。

检查方法：查看设计图、尺量、观察检查。

（2）风管安装 必须符合下列规定：

1）风管内严禁其他管线穿越。

2）输送含有易燃、易爆气体或安装在易燃、易爆环境的风管系统必须设置可靠的防静电接地装置。

3）输送含有易燃、易爆气体的风管系统通过生活区或其他辅助生产房间时必须严密，并不得设置接口。

4）室外风管系统的拉索等金属固定件严禁与避雷针或避雷网连接。

检查数量：全数

检查方法：尺量、观察检查。

(3) 外表温度高于60℃，且位于人员易接触部位的风管安装　应采取防烫伤的措施。

检查数量：按1方案（见附表A）。

检查方法：观察检查。

(4) 风管部件安装　必须符合下列规定：

1）各类风管部件及操作机构的安装应能保证其正常的使用功能，并便于操作。

2）斜插板风阀的安装，阀板应为顺气流方向插入；水平安装时，阀板必须为向上开启。

3）止回风阀、定风量阀的安装方向应正确。

4）防火阀、排烟阀（口）的安装方向、位置应正确。防火分区隔墙两侧的防火阀，距墙表面不应大于200mm。

检查数量：按1方案（见附表A）。

检查方法：吊锤、手扳、尺量、观察检查。

(5) 净化空调系统风管的安装　应符合下列规定：

1）风管、静压箱及其他部件，必须擦拭干净，做到无油污和浮尘，当施工停顿或完毕时，端口应封好。

2）法兰垫料应为不产尘、不易老化和具有一定强度和弹性的材料，厚度为5~8mm，不得采用乳胶海绵；法兰垫片应尽量减少拼接，并不允许直缝对接连接，严禁在垫料表面涂涂料。

3）风管穿过洁净室吊顶、隔墙等围护结构时，应采取可靠的密封措施。

检查数量：按1方案（见附表A）。

检查方法：观察、用白绸布擦拭。

2. 风管严密性检验

风管系统严密性试验应按不同压力等级和不同材质分别进行。低压系统风管的严密性试验宜采用漏光法检测，漏光检测不合格时，应对漏光点进行密封处理，并应做漏风量测试。中压系统风管的严密性试验，应在漏光检测合格后，对系统漏风量进行测试。高压系统风管的严密性试验应为漏风量测试。1~5级洁净空调系统风管的严密性试验应按高压系统风管的规定执行；6~9级洁净空调系统风管的严密性试验应按中压系统风管的规定执行。

(1) 漏光检测　漏光检测是采用具有一定强度的安全光源（手持动光源可采用不低于100W带保护罩的低压照明灯或其他低压光源。光源可置于风管内侧或外侧，但其相对侧应为暗黑环境。）沿着被检测接口部位与接缝做缓慢移动，在另一侧观察，当发现有光线射出，应做好记录，并统计漏光点。根据检测风管的连接长度计算接口缝长度值。

分段检测以总管和干管为主。低压系统风管以每 10m 接缝，漏光点不大于 2 处，且 100m 接缝平均不大于 16 处为合格；中压系统风管以每 10m 接缝，漏光点不大于 1 处，且 100m 接缝平均不大于 8 处为合格。

（2）漏风量测试　漏风量测试应在风管分段连接完成或系统主干管已安装完毕后进行。

1）基本原理：在理想状态下向一个密闭容器注入气体，保持容器内压力恒定，此时注入的气体流量与密闭容器的泄漏量相等。

2）检测方法：将漏风测试仪风机的出风口用软管连接到被测试的风管上，该段风管除和测试装置用软管连接以及从上面引出一根测压风管外，其余接口均应堵死。当启动漏风检测仪并逐渐提高风机转速时，通过软管向风管中注风，风管内的压力也会逐步上升。当风管达到所需测试的压力后，调检测仪的风机转速，使之保持风管内的压力恒定，这时测得风机进口的风量即为被测风管在该压力下的漏风量。如果超规范规定，查出部位，做好标记，修补后重测，直至合格。

1.6.2　一般项目

1. 风管安装的质量评定

（1）风管安装质量要求　风管的安装应符合下列规定：

1）风管安装前，应清除内、外杂物，并做好清洁和保护工作。

2）风管安装的位置、标高、走向，应符合设计要求。现场风管接口的配置应合理，不得缩小其有效截面。

3）连接法兰的螺栓应均匀拧紧，其螺母宜在同一侧。

4）风管接口的连接应严密、牢固。风管法兰的垫片材质应符合系统功能的要求，厚度不应小于 3mm。垫片不应凸入管内，亦不宜突出法兰外；垫片接口交叉长度不应小于 30mm。

5）柔性短管的安装，应松紧适度，无明显扭曲。

6）可伸缩性金属或非金属软性风管的长度不宜超过 2m。柔性风管支、吊架的间距不应大于 1500mm，承托的座或箍的宽度不应小于 25mm，两支架间风道的最大允许下垂为 100mm，且不应有死弯或塌凹。

7）风管与砖、混凝土风道的连接接口，应顺着气流方向插入，并应采取密封措施。风管穿出屋面处应设有防雨装置，且不得渗漏。

8）不锈钢板、铝板风管与碳素钢支架的接触处，应有隔绝或防腐绝缘措施。

检查数量：按 2 方案（见附表 B）。

检查方法：尺量、观察检查。

（2）无法兰连接风管安装质量要求　无法兰连接风管的安装应符合下列规定：

1）风管的连接处应完整无缺损、表面应平整，无明显扭曲。

2）承插式风管的四周缝隙应一致，不应有折叠状褶皱。内涂的密封胶应完整，外粘的密封胶带应粘贴牢固、完整无缺损。

3）矩形薄钢板法兰风管可采用弹性插条、弹簧夹或 U 形坚固螺栓连接。连接固定的间隔不应大于 150mm，净化空调系统风管的间隔不应大于 100mm，且分布应均匀。当采用弹簧夹连接时，宜采用正反交叉固定方式，且不应松动。

4）采用平插条连接的矩形风管，连接后的板面应平整、无明显弯曲。

5）置于室外与屋顶的风管，应采取与支架相固定的措施。

检查数量：按2方案（见附表B）。

检查方法：尺量、观察检查。

（3）风管连接质量要求　风管的连接应平直、不扭曲。明装风管水平安装时，水平度的允许偏差为3/1000，总偏差不应大于20mm。明装风管垂直安装时，垂直度的允许偏差为2/1000，总偏差不应大于20mm。暗装风管的位置应正确、不应有侵占其他管线安装位置的现象。除尘系统的风管，宜垂直或倾斜敷设，与水平夹角宜大于或等于45°。对含有凝结水或其他液体的风管，坡度应符合设计要求，并在最低处设排液装置。

检查数量：按2方案（见附表B）。

检查方法：尺量、观察检查。

2. 非金属风管安装的质量评定

（1）非金属风管安装质量要求　非金属风管的安装除应满足金属风管连接质量要求的规定外，还应符合下列的规定：

1）风管连接应严密，法兰螺栓两侧应加镀锌垫圈。

2）风管垂直安装，支架间距不应大于3m。

3）硬聚氯乙烯风管的直段连续长度大于20m时，应按设计要求设置伸缩节；支管的重量不得由干管来承受，必须自行设置支、吊架。采用承插连接的圆形风管，直径小于或等于200mm时，插口深度宜为40~80mm，粘接处应严密牢固。采用法兰连接时，垫片宜采用3~5mm软聚氯乙烯或耐酸橡胶板。

检查数量：按2方案（见附表B）。

检查方法：尺量、观察检查。

（2）复合材料风管安装质量要求　复合材料风管的安装除满足非金属风管安装要求外，还应符合下列规定：

1）复合材料风管的连接处接缝应牢固，无孔洞和开裂。当采用插接连接时，接口应匹配、无松动，端口缝隙不应大于5mm。

2）采用金属法兰连接时，应有防冷桥的措施。

3）酚醛铝箔复合板风管与聚氨酯铝箔复合板风管的安装中，插接连接法兰的不平整度应小于或等于2mm，插接连接条的长度应与连接法兰齐平，允许偏差为-2~0mm。插接连接法兰四角的插条端头与护角应有密封胶封堵。

检查数量：按2方案（见附表B）。

检查方法：尺量、观察检查。

3. 部件安装的质量评定

（1）各类风阀安装质量要求　各类风阀应安装在便于操作及检修的部位，安装后的手动或电动操作装置应灵活、可靠，阀板关闭应保持严密。防火阀直径或长边尺寸大于等于630mm时，宜设独立支、吊架。排烟阀（排烟口）及手控装置（包括钢索预埋套管）的位置应符合设计要求。钢索预埋套管弯管不应大于2个，且不得有死弯及瘪陷，安装完毕后应操控自如，无阻涩现象。除尘系统吸入管段的调节阀，宜安装在垂直管段上。

检查数量：按2方案（见附表B）。

检查方法：尺量、观察检查。

（2）风帽安装质量要求 风帽安装必须牢固，连接风管与屋面或墙面的交接处不应有渗水。

检查数量：按2方案（见附表B）。

检查方法：尺量、观察检查。

（3）排风口、吸风罩安装质量要求 排风口、吸风罩的安装应排列整齐，牢固可靠，安装位置和标高允许偏差应为±10mm，水平度的允许偏差应为3/1000，且不得大于20mm。

检查数量：按2方案（见附表B）。

检查方法：尺量、观察检查。

（4）风口安装质量要求 风口表面应平整、不变形，调节灵活、可靠。同一厅室、房间内的相同风口的安装高度应一致，排列应整齐。明装无吊顶的风口，安装位置和标高偏差不应大于10mm。风口水平安装，水平度的偏差不应大于3/1000。风口垂直安装，垂直度的偏差不应大于2/1000。

检查数量：按2方案（见附表B）。

检查方法：尺量、观察检查。

（5）洁净室内空调系统风口安装质量要求 净化空调系统风口安装除满足风口安装质量要求外，还应符合下列规定：

1）风口安装前应擦拭干净，不得有油污、浮尘等。

2）风口边框应紧贴建筑顶棚或墙壁装饰面，接缝处应采取可靠的密封措施。

3）带高效过滤器的送风口，四角应设置可调节高度的吊杆。

检查数量：按2方案（见附表B）。

检查方法：查验成品质量合格证明文件，观察检查。

知识梳理与总结

核心知识	内容梳理
通风方式	自然通风、机械通风、复合通风
防、排烟方式	自然排烟、机械排烟、机械加压送风防烟
施工图	设计说明和施工说明、平面图、剖面图、系统图、详图
金属风管制作工艺流程	展开下料→剪切→倒角→咬口制作与加工→风管折方成型→风管加固

（续）

核心知识	内容梳理
风管间连接形式	铆接、法兰连接、无法兰连接、焊接
非金属与复合风管制作工艺流程	板材放样下料→风管粘接成型→插接连接件或（法兰与风管连接）→加固与导流叶片安装
风管安装工艺流程	测量放线→支吊架安装→风管检查→组合连接安装→风管调整→质量检查
风机的安装工艺流程	风机开箱检查→基础验收→通风机搬运→风机安装→风机与风管柔性短管连接→离心风机的进出口接管安装

练　习　题

1. 解释全面送风、全面排风、局部送风和局部排风。
2. 置换通风具有哪些方面的特点？
3. 通风机的主要性能参数包括哪几个？并解释性能参数。
4. 解释机械加压送风防烟并说明在高层建筑的防排烟设计中应用广泛的原因。
5. 在排烟系统中，防火阀应设置在系统中的哪些位置？
6. 说明通风与防排烟系统施工图的主要内容。
7. 机械加压送风防烟系统加压送风口应设置在哪些部位？
8. 说明普通薄钢板的主要特点。

9. 风管按工作压力可分为哪几类？说明不同类型对密封的要求。

10. 对于转角咬口，咬口宽度的留量如何确定？

11. 详细说明金属风管加工的工艺流程。

12. 对于金属矩形风管，什么情况下需要采取加固措施？

13. 说明金属风管加固的方法有哪几种？

14. 什么情况下，风管的连接可采用焊接的形式？焊接前应做哪些准备工作？

15. 风管法兰连接时，法兰之间应加垫料，将螺栓拧紧，连接紧密，说明常用的法兰垫料的类型及主要特点。

16. 画出内斜线形矩形弯头的下料展开图，法兰规格为20mm，咬口宽为7mm，规格为200mm×150mm，内斜边投影长度为70mm。要求画出折线和咬口线，比例为1：25。

17. 说明风管安装的工艺流程。

18. 说明风管安装采用吊装的具体做法。

19. 说明金属风管漏风量检测的方法。

20. 金属风管在什么情况下需采取加固措施？说明检查数量和检查方法。

21. 说明装配式支吊架C型钢的主要特点。

22. 说明支吊架制作的工序。

23. 预埋件法是安装支吊架的一种常用方法，请说明预埋件法施工的具体步骤和要求。

24. 风管支、吊架安装时应注意哪些方面的问题？

25. 说明应具备什么条件才能进行风管的安装？

26. 说明风管吊装的具体方法。

27. 说明风管的组合连接的具体施工方法。

28. 说明风管漏风量检测的方法。

29. 风管安装后应做哪些成品保护措施？

30. 风机开箱检查主要包括哪些检查内容？

31. 详细说明净化空调系统风口安装质量要求。

项目二

Chapter 02

全空气空调系统施工安装

教学导引

知识重点	全空气空调系统的组成 制冷设备的安装方法 空气处理设备安装方法及质量要求 风管的保温层施工方法
知识难点	全空气空调系统施工图的识读 冷（热）水系统类型及管道附件
素养要求	严谨求实、一丝不苟、勇于创新、精益求精的工匠精神 提高安全意识和安全责任感，做到安全施工
建议学时	14

任务导引

任务1　全空气空调系统施工图的识读

【目的与要求】

通过完成全空气空调系统施工图的识读，熟悉全空气空调系统的组成。掌握全空气空调系统施工图的内容和施工图识读的方法，能全面掌握施工图中包括的施工安装内容，为工程的施工安装奠定基础。

【任务分析】

施工图的识读是施工安装前非常重要的一个环节，是进行施工准备工作的主要内容，根据全空气空调系统施工图的识读要点，按照设计说明、原理图、平面图、剖面图和详图的顺序进行。

【任务实施步骤】

1. 熟悉所需完成的任务。
2. 熟悉给定的全空气空调系统施工图纸。
3. 进行施工图的识读。
4. 讨论商议教师提出问题的答案。

任务2　制冷设备安装质量检验

【目的与要求】

通过完成制冷设备安装质量检验，熟悉制冷设备安装的施工机具及安全要求，掌握冷源及附属设备安装的方法，掌握冷源设备安装的质量要求，能准确填写质量检验记录表。

【任务分析】

制冷设备安装是空调系统安装中非常重要的内容，验收主要依据是通风与空调工程施工质量验收规范。质量检验的主要内容是主控项目和一般项目，包括制冷设备及附属设备安装、设备混凝土基础验收、模块式冷水机组安装等内容。

【任务实施步骤】

1. 熟悉质量验收记录表。
2. 熟悉制冷设备布置平面图和剖面图。
3. 对照验收内容中的主控项目和一般项目，查阅规范中对应的内容。
4. 进行制冷设备安装质量检验。
5. 填写质量检验记录表。

任务3　空气处理设备安装质量检验

【目的与要求】

通过完成空气处理设备安装质量检验，熟悉空气处理设备的安装工序，掌握空气处理设备开箱检查的内容，掌握空气处理设备安装方法及安装质量要求。

【任务分析】

空气处理设备安装是空调系统安装中非常重要的内容，验收主要依据是通风与空调工程施工质量验收规范。质量检验的主要内容是主控项目和一般项目，包括空调机组安装、组合式空调机组安装、单元式空调机组安装、过滤器安装等内容。

【任务实施步骤】

1. 熟悉质量验收记录表。
2. 熟悉空气处理设备布置平面图和剖面图。
3. 对照验收内容中的主控项目和一般项目，查阅规范中对应的内容。
4. 进行空气处理设备安装质量检验。
5. 填写质量检验记录表。

任务4　风管保温层施工与质量检验

【目的与要求】

通过完成风管保温层施工，熟悉保温层施工工具的使用方法，了解常用保温材料的性能，掌握保温层施工的方法及安装质量要求。

【任务分析】

风管保温层施工是空调系统安装中非常重要的内容，安装前应准备好材料和工具，并进行材料的检查，进行玻璃棉毡保温层的施工，注意施工中应按规范质量标准的要求进行。验收主要依据是通风与空调工程施工质量验收规范，质量检验的主要内容是主控项目和一般项目，包括材料的验证、绝热材料厚度及平整度、风管绝热层保温钉固定等内容。

【任务实施步骤】

1. 准备保温层施工的工具。
2. 进行保温材料的检验。
3. 进行保温材料的下料。
4. 保温钉的固定。
5. 外覆铝箔玻璃布，用铝箔玻璃布胶带粘接其横向和纵向接缝。
6. 进行风管保温层施工质量检验。
7. 填写质量检验记录表。

相关知识

2.1　全空气空调系统组成与施工图识读

最完善的全空气空调系统主要由冷（热）水机组、冷热水与冷凝水系统、冷却水系统、空气处理设备、空调风系统组成。

2.1.1　冷（热）水机组

全空气空调系统组成

冷（热）水机组按压缩机的工作原理不同，分为蒸气压缩式和吸收式，在舒适性空调系统中蒸气压缩式应用较广泛。

1. 蒸气压缩式冷水机组

（1）蒸气压缩式制冷系统　蒸气压缩式制冷系统是常用的人工制冷方法，主要由制冷压缩机、冷凝器、膨胀阀和蒸发器4个主要设备组成，设备之间用管道连接构成封闭的循环系统，如图2-1所示。系统工作时，来自蒸发器的低温低压制冷剂蒸气被吸入压缩机，压缩成高温高压制冷剂蒸气，进入冷凝器，在冷凝器中放出热量冷凝成高压液体，然后经膨胀阀节流降压后变成低温低压液体进入蒸发器，在蒸发器中液体制冷剂蒸发吸收被冷却介质的热量，变成低温低压气体再回到压缩机，进行下一个循环。被冷却介质失去热量，温度下降，获得空调的冷媒水。

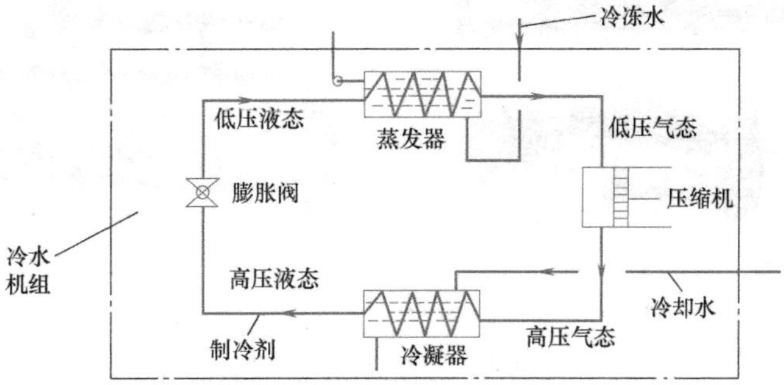

图2-1　蒸气压缩式制冷系统的组成

（2）蒸气压缩式制冷（热）机组的型式　蒸气压缩式冷（热）水机组属整体式制冷装置，它是将制冷循环上的各个部件包括自动控制部分集中安装在一个底架上，在生产厂内组装、试验后再交付使用。冷水机组自动化程度较高，实现了智能化控制，并有多种自动保护，能确保机组运行安全可靠，并为设备安装施工提供了很大的方便，缩短了施工工期，在空调工程中得到广泛应用。

目前，空调用冷（热）水机组常用的有活塞式、涡旋式、螺杆式、离心式等压缩式冷（热）水机组，如图 2-2 所示。根据冷凝器的冷却介质不同，还将压缩式冷水机组分为风冷式和水冷式冷水机组。还有将活塞式等冷热水机组做成单元形式，组装成较大制冷量的模块式冷水机组。水冷式冷水机组通常设置在地下室或单独建筑中，风冷式冷水机组通常设置在建筑物屋面或室外通风处。

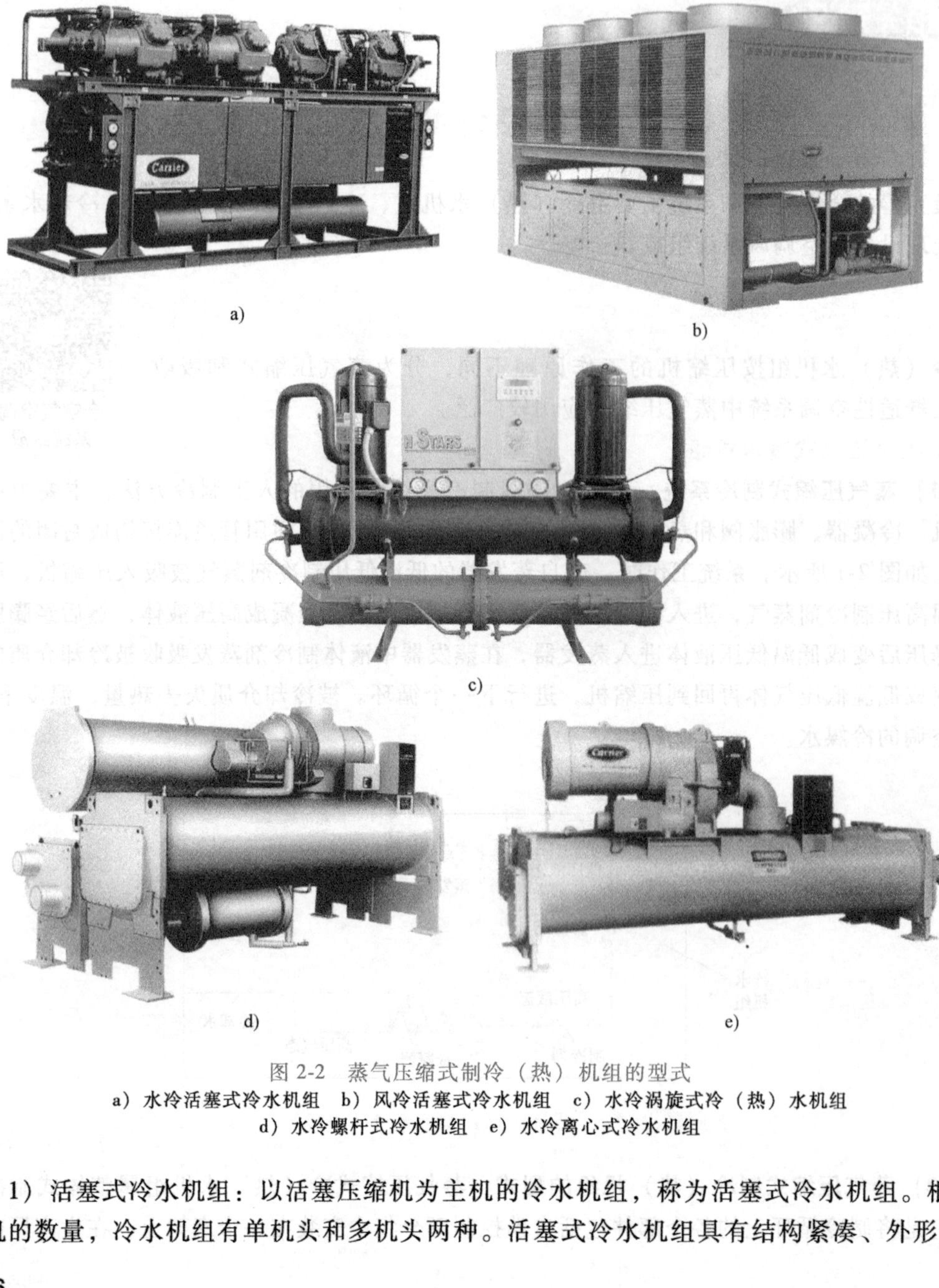

图 2-2　蒸气压缩式制冷（热）机组的型式

a）水冷活塞式冷水机组　b）风冷活塞式冷水机组　c）水冷涡旋式冷（热）水机组
d）水冷螺杆式冷水机组　e）水冷离心式冷水机组

1）活塞式冷水机组：以活塞压缩机为主机的冷水机组，称为活塞式冷水机组。根据压缩机的数量，冷水机组有单机头和多机头两种。活塞式冷水机组具有结构紧凑、外形美观、配件齐全、制冷系统的流程简单等特点。机组运到现场后只需简单安装，接上水、电即可投入运转。与将制冷系统的各个设备分散安装于机房之间，再用很长的管道连接在一起的布置方式相比，不仅选型设计和安装调试大为简捷，节省占地面积，而且操作管理也方便，在很大程度上提高了设备运行的可靠性、安全性和经济性。活塞式冷水机组根据冷凝器内冷却介质的不同，有水冷式和风冷式两种。风冷式还有冷水机组和冷热水机组。冷热水机组为热泵机组，内设四通换向阀，冬季可提供热水。

2）涡旋式冷水机组：采用涡旋式压缩机的冷水机组称为涡旋式冷水机组，它具有噪声低、振动小且能效比高、品质稳定、性能可靠等优点。微电脑控制器具有能量控制、故障诊断、防冻监测、运行模式等多项自动控制功能，确保机组高效运行。冷凝器有风冷和水冷两种，水冷冷凝器采用管壳式，风冷冷凝器采用翅片套管式。采用模块化设计，每个模块可以单独运行和安装，也可多个模块一起拼装和运行，模块可以相同也可以不同。由于采用模块化设计使机组运输、安装、调试与维护更加方便，节省吊运、安装与运行费用。

3）螺杆式冷水机组：压缩机采用螺杆式的称为螺杆式冷水机组。螺杆式冷水机组结构简单、运动部件少、易损件少，故障率低、寿命长、噪声低、振动小；调节方便，可在10%~100%范围内无级调节，部分负荷时效率高，节电显著。价格比活塞式高，单机容量比离心式小，大容量机组噪声比离心式高。

4）离心式冷水机组：叶轮转速高，输气量大，单机容量大；工作可靠，结构紧凑，运转平稳，振动小，噪声低；EER值高，调节方便。但单级压缩机在低负荷时会出现喘振现象，对材料强度、加工精度和制造质量要求严格；当运行工况偏离设计工况时效率下降较快，制冷量随蒸发温度降低而减少幅度比活塞式快。

5）风冷模块冷（热）水机组：冷凝器采用风冷式，简单地说机组就是一组并列的模块单元系统，每个单元都结构相同、性能一致，是一个独立的制冷系统，它包括了制冷压缩机、冷凝器、蒸发器、控制阀门、电气控制与保护系统等，如图2-3所示。所有的模块单元通过一个共同的水管路联结在一起。电脑系统使它们一体化，并监控所有的模块单元，使它们按一定的规律和程序运行。

图2-3　风冷模块冷（热）水机组

机组具有节约能耗特点，能按照冷负荷变化随时自动调整运行的模块数，使输出冷量与空调负荷达到最佳匹配；重量轻，外形尺寸小，适合任何通风好的地方；模块式的组合，对制冷系统提供最大的备用能力，而且扩大机组容量非常简单易行。风冷模块冷（热）水机组内每个压缩机具有独立的制冷剂回路，采用微电脑协调控制多回路工作，因此这种机组具有较宽广的调节性能，调节的方式也有多种，如可为每个压缩机进行同样的能量调节，或部分启动调节。所以，这种机组具有较强的负荷变化适应能力。风冷模块冷（热）水机组冷却系统简单，省去复杂的冷却水系统，运行管理方便。

冷（热）水机组与冷（热）水和冷却水连接处的管道上，应设置相应的附件，主要有蝶阀、压力表、温度计、水流开关、弹性软接头、高磁场管道保护器等，并设置泄水阀，如

图 2-4 所示。如果是大型多台冷（热）水机组制冷系统，还需设置分水器和集水器。

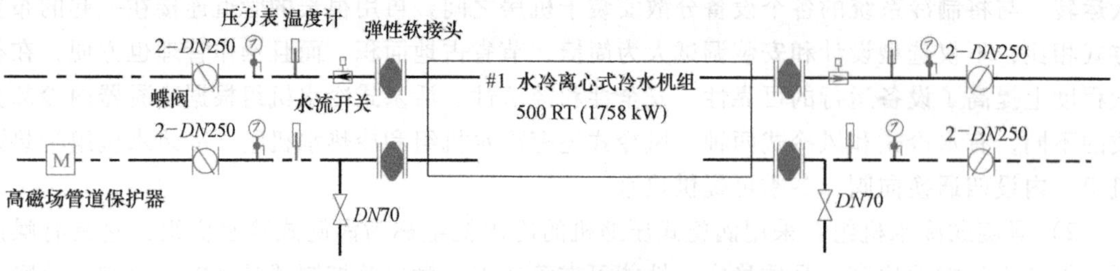

图 2-4　冷（热）水机组上连接管附件

如图 2-5 所示为某全空气空调系统冷冻机房平面图。冷冻机房内，共有 3 台水冷式冷水机组，制冷量分别为 500RT、500RT 和 350RT。冷却水泵共 5 台（其中 2 台备用），有冷冻水泵 5 台（其中 2 台备用），水泵与水泵的间距为 2m。

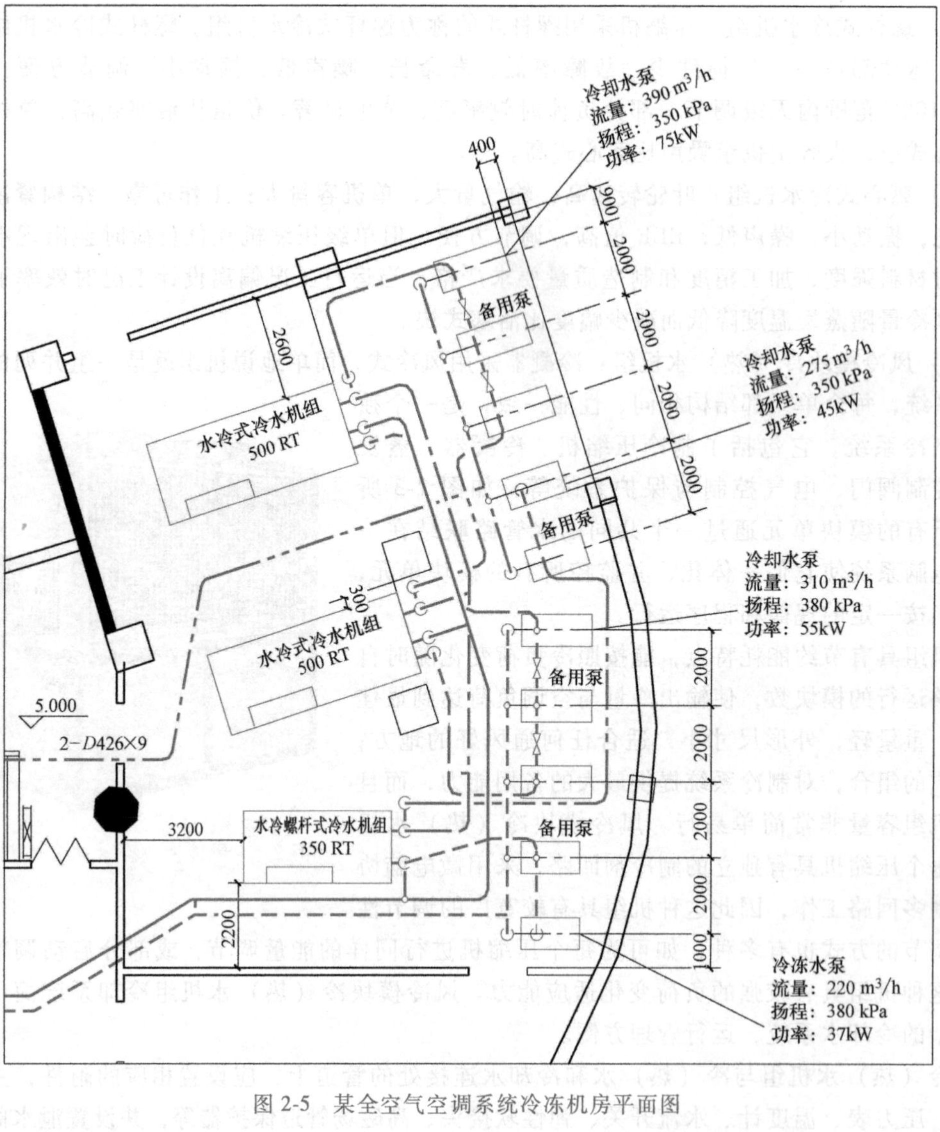

图 2-5　某全空气空调系统冷冻机房平面图

水冷电动压缩式冷水机组类型，宜按表2-1中的制冷量范围，经性能价格综合比较后确定。

表2-1　水冷电动压缩式冷水机组的制冷量范围

单机名义工况制冷量/kW	冷水机组类型
≤116	涡旋式
116~1054	螺杆式
1054~1758	螺杆式
	离心式
≥1758	离心式

电动压缩式冷水机组的总装机容量，应根据计算的空调系统冷负荷值直接选定，不另作附加；在设计条件下，当机组的规格不能符合计算冷负荷的要求时，所选择机组的总装机容量与计算冷负荷的比值不得超过1.1。冷水机组的选型应采用名义工况制冷性能系数较高的产品，同时考虑满负荷和部分负荷因素，其性能应符合现行国家标准的有关规定。

电动压缩式冷水机组的电动机的供电方式应符合下列规定：

1）当单台电动机的额定输入功率大于1200kW时，应采用高压供电方式。

2）当单台电动机的额定输入功率大于900kW而小于或等于1200kW时，宜采用高压供电方式。

3）当单台电动机的额定输入功率大于650kW而小于或等于900kW时，可采用高压供电方式。

2. 吸收式冷水机组

（1）吸收式制冷系统的组成及工作过程　吸收式制冷与蒸气压缩式制冷一样，都是利用液体在汽化时要吸收热量来实现制冷；不同的是蒸气压缩式制冷消耗机械能，吸收式制冷消耗热能使热量从低温热源转移到高温热源。吸收式制冷使用二元溶液，沸点低的物质为制冷剂，沸点高的物质为吸收剂。溴化锂吸收式制冷机是常用的制冷设备，以水为制冷剂，溴化锂为吸收剂。吸收式制冷系统主要由发生器、冷凝器、膨胀阀、蒸发器和吸收器组成，设备间用管道连接构成循环系统，如图2-6所示。系统工作时，溴化锂-水溶液在发生器中被外来热源加热，使沸点低的水先蒸发，形成一定压力和温度的水蒸气进入冷凝器，在冷凝器中放出热量被冷却水冷凝成高压的水，通过膨胀阀节流降压后进入蒸发器，在蒸发器中吸收冷媒水的热量汽化成低压水蒸气，冷媒水失去热量温度降低，送入空调系统作为冷源。从蒸发器出来的低压水蒸气送入吸收器，发生器中剩余的浓度较高的溴化锂-水溶液通过减压阀降压送入吸收器喷淋，吸收从蒸发器出来的低压水蒸气，变成浓度较低的溶液，通过溶液泵加压送入发生器，开始下一个循环。

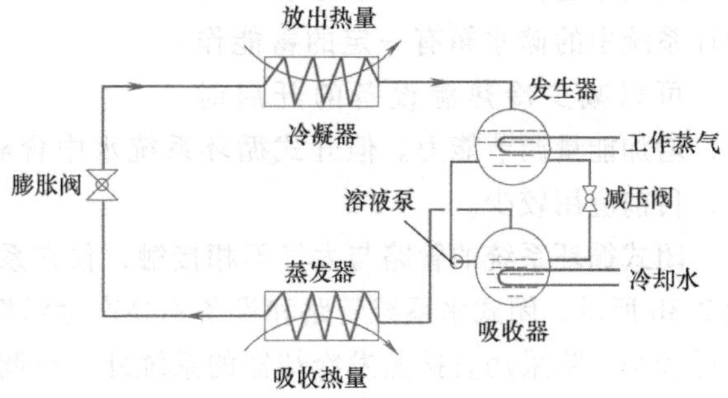

图2-6　吸收式制冷系统组成

（2）吸收式制冷机组特点　目前常见的吸收式制冷有氨水吸收式与溴化锂水溶液吸收

综合楼全空气空调系统介绍

式两种。氨水吸收式以氨为制冷剂，水为吸收剂。由于氨有刺激性臭味，且热效率低、质量大、体积庞大，除工业工艺过程外，一般很少应用。目前应用最广泛的是以水为制冷剂，溴化锂溶液为吸收剂的溴化锂吸收式冷水机组。溴化锂吸收式冷水机组利用热能为动力，能源利用范围广，节约能耗。运转安静，整个机组除功率较小的溶液泵外，无其他运动部件，以溴化锂水溶液为工质，无毒、无臭、环保。制冷机在真空状态下运转，无高压爆炸危险，安全可靠。

2.1.2　冷热水与冷凝水系统

1. 冷热水系统类型

空调冷热水系统是制冷机组和空气处理机组之间循环管道、水泵及附件的总称，如图2-7所示。采用冷水机组直接供冷时，空调冷水供水温度不宜低于5℃，空调冷水供回水温差不应小于5℃，有条件时，宜适当增大供回水温差。采用市政热力或锅炉供应的一次热源通过换热器加热的二次空调热水时，其供水温度宜根据系统需求和末端能力确定。对于非预热盘管，供水温度宜采用50~60℃，空调热水的供回水温差，严寒和寒冷地区不宜小于15℃，夏热冬冷地区不宜小于10℃。

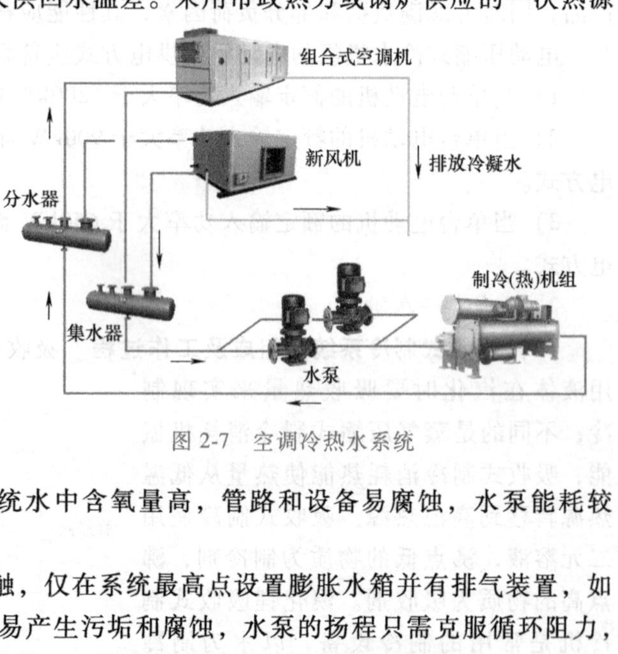

图 2-7　空调冷热水系统

(1) 开式循环系统和闭式循环系统　开式循环系统管路之间设有储水箱与大气相通，如图2-8a所示。开式循环系统中的储水箱有一定的蓄能作用，可以减少冷热源设备的开启时间，增加能量调节能力。但开式循环系统水中含氧量高，管路和设备易腐蚀，水泵能耗较大，目前应用较少。

闭式循环系统的管路与大气不相接触，仅在系统最高点设置膨胀水箱并有排气装置，如图2-8b所示。闭式水系统管路和设备不易产生污垢和腐蚀，水泵的扬程只需克服循环阻力，能耗较小。除采用直接蒸发冷却器的系统外，空调水系统应采用闭式循环系统。

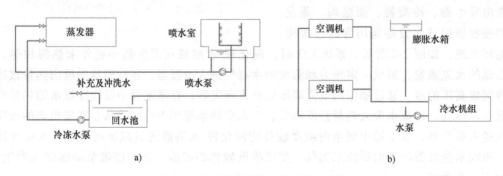

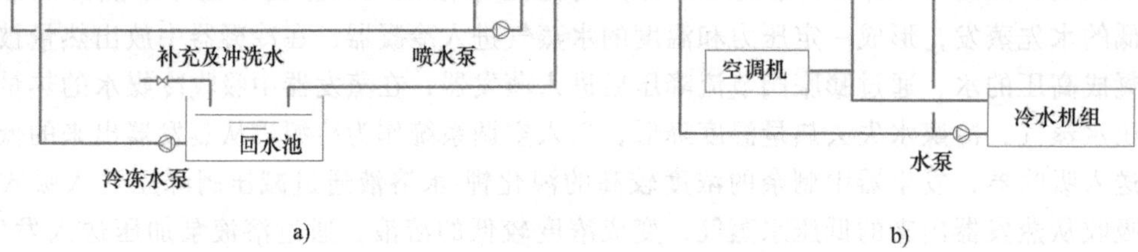

图 2-8　开式循环系统和闭式循环系统

a）开式循环系统　b）闭式循环系统

（2）定流量系统和变流量系统 定流量系统中的循环水流量保持恒定，当负荷变化时，可通过改变送风量或调节表冷器旁通水流量进行调节。

变流量水系统中，当负荷变化时，通过改变供水量进行调节。变流量系统一般指冷源供给用户的水流量随负荷的变化而变化，当用户侧的流量低于冷水机组变流范围时，可以采用旁通调节控制，如图 2-9 所示，保证蒸发器内的水流量不低于冷水机组的最低水流量。当用户侧的流量低于冷水机组变流范围时，旁通阀开始动作，系统的流量传感器（或蒸发器侧的压力传感器）代替末端设备的压差传感器指挥旁通阀，使得旁通阀的流量加上末端的流量等于冷水机组设定的最小流量，同时，水泵以最低频率定频运行。

（3）异程式系统和同程式系统 空调冷（热）水系统根据系统中各循环环路长度是否相同，可分为同程式和异程式系统，如图 2-10 所示。异程式系统中各循环环路长度不同，其环路阻力不易平衡，阻力小的近端环路流量会增大，远端环路的阻力大，其流量会相应减小，从而造成在供冷水（或热水）时近端用户比远端用户所得到的冷量（或热量）多，造成水平失调。同程式系统则可避免或减轻水平失调，空调冷（热）水系统应尽量采用同程式系统，包括立管同程和干管同程。

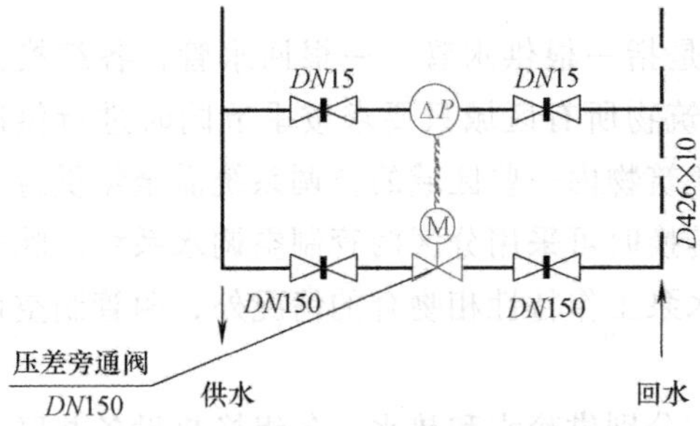

图 2-9 变流量系统中旁通阀设置

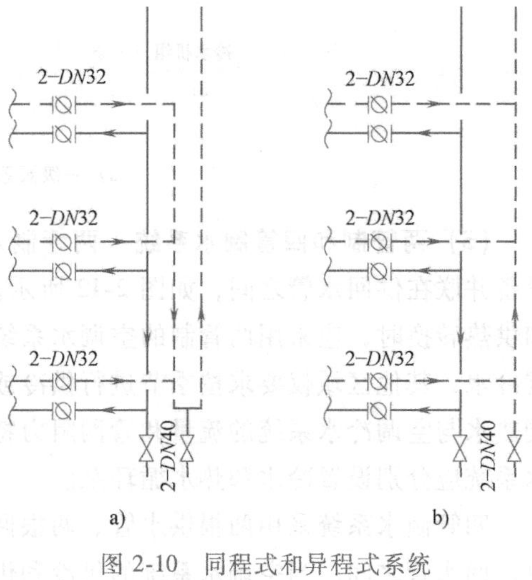

图 2-10 同程式和异程式系统

a）同程式 b）异程式

（4）一级泵系统和二级泵系统 一级泵系统只能用一组循环水泵，系统简单，初投资小。除设置一台冷水机组的小型工程外，不应采用定流量一级泵系统。对于冷水水温和供回水温温差要求一致且各区域管路压力损失相差不大的中小型工程，宜采用变流量一级泵系统。当变流量一级泵系统采用冷水机组定流量方式时，应在系统的供回水管间设置电动旁通调节阀，旁通调节阀的设计流量宜取容量最大的单台冷水机组的额定流量；当变流量一级泵系统采用冷水机组变流量方式时，一级泵应采用调速泵，在总供回水管之间应设旁通管和电动旁通调节阀，旁通调节阀的设计流量应取各台冷水机组允许的最小流量中的最大值。

二级泵变流量系统是在冷水机组蒸发侧流量恒定前提下，把传统的一次泵分解为两级，一级泵用来克服冷水机组蒸发器和一次环路的流动阻力，即自蒸发器出口到旁通管路再到蒸发器入口的阻力；二级泵用来克服从旁通管的蒸发器侧到末端设备再到旁通管的用户侧的水环路阻力，如图 2-11 所示。不难看出，在部分负荷时，二次泵变流量系统用户侧的水泵能够根据负荷进行调节控制提供相应的冷水流量，而一次泵定流量系统只能通过改变开启的水泵台数调节流量。二级泵变流量系统虽然比一级泵定流量系统节能，但是相应设备的初投资增加了，要求的机房面积也增加了，同时控制也较复杂，对机房操作人员的要求也较高。对于系统作用半径较大、设计水流阻力较高的大型工程，宜采用变流量二级泵系统。当各环路的设计水温一致且设计水流阻力接近时，二级泵宜集中设置；当各环路的设计水流阻力相差较大或各系统水温或温差要求不同时，宜按区域或系统分别设置二级泵。

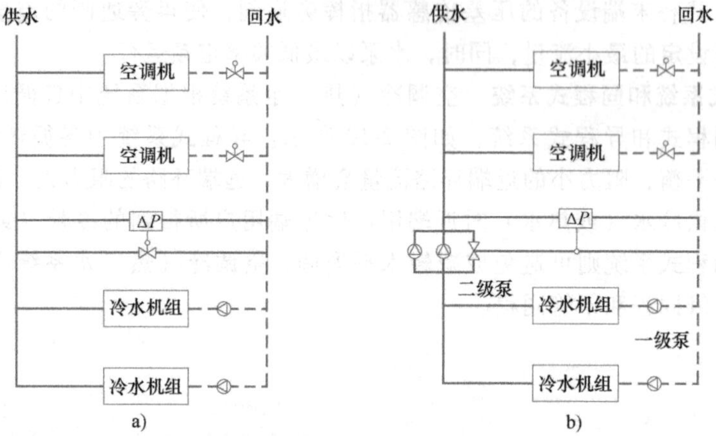

图 2-11　一级泵系统和二级泵系统

a）一级泵系统　b）二级泵系统

（5）两管制和四管制水系统　两管制水系统是指一根供水管、一根回水管，各组换热设备并联在供回水管之间，如图 2-12 所示。当建筑物所有区域只要求按季节同时进行供冷和供热转换时，应采用两管制的空调水系统。当建筑物内一些区域的空调系统需全年供应空调冷水，其他区域仅要求按季节进行供冷或供热转换时可采用分区两管制空调水系统。除空调热水与空调冷水系统的流量和管网阻力特性及水泵工作特性相吻合的情况外，两管制空调水系统应分别设置冷水和热水循环泵。

四管制水系统采用两根供水管、两根回水管，分别供冷水和热水，各组换热设备并联在供、回水管之间。当空调水系统的供冷和供热工况转换频繁或需同时使用时，宜采用四管制空调水系统。

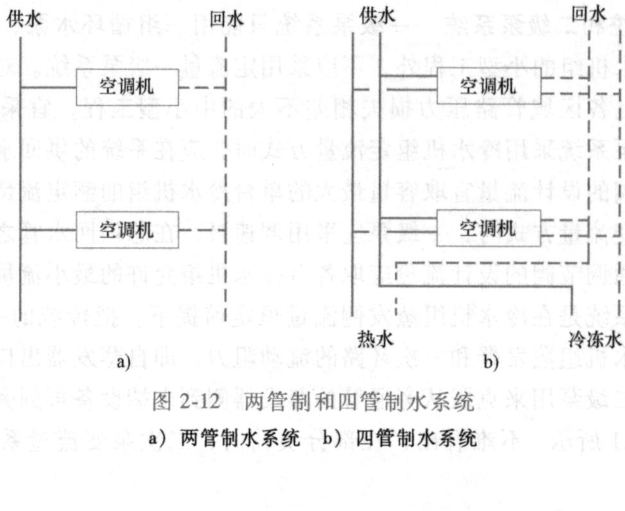

图 2-12　两管制和四管制水系统

a）两管制水系统　b）四管制水系统

2. 冷（热）水系统的管路设计

（1）空调水循环泵台数的确定　空调水循环泵台数应符合下列规定：

1）水泵定流量运行的一次泵，其设置台数和流量应与冷水机组的台数和流量相对应，并宜与冷水机组的管道一对一连接。

2）变流量运行的每个分区的各级水泵不宜少于2台。当所有的同级水泵均采用变速调节方式时，台数不宜过多。

3）空调热水泵台数不宜少于2台；严寒及寒冷地区，当热水泵不超过3台时，其中一台宜设置为备用泵。

如图2-13所示是空调冷水泵接管图，水泵吸入管上应装设过滤器、弹性软接头、压力表、蝶阀，压水管上应装设压力表、单向阀、弹性软接头等。

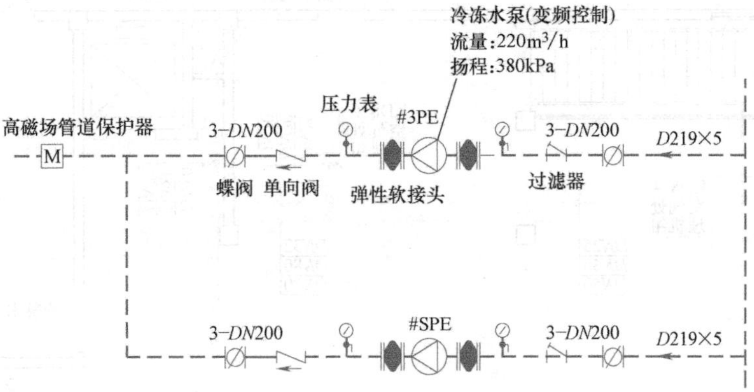

图2-13　空调冷水泵接管图

（2）空调水系统布置及管径选择　空调冷（热）水管道及回水管的布置与建筑给水相同，干管通常设置在吊顶内，立管设置在管井中。空调水系统布置和选择管径时，应减少并联环路之间压力损失的相对差额。当设计工况并联环路之间压力损失的相对差额超过15%时，应采取水力平衡措施。

（3）空调冷水系统的补水　空调冷水系统的设计补水量可按系统水容量的1%计算。空调水系统的补水点，宜设置在循环水泵的吸入口处。当采用高位膨胀水箱定压时，应通过膨胀水箱直接向系统补水；采用其他定压方式时，如果补水压力低于补水点压力，应设置补水泵。

3. 空调冷凝水系统

在夏季，当换热器外表面温度低于与之相接触的空气露点温度时，其表面会因结露而产生冷凝水。空调冷凝水一般为重力非满流，冷凝水管道宜采用塑料管或热镀锌钢管；当冷凝水管表面可能产生二次冷凝水且对使用房间有可能造成影响时，冷凝水管道应采取防结露措施。

冷凝水管道的设置应符合下列规定：

1）空调冷凝水一般应就近排放，如果不能，则集中采用管道输送，但应保持足够的管道坡度。冷凝水盘的泄水支管沿冷凝水流方向坡度不宜小于0.01，冷凝水水平干管不宜过长，其坡度不应小于0.003，且不允许有积水部位。

2）当空调设备冷凝水积水盘位于机组的正压段时，冷凝水盘的出水口宜设置水封；位于负压段时，也应设置水封，且水封高度应大于冷凝水盘处正压或负压值。

3）冷凝水水平干管始端应设置清扫口。

4）冷凝水排入污水系统时，应有空气隔断措施；冷凝水管不得与室内雨水系统直接连接。

5）冷凝水管管径应按冷凝水的流量和管道坡度确定。

如图 2-14 所示是空调水管平面图，每个空气处理机组均接有供水管、回水管，从管道井内的供水立管、回水立管接入，供回水干管的管径均为 80mm。冷凝水采用管道排放，冷凝水干管管径为 32mm，排入管道井内的有冷凝水立管 1 和立管 2。

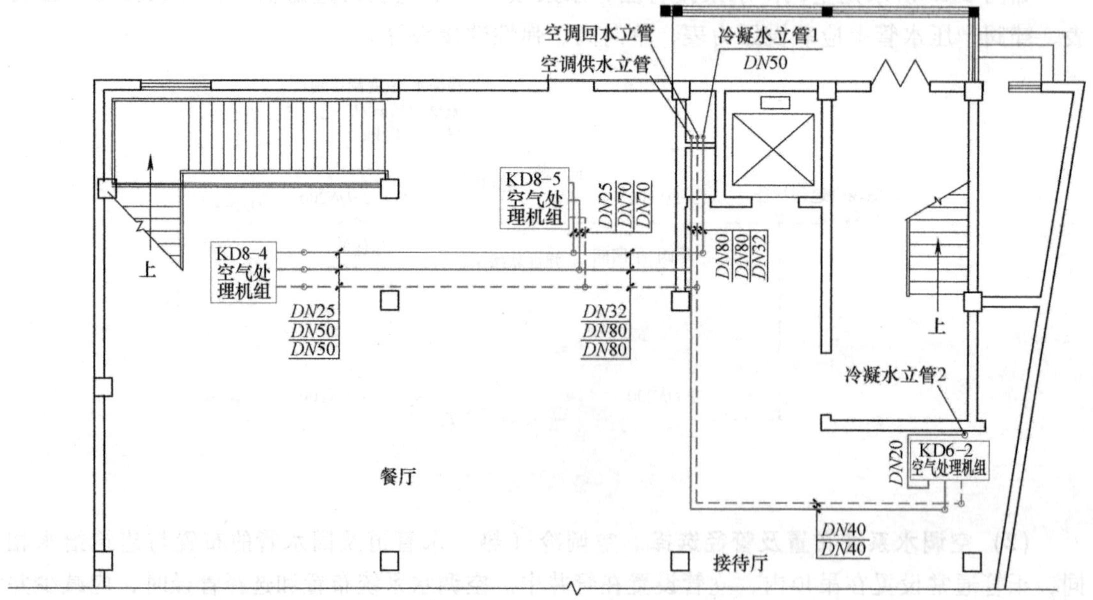

图 2-14　空调水管平面图

2.1.3　冷却水系统

空调冷却水系统是水冷式制冷冷源机组和冷却塔之间的循环管道、水泵、仪表及附件，如图 2-15 所示，对于风冷式冷水机组，不需要设置冷却水系统。

1. 冷却塔

（1）冷却塔类型　冷却塔是冷却水系统的重要设备，冷却塔的性能对整个空调系统的正常运行有重要的影响。冷却塔一般用玻璃钢制作，常用的有逆流式冷却塔和横流式冷却塔两种类型，如图 2-16 所示。逆流式冷却塔是在风机的作用下，空气从塔下部进入，顶部排出，

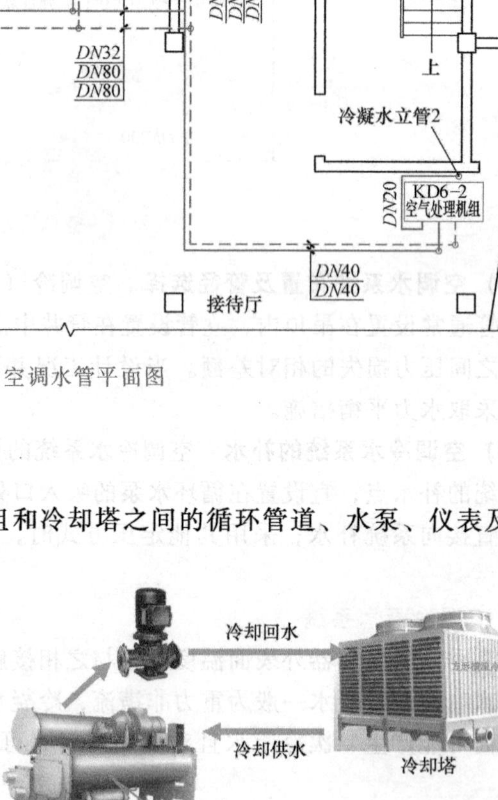

图 2-15　空调冷却水系统

空气与水在冷却塔内竖直方向逆向而行，热交换效率高。横流式冷却塔工作原理与逆流式相

同，但空气从水平方向横向穿过填料层，然后从冷却塔顶部排出，空气与水的流动方向垂直，热交换效率不如逆流式效率高；技术经济比较合理，且当条件具备时，冷却塔可作为冷源设备使用。

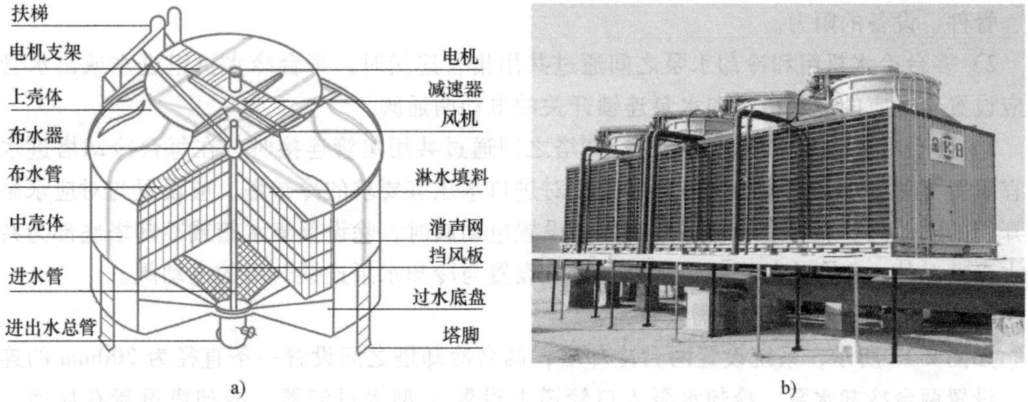

图 2-16　冷却塔类型

a）逆流式　b）横流式

（2）冷却塔选择的计算　选择冷却塔的型号和规格时，首先应根据工程设计资料计算系统所需的冷却水量。冷却水量的计算公式为

$$W=\frac{kQ_0}{c(t_2-t_1)}\times 3.6 \tag{2-1}$$

式中　W——冷却水量（t/h）；

k——系数，与制冷机的形式有关；

Q_0——制冷机的制冷量（kW）；

c——水的比热容［kJ/(kg·℃)］；

t_1、t_2——冷却水进、出水温（℃）。

冷却塔的选择要根据当地的气候条件、冷却水进出口温差及处理的循环水量，按冷却塔选用曲线或冷却塔选用水量表选用。选用时需按照工程实际，对冷却塔在标准气温和标准水温下的名义工况冷却水量进行修正，使其满足冷水机组的要求。

（3）冷却塔的选用和设置　冷却塔的选用和设置应符合下列规定：

1）冷却塔应安装在空气流畅的场所，通常设置在室外地面或屋面上。

2）在夏季空调室外计算湿球温度的条件下，冷却塔的出口水温、进口水温和循环水量应满足冷水机组的要求。

3）对进口水压有要求的冷却塔台数应与冷却水泵台数相对应。

4）供暖室外计算温度在0℃以下的地区，冬季运行的冷却塔应采取防冻措施，冬季不运行的冷却塔及其室外管道应能泄空。

2. 空调系统的冷却水水温

冷水机组的冷却水进口温度宜按照机组额定工况下的要求确定，且不宜高于33℃。冷却水进口最低温度应按制冷机组的要求确定，电动压缩式冷水机组不宜小于15.5℃，溴化锂吸收式冷水机组不宜小于24℃。冷却水进出口温差应根据冷水机组设定参数和冷却塔性能确定，电动压缩式冷水机组不宜小于5℃，溴化锂吸收式冷水机组宜为5~7℃。

3. 冷水机组、冷却水泵、冷却塔之间的连接

冷水机组、冷却水泵、冷却塔之间的连接应符合下列要求：

1）冷却水泵应自灌吸水，冷却塔集水盘最低水位与冷却水泵吸水口的高差应大于管道、管件、设备的阻力。

2）多台冷水机组和冷却水泵之间通过共用集管连接时，每台冷水机组进水或出水管道上应设置与对应的冷水机组和水泵连锁开关的电动两通阀。

3）多台冷却水泵或冷水机组与冷却塔之间通过共用集管连接时，在每台冷却塔进水管上宜设置与对应水泵连锁开闭的电动阀；对进口水压有要求的冷却塔，应设置与对应水泵连锁开闭的电动阀。当每台冷却塔进水管上设置电动阀时，除设置集水箱或冷却塔底部为共用集水盘情况外，每台冷却塔的出水管上也应设置与冷却水泵连锁开闭的电动阀。

4）冷却水系统的管道不需要保温。

如图2-17所示，系统设置两台冷却塔，两台冷却塔之间设置一条直径为200mm的连通管，设置两台冷却水泵，冷却水泵入口管道上设置Y型水过滤器。冷却塔设置在屋面，便于通风散热。

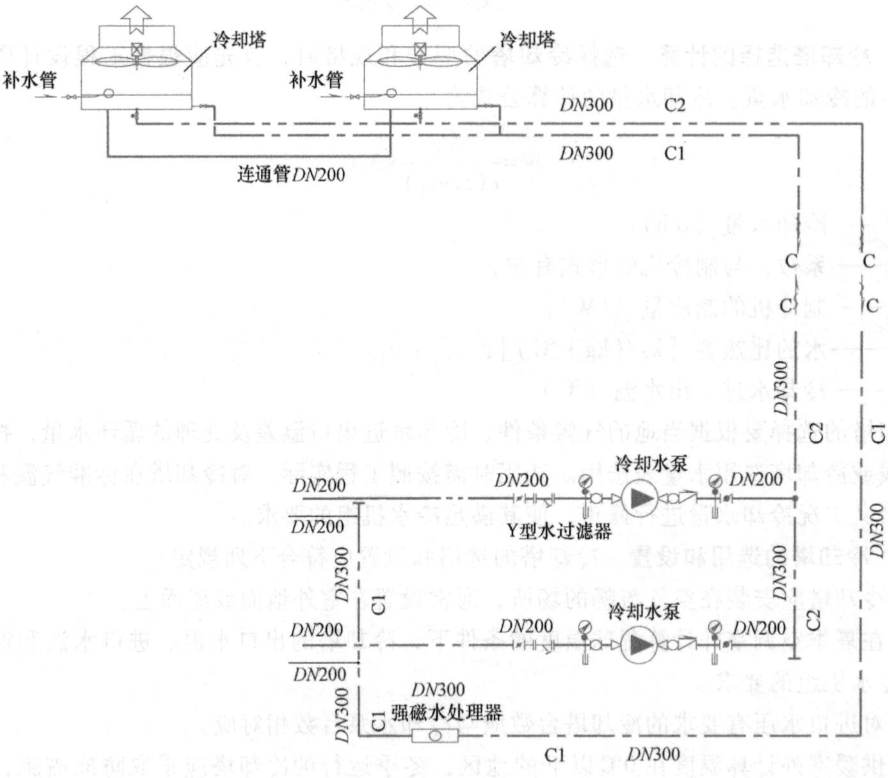

图2-17　冷却塔与冷却水泵接管

2.1.4　空气处理设备

全空气空调系统的空气处理设备通常集中在空调机房内，空气处理设备常采用组合式空调机组或柜式空调机组。

对于小型的空调系统，可不设置空调机房，而是直接采用吊顶式空调机组，如图 2-18 所示。本节主要介绍组合式空调机组。

1. 组合式空调机组的功能段

组合式空调机组是由各种空气处理段组装而成的不带冷、热源的一种空调设备。机组的功能段是对空气进行一种或几种处理功能的单元体，如图 2-19 所示。对空气进行冷、热、湿和净化等处理均可在组合式空调机组内作为功能段出现。功能段可包括：空气混合、均流、过滤、冷却、加湿、送风机、回风机、中间段、喷水、消声、热回收等。可根据工程的需要，有选择地选用其中若干功能段。组合式空调机组功能段组合如图 2-20 所示。

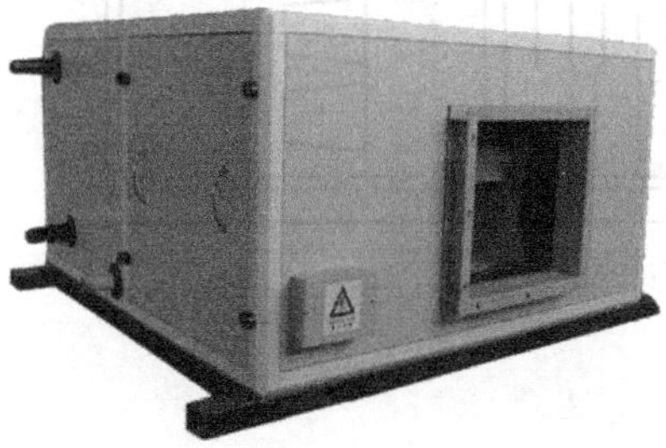

图 2-18　吊顶式空调机组

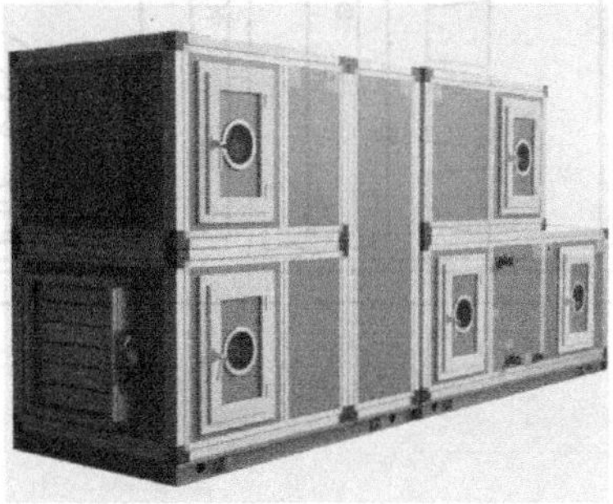

图 2-19　组合式空调机组

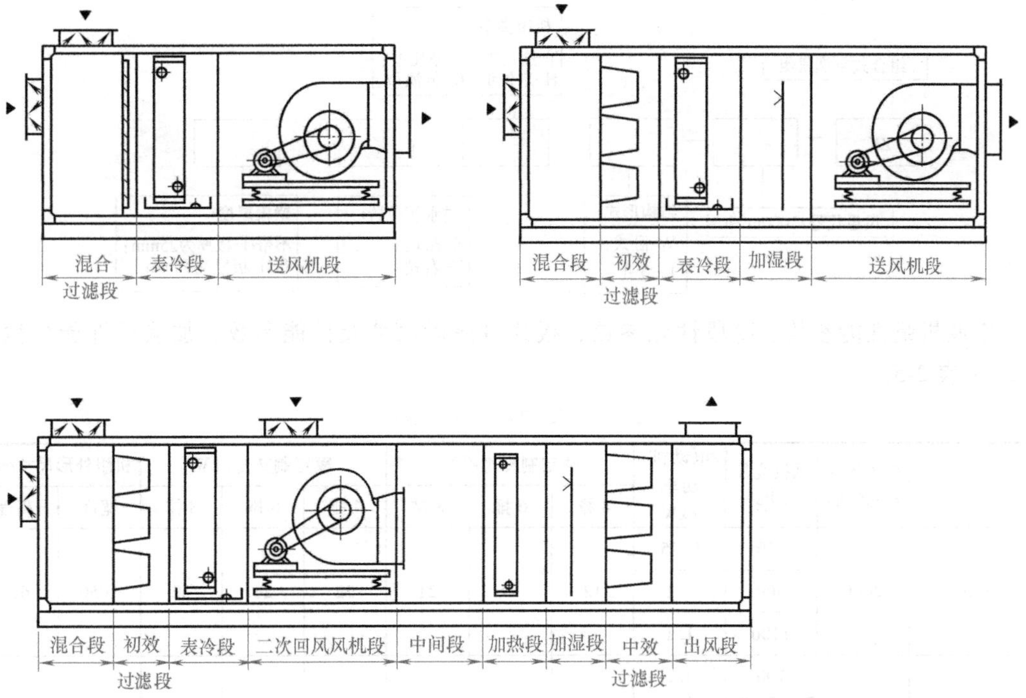

图 2-20　组合式空调机组功能段组合

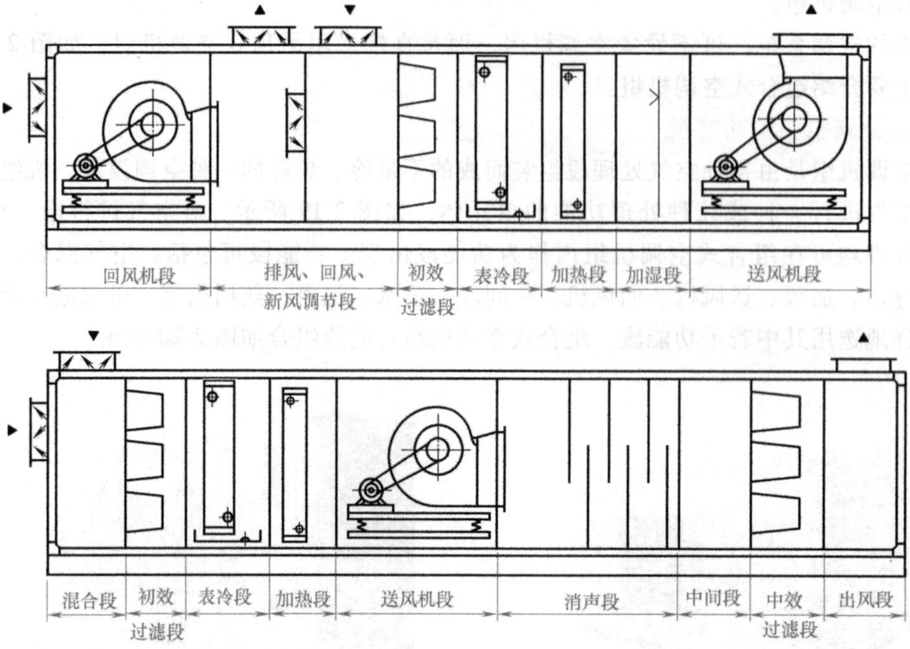

图 2-20　组合式空调机组功能段组合（续）

2. 组合式空调机组的型号

组合式空调机组的型号表示方法如下：

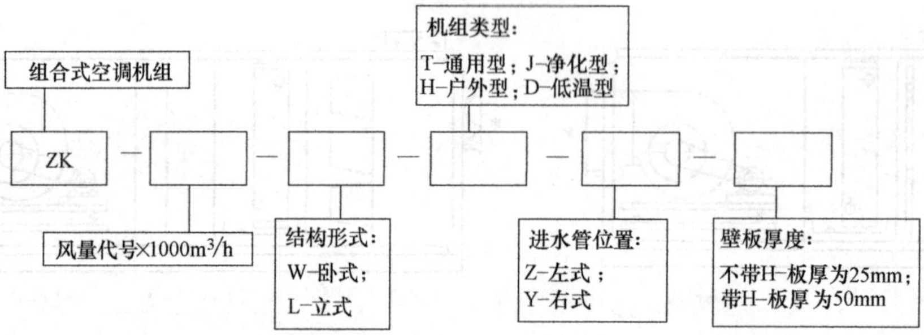

空调机组性能参数、冷段性能参数、板式过滤段尺寸及性能参数、加热段性能参数见表 2-2~表 2-5。

表 2-2　空调机组性能参数

型号	额定风量/(m^3/h)	风机全压/Pa	电动机功率/kW	额定制冷量/kW			额定制热量/kW			机组外形尺寸/mm	
				4 排	6 排	8 排	4 排	6 排	8 排	宽度	高度
ZK-02	2000	650	0.75	12	17	21	22	26	32	1050	650
		900	1.1								
		1100	1.1								
ZK-05	5000	700	2.2	28	38	45	56	62	66	1350	850
		900	2.2								
		1200	3								

（续）

型号	额定风量/(m^3/h)	风机全压/Pa	电动机功率/kW	额定制冷量/kW			额定制热量/kW			机组外形尺寸/mm	
				4排	6排	8排	4排	6排	8排	宽度	高度
		700	4								
ZK-10	10000	900	5.5	52	68	81	108	119	128	1650	1050
		1300	7.5								
		700	5.5								
ZK-15	15000	1000	7.5	82	108	126	158	169	192	1750	1350
		1400	11								

注：以上产品信息来自南京英诺德环境科技有限公司。

表 2-3　冷段性能参数

型号	制冷量/kW			水流量/(kg/s)			水阻力/kPa			空气阻力/Pa		
	4排	6排	8排	4排	6排	8排	4排	6排	8排	4排	6排	8排
ZK-02	12	17	21	0.6	0.8	1	6.4	11.5	22.9	62	105	138
ZK-05	28	38	45	1.5	2	2.2	9.2	15.8	28.8	76	117	157
ZK-10	52	68	81	3.3	3.7	3.9	18.8	9.8	21.8	96	140	177
ZK-15	82	108	126	3.9	5.2	6	9.3	16.8	28.5	122	173	223

注：1. 制冷工况：进风干球温度 27℃，进风湿球温度 19.5℃。

2. 额定条件：进水温度 7℃，出水温度 12℃，机组空气流量为对应型号的额定流量。

3. 标准表冷器是根据进出水温差 5℃设计。

4. 在冬季表冷器被用作加热器使用时，为延长换热器的使用寿命，加热介质温度不宜太高（≤65℃）。

表 2-4　板式过滤段尺寸及性能参数

型号	尺寸/mm		重量/kg	初阻力/Pa	大气尘计数效率(%)
	宽度	高度			
ZK-02	1050	650	40		
ZK-05	1350	850	50	≤50	≥80
ZK-10	1650	1050	70		
ZK-15	1750	1350	80		

表 2-5　加热段性能参数

型号	铜管铝片加热器											
	制热量/kW			水流量/(kg/s)			水阻力/kPa			空气阻力/Pa		
	4排	6排	8排	4排	6排	8排	4排	6排	8排	4排	6排	8排
ZK-02	22	26	32	0.48	0.76	0.88	15.6	19.2	28.6			
ZK-05	56	62	66	1.06	1.54	1.94	16.9	20.2	19.1	80	110	140
ZK-10	108	119	128	2.23	2.92	3.76	23.6	25.3	28.6			
ZK-15	158	169	192	3.12	4.38	5.6	18.6	22.5	31.2			

注：1. 制热情况：进风干球温度 15℃。

2. 额定条件：铜管绕钢（铝）片，蒸汽压力 0.1MPa，蒸汽温度 120℃。

2.1.5　空调风系统

1. 风管

风管系统同通风系统，只是空调系统的风管需保温，保温的做法见 2.2.3。

2. 风口

风口在空调系统中主要起风量的分配、风向的控制作用。设计安装中注意建筑的协调和室内气流组织的状态。全空气空调系统常用的风口有百叶风口、散流器、喷射式送风口、旋流送风口等，如图 2-21 所示。

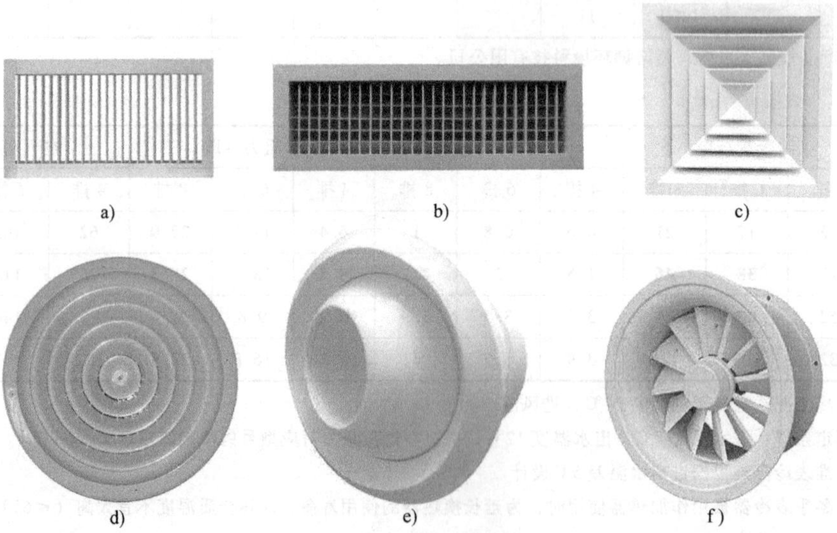

图 2-21　风口类型

a）单层百叶风口　b）双层百叶风口　c）方形散流器风口　d）圆形散流器风口　e）喷射式风口　f）旋流风口

风口的布置主要有正方形布置和菱形布置两种形式，如图 2-22 所示。

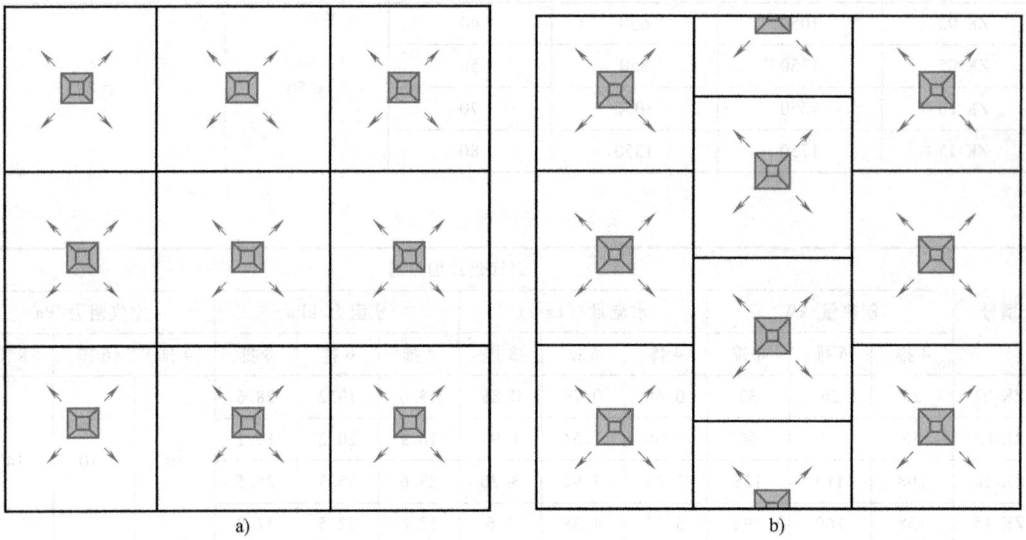

图 2-22　风口布置

a）正方形布置　b）菱形布置

3. 气流组织

空调房间的气流组织决定了空调的效果，常用的气流组织形式有上送下回、上送上回、下送风、中送风等方式。

（1）上送下回方式　如图 2-23 所示，适用于温湿度和洁净度要求高的空调房间。

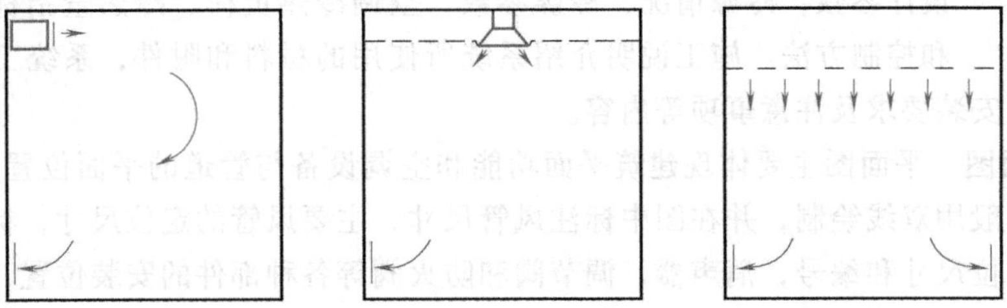

图 2-23　上送下回方式

（2）上送上回方式　如图 2-24 所示，当采用下回风布置管路有一定的困难时，可采用此方式。

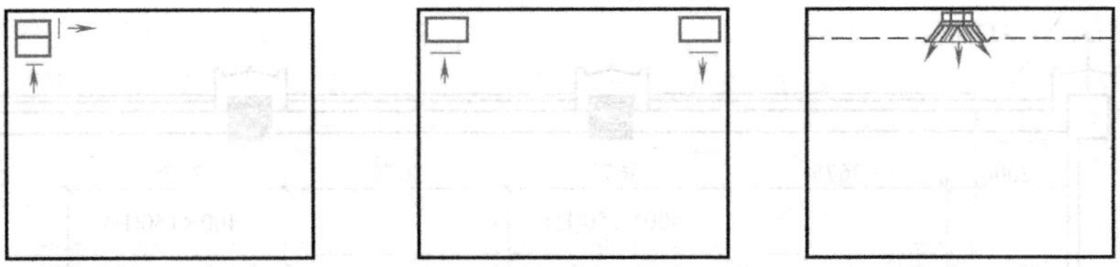

图 2-24　上送上回方式

（3）下送风方式　如图 2-25 所示，此方式送风直接进入工作区，为满足生产及人的舒适要求，送风温差比上送风要小，因而送风量大。

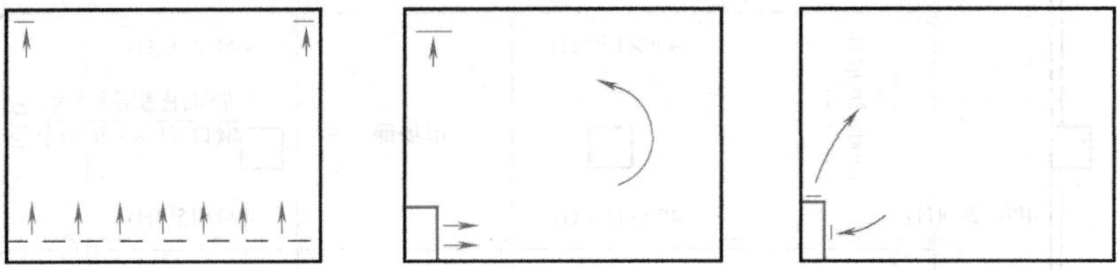

图 2-25　下送风方式

（4）中送风方式　如图 2-26 所示，在房间高度上的中部位置采用侧送风或喷口送风方式，有显著的节能效果。

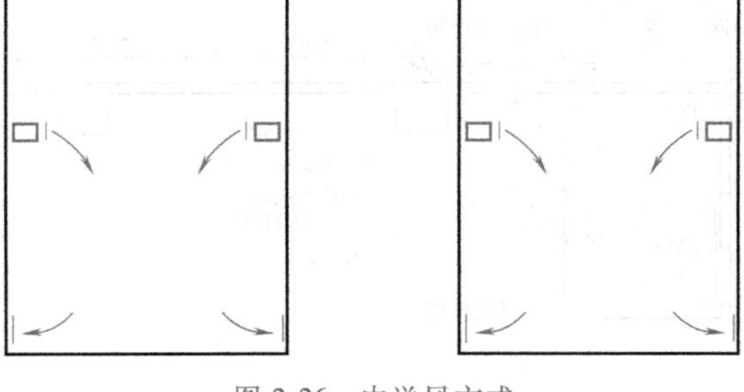

图 2-26　中送风方式

全空气空调系统施工图

2.1.6　全空气空调系统施工图的识读

1. 全空气空调工程施工图的组成

(1) 设计说明和施工说明　设计说明介绍设计概况和暖通空调室内外设计参数，冷源情况，冷媒参数，空调冷热负荷、冷热量指标，系统形式和控制方法。施工说明介绍系统所使用的材料和附件，系统工作压力和试压要求，施工安装要求及注意事项等内容。

(2) 平面图　平面图主要体现建筑平面功能和空调设备与管道的平面位置、相互关系。风管平面图一般用双线绘制，并在图中标注风管尺寸，主要风管的定位尺寸，标高、各种设备及风口的定位尺寸和编号，消声器、调节阀和防火阀等各种部件的安装位置，风口、消声器、调节阀和防火阀的尺寸。水管平面图一般用单线绘出，并在图中标注水管管径、标高，各种调节阀门、伸缩器等各种部件的安装位置，如图 2-27 所示。

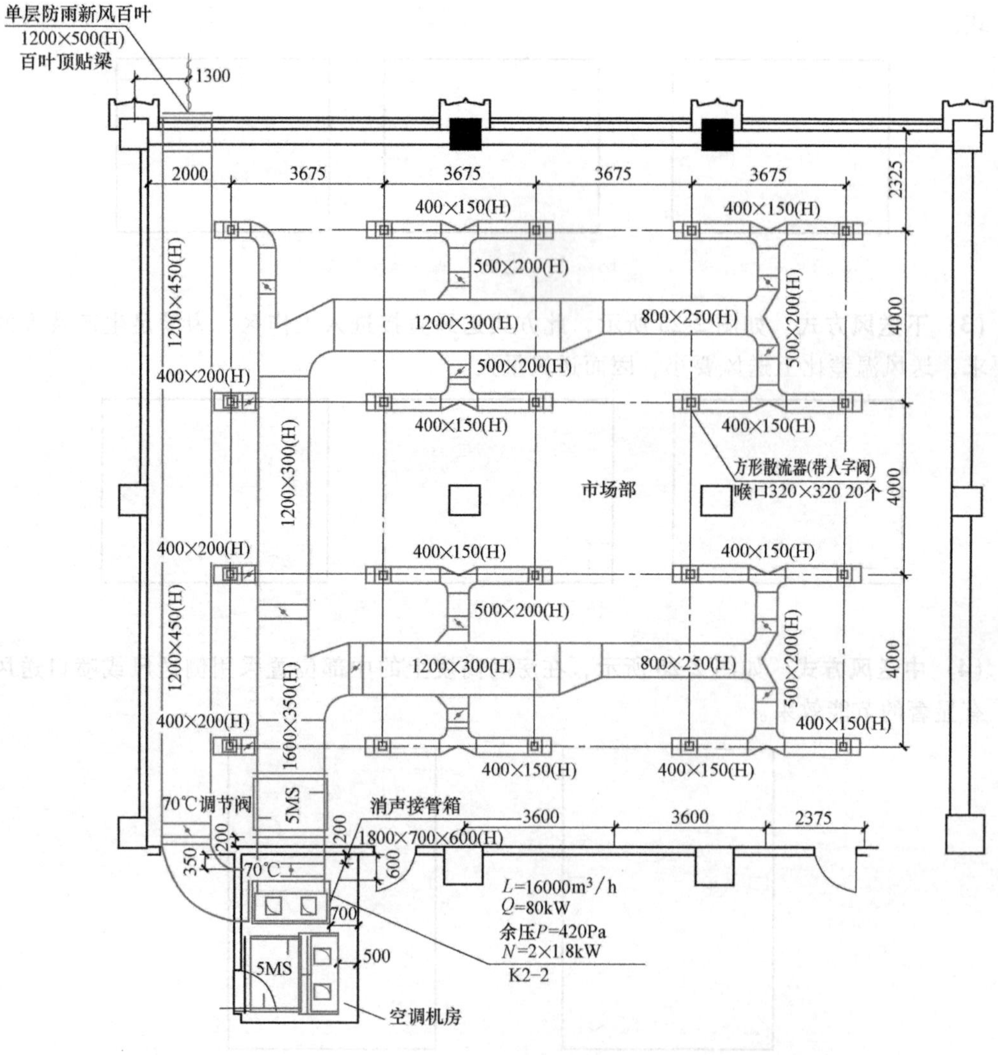

图 2-27　平面图

（3）剖面图　当平面图不能表达复杂管道的相对关系及竖向位置时，就通过剖面图实现。剖面图是以正投影方式给出对应于机房平面图的设备、设备基础、管道和附件，注明设备和附件编号，标注竖向尺寸和标高。

（4）流程图　流程图用于表示复杂的设备与管道连接。流程图的重点是整个冷源系统的组织与原理，通过设备、阀门配件、仪表和介质流向等的绘制表达出设备和管道的连接、设备接口处阀门仪表的配备、系统的工作原理。

（5）详图　对于风管与设备连接交叉复杂的部位，在平面图表达不清时，可通过大样图（即详图）来体现，详图一般通过平面和剖面来表示风管、设备与建筑梁、板、柱及地面的尺寸关系。

2. 全空气空调系统施工图识图要点及举例

（1）识图要点　为便于更准确地识读全空气空调系统施工图，识读时应掌握以下要点：

1）空调房间有较为复杂的送风管和较多的送风口，送风口分布较为均匀。

2）回风通常不设置回风管，只设置集中的回风口。

3）空调机房多数设置在空调所在层。

4）简单的空调系统应直接设置空调箱（吊装在楼板上），无空调机房。

5）空调机房内组合式空调机组的连接管道共有 3 条，供水管、回水管和冷凝水管，均应保温。

6）供水管与回水管的布置与建筑给水相同，通常设置在吊顶内。

7）冷凝水应就近排出，如果不能，则集中用管道输送。

8）风管尺寸标注为宽×高，风管标高为管底标高。

（2）识图举例　下面举例说明识图的方法。

如图 2-28 所示为空调冷热水系统原理图，图中冷水机组采用风冷模块式冷热水机组，设置 3 台水泵，在系统中设置了膨胀水箱。膨胀水箱的作用是容纳系统的水膨胀量，可减小系统因水的膨胀而造成的水压波动，提高系统运行的安全性、可靠性，并且补充系统水量。

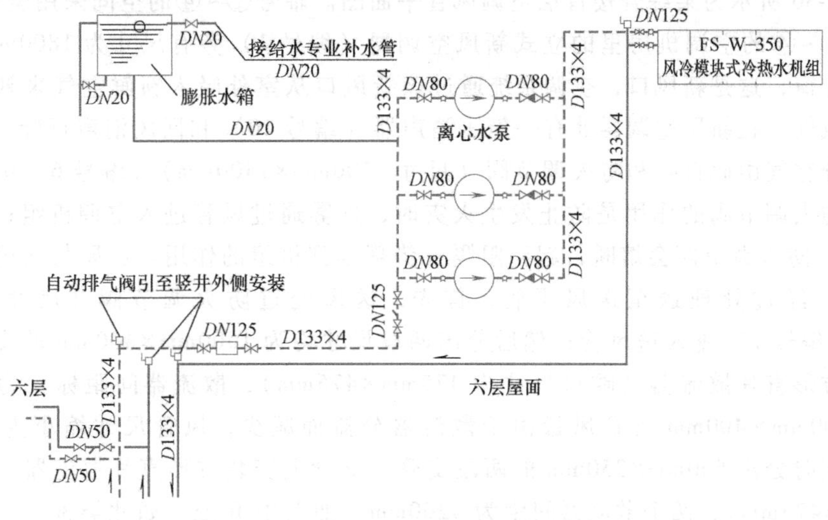

图 2-28　空调冷热水系统原理图

膨胀水箱的底部应接在回水管上，水箱上配管同给水箱。在冷热水系统最高点还需设自动放气阀，系统最低点处应设泄水装置。识图时，应顺着水流方向进行，即冷水机组→供水干管（分水器）→供水立管→供水支管→空调设备→回水支管→回水立管（集水器）→回水干管→水泵→冷水机组。

如图 2-29 所示，设置了 3 台冷却塔，冷却塔采用超低噪声横流式冷却塔，冷却水量分别是 500m³/h 两台，350m³/h 一台。多台冷却水泵与冷却塔之间通过共用集管连接时，在每台冷却塔进水管上宜设置与对应水泵连锁开闭的电动阀。

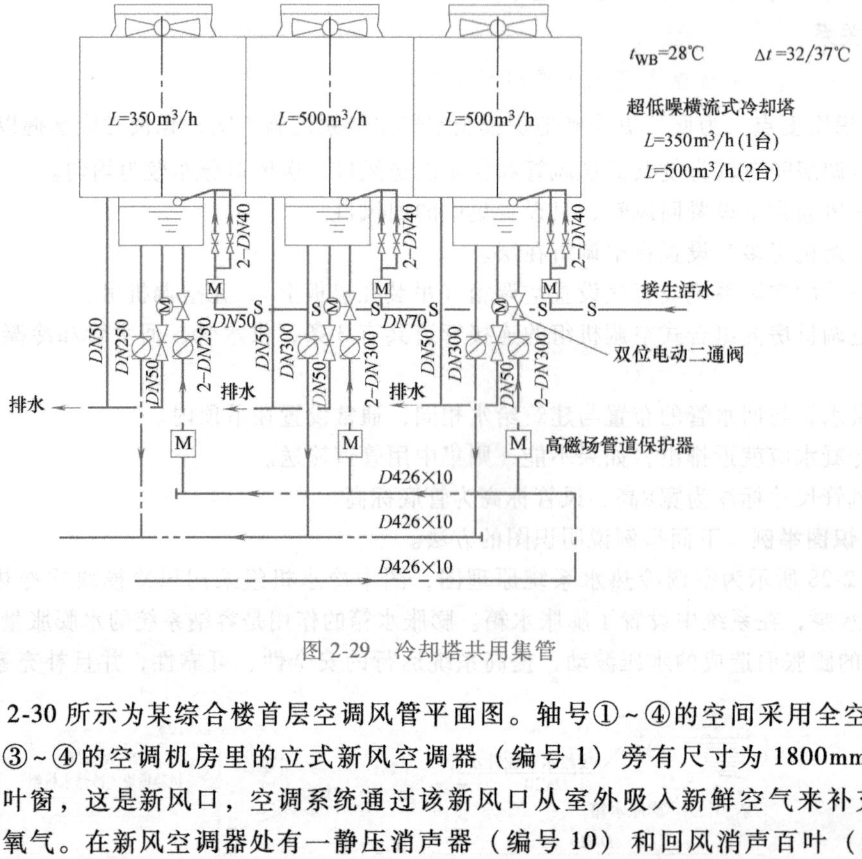

图 2-29　冷却塔共用集管

如图 2-30 所示为某综合楼首层空调风管平面图。轴号①~④的空间采用全空气系统。位于轴号③~④的空调机房里的立式新风空调器（编号 1）旁有尺寸为 1800mm×400mm 的防水百叶窗，这是新风口，空调系统通过该新风口从室外吸入新鲜空气来补充室内人员消耗的氧气。在新风空调器处有一静压消声器（编号 10）和回风消声百叶（编号 9），室内大部分空气由此百叶和防火调节阀（尺寸 2500mm×1400mm）（编号 6）吸入回到空调机房。防火调节阀的作用是防止发生火灾时，烟雾通过风管进入空调机组；当温度达到 70℃时，防火调节阀会熔断，起到阻隔火势蔓延到机组的作用。新风与回风在空调箱内混合后，经过处理送至送风干管，首先，送风经过防火调节阀（尺寸 2600mm×400mm）（编号 7）流入送风管；然后分出两段尺寸均为 1500mm×400mm 的支管，在支管上安装方形直片散流器（喉口尺寸为 475mm×475mm），散流器间距标注为 4200mm；右边的 1500mm×400mm 支管风量由于散流器分流而减少，风管尺寸缩小为 1500mm×300mm，同时分出 500mm×250mm 的两段支管，支管上安装方形直片散流器（喉口尺寸为 475mm×475mm），两个散流器间距为 4200mm，如图中 B 处。如此类推，风管尺寸随着风量减少而缩小，到风管末端，风管分为两段，尺寸均为 500mm×250mm，并装上间距为 4200mm 的方形直片散流器，喉口尺寸为 475mm×475mm，如图中 C 处。风管的安装高度参考设计说明：风管贴大梁安装。

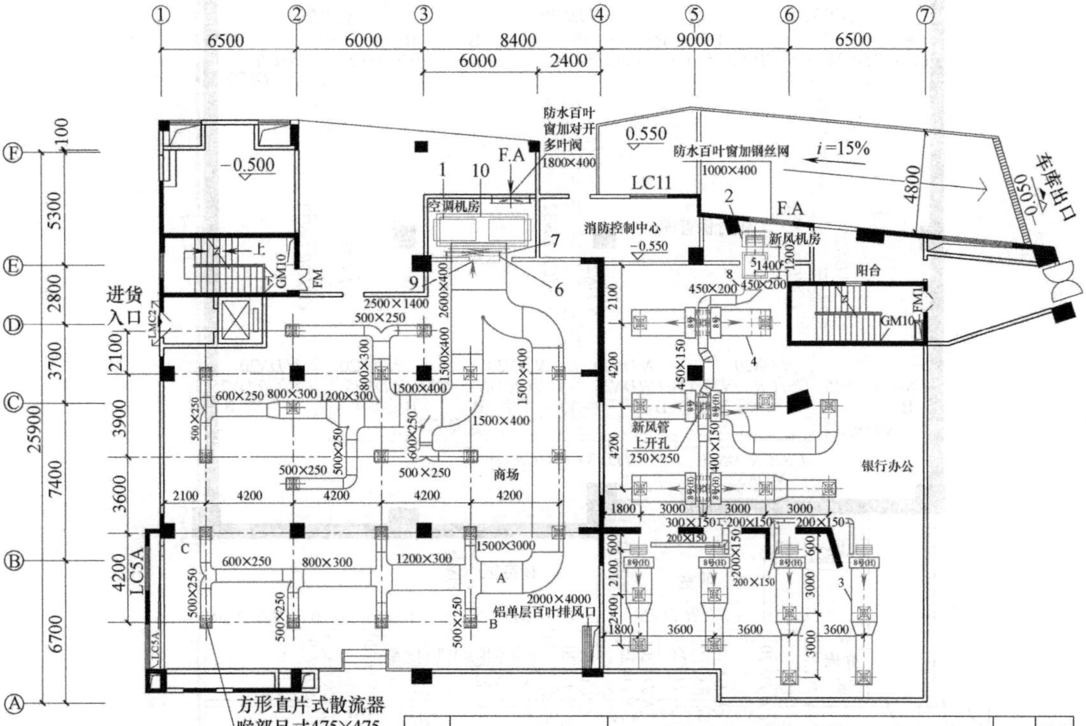

方形直片式散流器
喉部尺寸475×475
(配人字阀)

注：

1.新风管贴大梁底安装。

2.

风机盘管	风机盘管的散流器喉径	带过滤网单层百叶回风口
8号	475×475	600×600

(风机盘管的双层百叶送风口大小与其出风口相匹配)。

3.风机盘管采用侧吹时，出风口为双层百叶送风口，大小与其出风口相匹配；
风机盘管采用后部回风及下部回风；风机盘管安装时，根据现场位置调整尺寸。
风机盘管变径后尺寸宽度为800。

4.走道排风口：单层百叶排风口600×200。

5.与新风竖井、排风竖井连接的水平风管设防火调节阀(70℃熔断)。

6.厕所的方形散流器喉部尺寸为375×375。

7.排风扇吸口接风管时需安装软接头。

8.风管三通设风量三通调节阀。

序号	名称	型号、规格	数量	单位
1	立式冷水空调器	冷量:77kW 风量:12000m³/h 机外余压:300Pa	2	台
2	立式新风空调器	风量:3000m³/h 冷量:35kW 机外余压:300Pa	1	台
3	暗装卧式风机盘管	8号(H) 冷量:7.3kW 风量:1360m³/h 机外余压:30Pa	4	台
4	暗装卧式风机盘管	8号 冷量:7.3kW 风量:1360m³/h	6	台
5	静压消声箱	内孔尺寸(长×宽×高)1200×10000×500	2	只
6	防火调节阀	(70℃熔断)2500×1400	1	只
7	防火调节阀	(70℃熔断)2600×400	1	只
8	防火调节阀	(70℃熔断)450×200	1	只
9	回风消声百叶	2500×1400	1	只
10	静压消声箱	内孔尺寸(长×宽×高)4000×1200×800	1	只

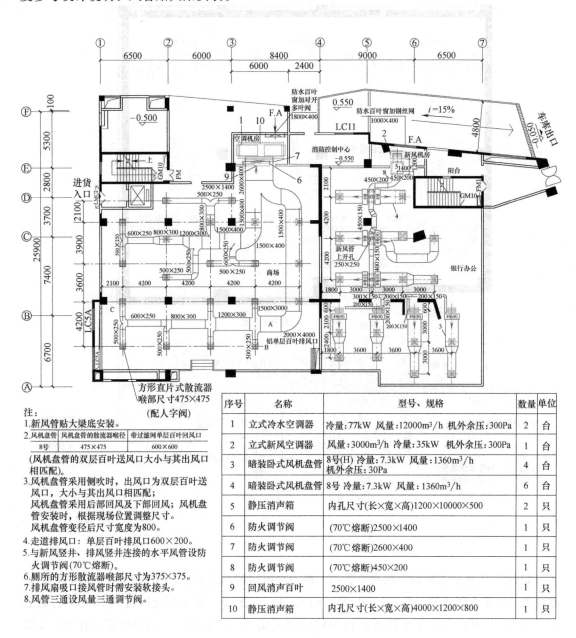

图 2-30　某综合楼首层空调风管平面图

图 2-31 为二层空调水管平面图，图中实线为冷冻水供水管，虚线为冷冻水回水管，点画线为冷凝水管。所有风机盘管和空调机组的供回水均来自 T2 电梯旁的立管接入。风机盘管和空调机组均需接供水、回水、冷凝水三条水管，如银行保管库的风机盘管接入的供水管和回水管管径均为 *DN*25，冷凝水管管径为 *DN*20。银行保管库、前室和守库室的冷凝水汇集后排到卫生间地漏，空调机房和接待室的冷凝水汇集后排到空调机房地漏。

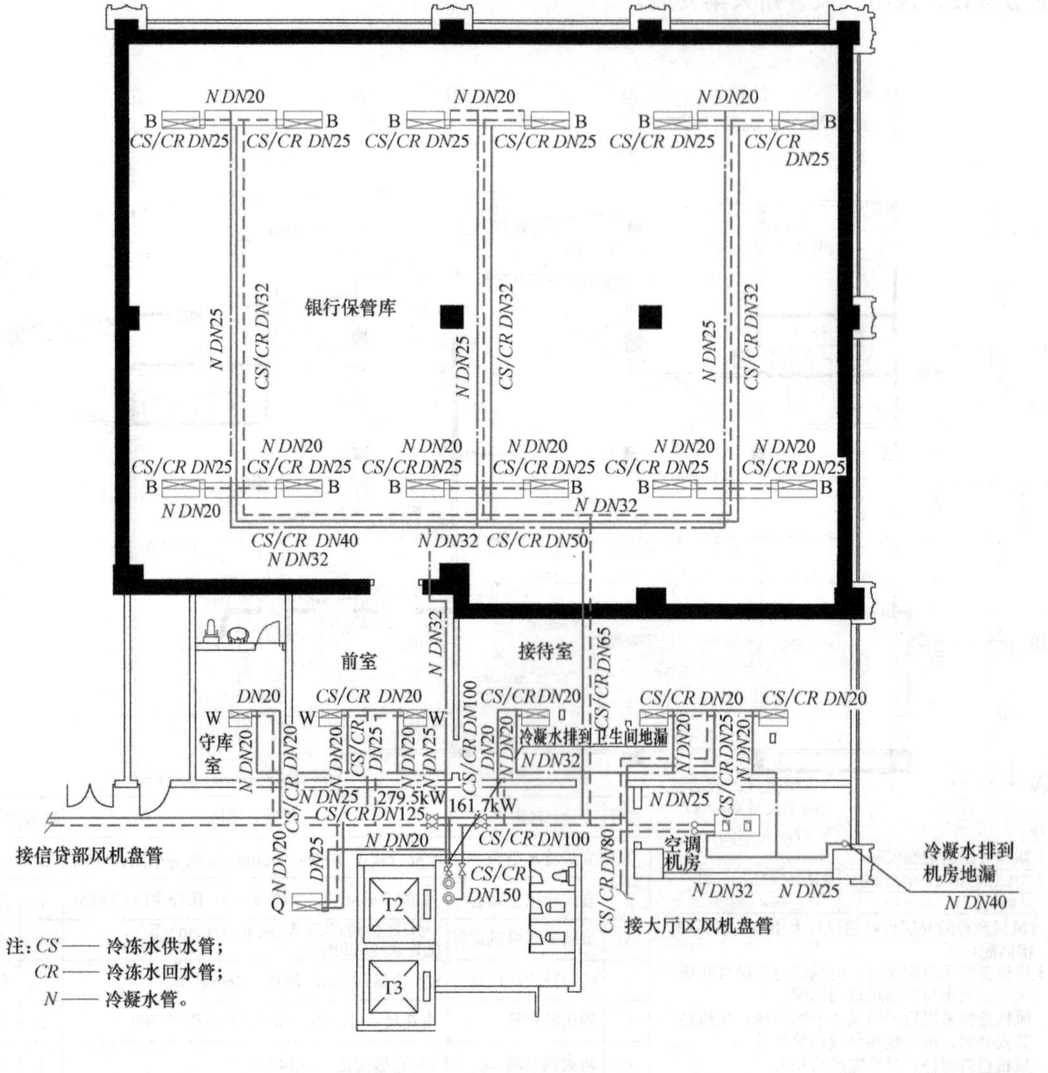

图 2-31　二层空调水管平面图

如图 2-32 所示为空调冷冻水立管图。接冷水机房的两条管道，实线表示冷冻水供水管，虚线表示冷冻水回水管，管径均为 $D426\times10$。A、C 管道连接立管处附近接 $DN80$ 的阀门。以首层为例，从冷冻水供水管 A 引出 $DN250$ 的管道 E，接至首层的空调机组，管道上安装压力表和温度计进行测量压力和水温，若超出或低于规定值，则要进行调节，如仍不能达到规定值时，则要对系统进行监测。蝶阀一般用于管径比较大的管道中，用于停止冷冻水的供水和回水。首层冷冻水经过供水管道 E 进入空调机组或风机盘管系统，对空气进行处理，然后通过回水管 F 回到冷冻水回水立管。冷冻水通过冷冻水泵的作用循环到天面层，连接冷冻水回水管 C，通过回水管 C 输送到冷水机组，完成循环。天面的膨胀水箱容纳系统水的膨胀量，同时还起到定压和补水作用。同理，其他层的冷冻水循环如此。

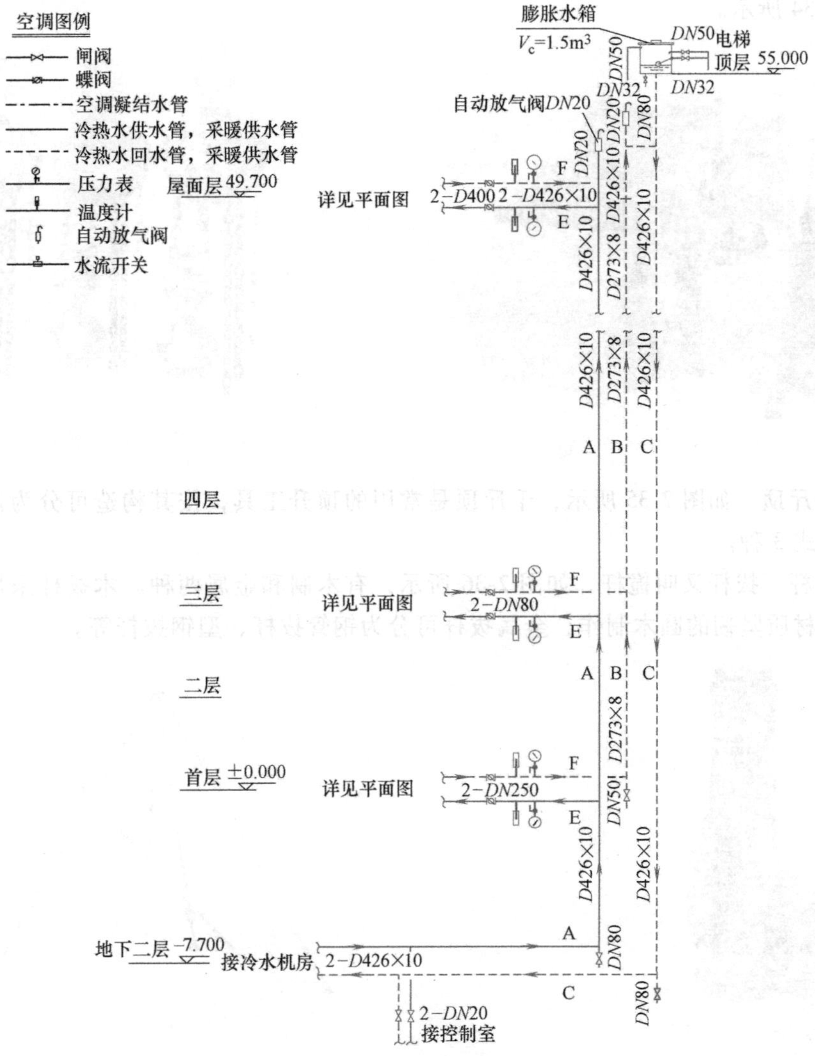

图 2-32　空调冷冻水立管图

2.2　全空气空调系统的安装

2.2.1　制冷设备安装

冷水机组安装

1. 施工机具

制冷设备安装除准备安装钳工和起重工常用的一般工具外，还应准备必要的吊装机具，吊装机具主要有以下几种：

(1) 电动卷扬机　电动卷扬机应用于机械设备的水平、垂直搬运。在安装工程中多用单筒慢速卷扬机，它是由电动机、卷筒、变速器、控制器、制动器、电阻箱及传动轴等组成，如图 2-33 所示。

（2）倒链　倒链又叫链式起重机，可用来吊装轻型设备、构件、拉紧捆绑构件的绳索等，如图 2-34 所示。

图 2-33　电动卷扬机

图 2-34　倒链

（3）千斤顶　如图 2-35 所示，千斤顶是常用的顶升工具，按其构造可分为齿条式、螺旋式、液压式 3 种。

（4）拔杆　拔杆又叫桅杆，如图 2-36 所示，有木制和金属两种。木拔杆采用杉木、楠木、红松等材质坚韧的圆木制作，金属拔杆可分为钢管拔杆、型钢拔杆等。

图 2-35　千斤顶

图 2-36　拔杆

（5）钢丝绳　钢丝绳是用普通高强碳素钢丝捻制而成的，如图 2-37 所示。

（6）滑车和滑车组　滑车是常用的起吊搬运工具，由几个滑车可组成滑车组，与卷扬机、拔杆或其他吊装机具配套，广泛用于机械设备安装工程中，如图 2-38 所示。

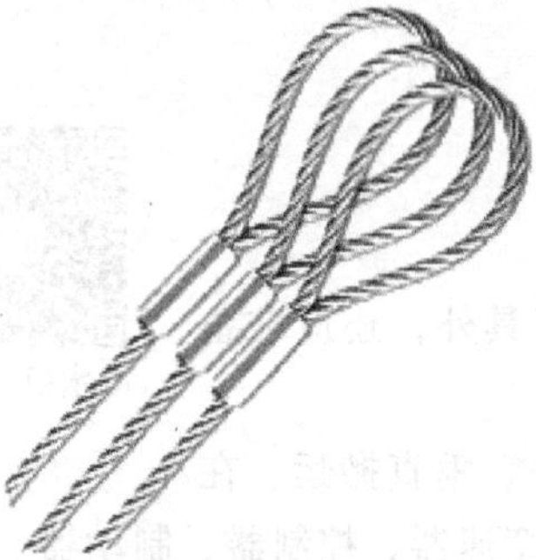

图 2-37　钢丝绳

图 2-38　滑车和滑车组

(7) 起重机　如图 2-39 所示，起重机有可移动式和固定式两种。其中，可移动式起重机有汽车起重机、履带起重机等；固定式起重机有塔式起重机、龙门起重机等。

图 2-39　起重机

2. 基础施工与验收

制冷设备的基础是承受设备本身质量的静荷载和设备运转部件的动荷载，并吸收和隔离动力作用产生的振动。要求有足够的强度、刚度和稳定性，不能有下沉、偏斜等现象。

(1) 基础的施工　施工前，应核对设备基础施工图与设备底座及孔口的实际尺寸是否相等。

基础一般应用 C30 混凝土捣制，且应一次浇筑完成，其间隔时间不能超过 2h。应按设备地脚孔位置及尺寸预留地脚孔洞，并预埋电线管和上下水管道。

(2) 基础的交接检查验收　设备基础施工后，土建单位和安装单位应共同对其质量进行检查，待确认合格后，安装单位应及时进行验收，基础如图 2-40 所示。

图 2-40　设备基础

基础检查的主要内容有基础外形尺寸、中心线、标高、基础平面水平度、地脚螺栓孔深度、间距、混凝土内的埋设件。

基础应满足设计要求，同时应符合下列规定：型钢或混凝土基础的规格和尺寸与机组匹配。基础表面应平整，无蜂窝、裂纹、麻面和露筋。基础应坚固，强度经测试满足机组运行时的荷载要求。混凝土基础预留螺栓孔的位置、深度、垂直度应满足螺栓安装要求。基础预埋件无损坏，表面光滑平整，基础四周应有排水设施。

3. 设备开箱检查

制冷设备开箱检查应由施工单位请业主、设计、监理、使用单位到现场共同进行开箱验收。按照装箱单和技术文件逐一清点，登记和检查，检验后形成检查记录并签字确认。清点设备的零件、附件数量，设备外观是否有锈蚀和损坏的现象。并检查说明书、出厂合格证。

4. 设备安装

(1) 设备就位　设备就位是指将开箱后的设备由箱的底排搬到设备基础上。设备就位前须将基础表面及螺栓孔内的泥土、污物清理干净，根据施工图等用墨线按建筑物的定位轴线对设备的纵横中心线放线，定出设备安装的准确位置，然后将制冷机组搬到设备基础上，尽量对正设备的纵横中心线。机组就位要根据施工现场的实际条件采用下列方法：

1）利用机房内已安装的桥式起重机直接吊装就位。

2）利用铲车就位。

3）利用人字架就位。将人字架挂上倒链将设备吊起，抽出箱底排，将设备放在基础上。

4）利用设备滑移就位。将设备和底排运到基础旁摆正，方法是用撬杠撬起设备的一端，将几根滚杠放到设备和底排中间，使设备落在滚杠上，再在基础和底排上放 3~4 根横跨滚杠，撬动设备使滚杠滑动，将设备移到基础上，最后撬起设备将滚杠抽出。

(2) 设备找正　设备找正是指将设备上位到规定的部位，使设备的纵横中心线与基础上的中心线对正。设备如不正，再用撬杠轻轻撬动、打进斜铁，千斤顶推移、手拉葫芦进行调整，使两中心线对正。

(3) 设备初平　设备初平是在设备找正后，初步将设备的水平度调整到接近要求的程度。待设备的地脚螺栓灌浆后，再进行精平。

1）初平前准备：初平前的准备工作应从两个方面进行，一是地脚螺栓和垫铁的准备；二是确定垫铁的垫放位置。

地脚螺栓分长型和短型两种。短型地脚螺栓适用于工作负荷轻和冲击力不大的设备。

在设备安装中使用垫铁是为了调整设备的水平度。制冷设备安装中常用的垫铁是斜垫铁和平垫铁，其厚的为铸铁，薄的为钢板。

垫铁放置的位置是根据制冷设备底座外形和底座上的螺栓孔位置确定。按如图 2-41 所示的方法，垫铁间距以 50~100mm 为宜。

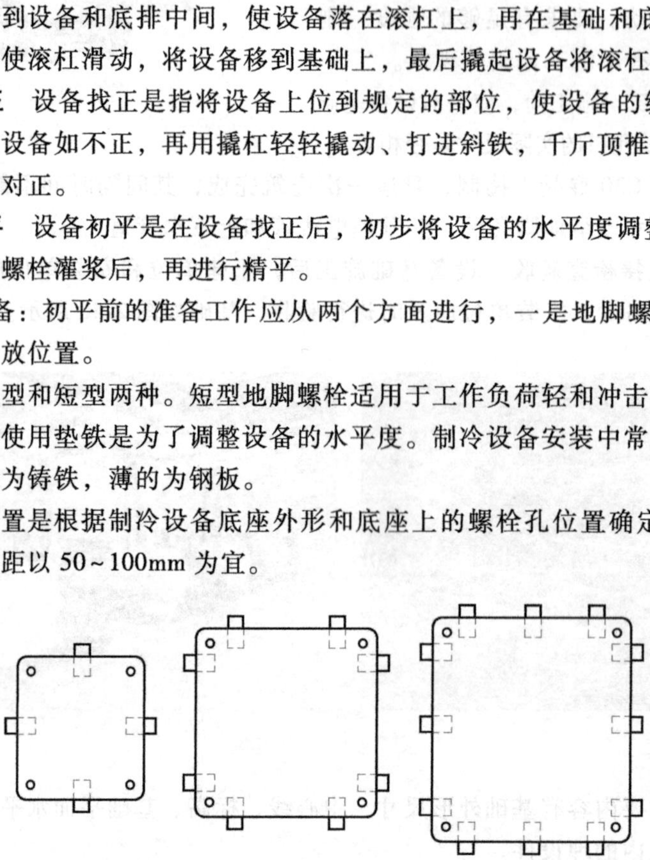

图 2-41　垫铁放置的位置

初平前应使垫铁组的中心线垂直于设备底座的边缘，平垫铁外露长度为 10~30mm，斜垫铁外露长度为 10~50mm。每一垫铁组不应超过 3 块，并少用薄垫铁。放置平垫铁应注意将最厚的放在下面，最薄的放在中间，精平后再将钢板制作的垫铁相互焊牢。每一垫铁组应放置整齐、平稳、接触良好无松动。

2）初平：用水平仪测量其不平的状况。如水平度相差悬殊，可将低的一侧平垫铁更换一块厚垫铁。如水平度相差不大，可采用打入斜垫铁的方法逐步找平，使其纵向和横向水平度不超过 0.1%。

设备初平后，应对地脚螺栓孔进行二次灌浆，所用的细石混凝土或水泥砂浆的强度等级应比基础强度等级高 1~2 级。灌浆前应处理基础孔内的污物、泥土等杂物，使其干净。每个孔洞灌浆必须一次完成、分层捣实，并保持螺栓处于垂直状态。水泥初凝后，应洒水养护不少于7d，待其强度达到70%以上时，方能拧紧地脚螺栓。

(4) 精平与基础抹面　精平是在初平的基础上对设备水平度的精确调整，使之达到施工质量验收规范的要求。精平方法应根据制冷设备的具体情况采用铅垂线法、水平仪法等。

设备精平后，设备底座与基础表面间的空隙应用混凝土填满，并将垫铁埋在混凝土内，用以固定垫铁和将设备负荷传递到基础上。灌捣混凝土或砂浆前，应在基础边缘设外模板。灌浆层的高度，在底座外面应高于底座的底面，灌浆层上表面应略有坡度，坡向朝外，以防油、水流入设备底座。抹面砂浆应压紧密实，抹成圆棱圆角，表面光滑美观。

近年来，基于BIM模型的高精度、可视化特点，BIM装配式冷水机房施工在很多大型工程中得到应用。装配式机房是基于BIM建模、优化，然后进行场外预制加工，场内“搭积木”式拼装的装配式施工技术。装配式机房首先根据施工蓝图及现场实测实量建立机房BIM模型，进行系统管路优化，并对模型中族库进行更新替换，然后将优化后的模型进行拆分、编码，并出具加工图提交给加工厂进行预制化生产加工，再整体吊装进入机房进行拼装施工。

冷水机房施工现场基本无焊接施工，管道分段均在阀部件法兰连接处，主要通过法兰收口，避免了地下施工空气不流通对现场的污染。装配式施工大大改善了施工现场的施工环境，机房内无焊接不产生烟尘，保证了施工人员的身体健康。通过BIM技术进行管线排布，避免了管线交叉导致施工过程中的拆改，易于质量控制；综合考虑管路的优化、设备的维修空间、后期的操作空间等，并通过水力计算等使系统最优化，场外批量加工，提高了施工质量。冷水机房采用BIM排布，管线在场外预制加工，在现场机房不具备机电管线安装的条件下，提前进行加工，现场墙体砌筑、设备基础浇筑完成后，直接进行管线设备安装，大大节约了工期。

5. 制冷机组安装质量要求

(1) 设备与附属设备安装允许偏差和检验方法　制冷机组与制冷附属设备的安装应符合下列规定：

1）制冷设备及制冷附属设备安装位置、标高的允许偏差，应符合表2-6的规定。

表2-6　制冷设备及制冷附属设备安装允许偏差和检验方法

项　次	项　目	允许偏差/mm	检验方法
1	平面位移	10	经纬仪或拉线和尺量检查
2	标高	±10	水准仪或经纬仪、拉线和尺量检

2）整体组合式制冷机组，其机身纵、横向水平度的允许偏差应为1/1000，当采用垫铁调整机组水平时，应接触紧密并相对固定。

3）制冷附属设备的应符合设备技术文件的要求，水平度和垂直度的允许偏差应为1/1000。

4）制冷设备或制冷附属设备基（机）座下隔振器安装位置应与设备重心相匹配，各个减振器的压缩量应均匀一致，偏差不应大于2mm。

5）采用弹性减振器的制冷机组，应设置防止机组运行时水平位移的定位装置。

检查数量：按2方案（见附表B）。

检查方法：水准仪、经纬仪、拉线和尺量检查，查阅安装记录。

(2) 模块式冷水机安装要求　模块式冷水机组单元多台并联组合时，接口应牢固，且严密不漏。连接后机组的外表应平整、完好，目测无扭曲。

检查数量：全数检查。

空气处理设备安装

检查方法：尺量、观察检查。

2.2.2　空气处理设备安装

1. 空气处理设备安装的工艺

空气处理设备安装应按照如图2-42所示的工序进行。

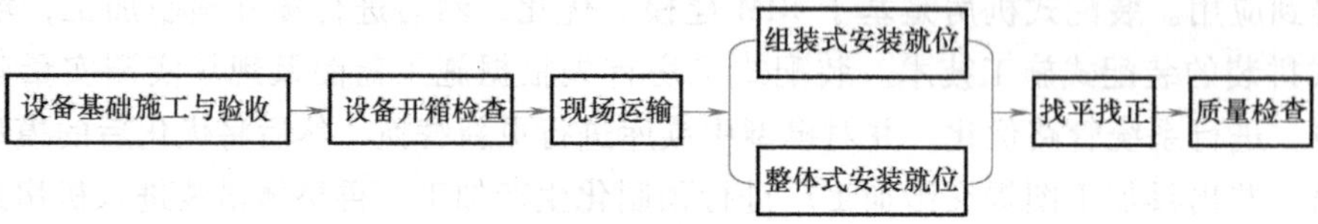

图2-42　空气处理设备安装的工序

(1) 设备基础施工与验收　设备基础施工后，土建单位和安装单位应共同对其质量进行检查，待确认合格后，安装单位应及时验收。空气处理设备基础验收内容同制冷设备基础验收。

(2) 设备开箱检查　会同建设单位和设备供应单位共同进行开箱检查。开箱检查的程序如下：

1）开箱前先核对箱号、箱数量是否与单据提供的相符，然后对包装情况进行检查，有无损坏与受潮等。

2）开箱后认真检查设备的性能、技术参数和接口方向是否符合设计要求。产品说明书、合格证、性能检测报告是否齐全，进口设备还应具有商检合格的证明文件。

3）按装箱清单和设备技术文件，检查主机附件、专用工具等是否齐全，设备表面有无缺陷、损坏、锈蚀、受潮等现象。

4）打开设备活动面板，用手盘动风机，有无叶轮与机壳相碰的金属摩擦声，风机减震部分是否符合要求。

5）将检验结果做好记录，参与开箱检查责任人员签字盖章，作为交接资料和设备技术档案依据。

(3) 现场运输　现场运输是指将空气处理设备运送至安装位置，空气处理设备的运输和吊装应符合下列要求：

1）应核实设备和运输通道的尺寸，保证设备运输通道畅通。

2）应复核设备重量与运输通道的结构承载能力，确保结构梁、柱、板的承载安全。

3）设备应运输平稳，并应采取防振、防滑、防倾斜等安全防护措施。

4）采用的吊具应能承受吊装设备的整体重量，吊索与设备接触部件应衬垫软质材料。

5）设备应捆扎稳固，主要受力点应高于设备重心，具有公共底座设备的吊装，其受力点不应使设备底座产生扭曲和变形。

(4) 组装式机组安装和整体式机组安装　常用的空气处理设备有两种，一种是组装式空调机组，另一种是整体式空调机组。

1）组装式空调机组指不带冷、热源，用水、蒸汽为媒体，以功能段为组合单元的定型产品，安装时按下列步骤进行：

① 安装时首先检查金属空调箱各段体与设计图纸是否相符，各段体内所安装的设备、部件是否完备无损，配件必须齐全。

② 准备好安装所用的螺栓、衬垫等材料和必需的工具。

③ 安装现场必须平整，加工好的空调箱槽钢底座（或浇注的混凝土墩）就位并找平找正。

④ 当现场有几台空调箱安装时，分清左式、右式（视线顺气流方向观察或按厂家说明书）。段体的排列顺序必须与图纸相符。安装前对各段体进行编号。

⑤ 从空调设备上的一端开始，逐一将段体抬上底座校正位置后，加上衬垫，将相邻的两个段体用螺栓连接严密牢固。每连接一个段体前，将内部清除干净。

⑥ 与加热段相连接的段体，应采用耐热片作衬垫；表面或换热器之间的缝隙应用耐热材料堵严。用于冷却空气用的表面式换热器，在下部应设排水装置。

2）大型整体式空调机组通常安装在地面混凝土基础上，小型整体式空调机组主要吊装在楼板下，机组安装位置应正确，目测水平，凝结水排放畅通。

整体式机组安装按下列顺序进行：

① 空气调节机组安装位置必须平整，一般应高出地面100~150mm，如图2-43所示。若空调机组吊装在楼板上，方法如图2-44所示。

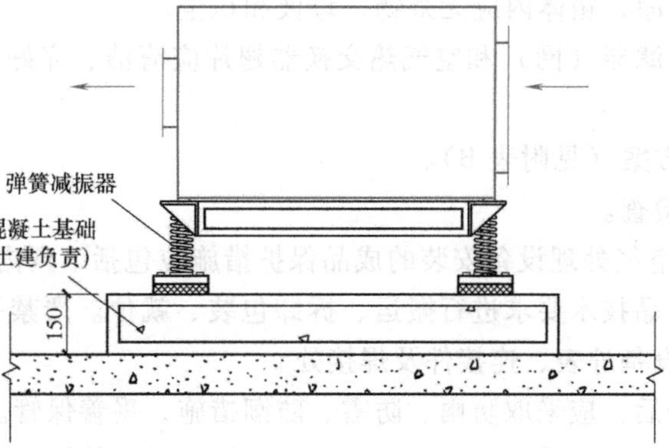

图2-43 空调机组安装在混凝土基础上

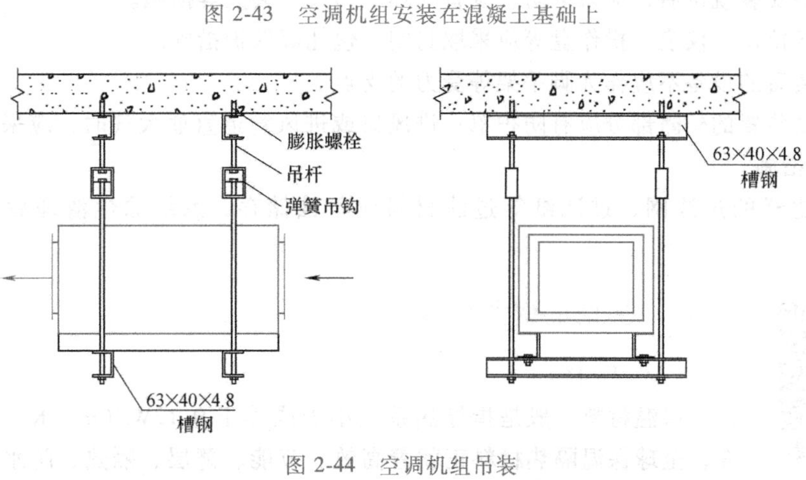

图2-44 空调机组吊装

② 空调机组如需安装减震器，应严格按设计要求的减震器型号、数量和位置进行安装、找平找正。

③ 空调机组的冷冻水系统、蒸汽、热水管道及电气动力与控制线路，由管道工和电工安装。空调机组制冷机如果没有充注氟利昂，应按产品使用说明书要求进行充注。

(5) 质量检查　空气处理设备质量检查主要内容包括机组连接管检查，机组水平度、冷凝水封高度。对于分段组对式空调机组装完成后应进行漏风量测试，漏风率要求见表 2-7。

表 2-7　漏风率要求

机组性质	静压/Pa	漏风率
通用机组	≤700	不大于 2%
净化空调系统机组	≤1000	不大于 1%

2. 质量要求与成品保护

(1) 质量要求　组合式空调机组及柜式空调机组的安装质量应符合下列规定：

1) 组合式空调机组各功能段的组装，应符合设计规定的顺序和要求，各功能段之间的连接应严密，整体外观应平整。

2) 机组与供回水管的连接应正确，机组下部冷凝水排放管的水封高度应符合设计中设备技术文件的要求。

3) 机组与风管采用柔性短管连接时，柔性短管的绝热性能应符合风管系统的要求。

4) 机组应清扫干净，箱体内应无杂物、垃圾和积尘。

5) 机组内空气过滤器（网）和空气热交换器翅片应清洁、完好，安装位置应便于维护和清理。

检查数量：按 2 方案（见附表 B）。

检查方法：观察检查。

(2) 成品保护　空气处理设备安装的成品保护措施应包括下列内容：

1) 设备应按照产品技术要求进行搬运、拆卸包装、就位。严禁手执叶轮或蜗壳搬动设备，严禁敲打、碰撞设备外表、连接件及焊接处。

2) 设备运至现场后，应采取防雨、防雪、防潮措施，妥善保管。

3) 设备安装就位后，应采取防止设备损坏、污染、丢失等措施。

4) 设备接口、仪表、操作盘等应采取封闭、包扎等保护措施。

5) 安装后的设备不应作为脚手架等受力的支点。

6) 传动装置的外露部分应有防护罩；进风口或进风管道直通大气时，应采取加保护网或其他安全措施。

7) 过滤器的过滤网、过滤纸等过滤材料应单独储存，系统除尘清理后，调试时再安装。

2.2.3　风管的保温层施工

风管的保温

1. 保温材料

保温材料一般是指导热系数小于或等于 0.12W/(m·K) 的材料。当今，全球保温隔热材料正朝着高效、节能、薄层、隔热、防水外护一体化方向发展，在发展新型保温隔热材料及符合结构保温节能技术的同时更强调有针对性使用保温绝热材料，按标准规范设计及施工，努力提高保温效率及降低成本。

(1) 空调风管保温材料的要求　风管和管道的保温应采用不燃或难燃材料，其材质、密度、规格与厚度应符合设计要求。如采用难燃材料，应对其难燃性进行检查，合格后方可使用。在电加热器前后 800mm 的风管和绝热层以及穿越防火墙两侧 2m 范围内风管、管道和绝热层，必须使用不燃绝热材料。位于洁净室内的风管及管道的绝热，不应采用易产尘的材料，如玻璃纤维、短纤维矿棉等。

(2) 常用保温材料性能　空调系统的风管常用的保温材料有橡塑制品、岩棉、玻璃棉和酚醛保温板等，选用时根据保温材料的特点和风管所处环境选用。

1）橡塑保温材料：橡塑保温材料是密闭式发泡结构，如图 2-45 所示。导热系数小，具有优良的绝热效果，表面水汽不易透过，吸水率低，柔软，外观清洁，适用温度 -40～105℃，具有良好的阻燃效果。橡塑保温材料具有如下优点：

图 2-45　橡塑保温材料

① 绿色环保：不含有大气层有害的氯氟化物，符合 ISO 14000 国际环保认证要求，所以在安装及应用中不会产生任何对人体有害的污染物。

② 导热系数低：橡塑是高品质的保温节能材料，是隔冷、隔热防结露的好材料，热传导系数低并且保持稳定，对任何热介质起隔绝作用。

③ 防火性能好：橡塑材料符合国家标准《建筑材料及制品燃烧性能分级》(GB 8624—2012)，经测试判定为 B1 级难燃性材料。

④ 闭泡式结构：采用精控微发泡技术，泡孔闭泡率大大提高，产品的导热系数更低；泡孔也更加均匀细密，抗水汽渗透力强，延长使用寿命。橡塑为闭泡式结构，外界空气中的水很难渗透到材料之中，具有优异的抗水汽渗透能力，保温层外表不必再添加隔气层。橡塑既是保温层又是防潮层。

⑤ 用料薄、省空间：橡塑使用厚度比其他保温材料减少 2/3 左右。因而能节省楼层吊顶以上空间，提高室内高度。

⑥ 使用寿命长：橡塑具有卓越的耐气候、抗老化、抗严寒、抗炎热、抗干燥、抗潮湿，还具有抗紫外线、耐臭氧、25 年不老化、不变形等特性。

⑦ 外观高档、匀整美观：橡塑具有高弹性、平滑的表层，质地柔软，即使装在弯管、三通、阀门等不规则构件上都可以保持完整、美观，外表不须装饰，即使不吊顶也可保有高档性。

⑧ 安装方便、快捷：由于材质柔软，且无须其他辅助层，施工安装简易。对于管道的安装，可随管道安装的进度一起套上，也可将橡塑管材剖开后再用专用胶水黏合而成。

2）岩棉：岩棉保温毡是以玄武岩及其他天然矿石等为主要原料，经高温熔融成纤，加入适量黏结剂加工而成的，如图 2-46 所示。岩棉保温毡具有优良的保温隔热性能，施工及安装便利、节能效果显著，具有很高的性价比。建筑用岩棉板具有良好的防火、保温和吸声性能，主要用于建筑墙体、防火墙、防火门和电梯井的防火和降噪。

图 2-46 岩棉

3）玻璃棉：玻璃棉质地柔软、纤维微细、回弹性好，防水防火的玻璃棉卷毡为空调工程提供了理想的保温吸声材料，如图 2-47 所示。玻璃棉具有保温吸声效果好、工程造价低、施工周期短、无毒、不刺激皮肤、确保施工人员健康、外形美观大方等特点。表面可粘贴铝箔等贴面，具有保温效果好、容重轻、阻燃、抗震吸声等优异性能。玻璃棉是 A 级防火保温材料当中最轻质的材料，既可减轻建筑物自身承重又方便施工，易于裁剪，任意裁剪面均整齐一致，可以大大提高安装效率，节省人工费用和缩短安装工期。

4）酚醛保温板：酚醛具有苯环结构，所以尺寸稳定，变化率<1%，且化学成分稳定，防腐、抗老化，特别是能耐有机溶液、强酸、弱碱腐蚀。在生产工艺发泡中不用氟利昂做发泡剂，符合国际环保标准，且其分子结构中含有氢、氧、碳元素，高温分解时，溢出的气体无毒、无味，对人体、环境均无害，符合国家绿色环保要求。故此，酚醛超级复合板是最理想的防火、绝热、节能、美观的环保绿色保温材料，如图 2-48 所示；具有质轻、无毒、无腐蚀、保温、节能、隔音、价廉等优点，且无环境污染、加工性好 、施工方便，其综合性能是各种保温材料无法比拟的；通用于宾馆、公寓、医院等高级和高层建筑中央空调系统的保温。

图 2-47 玻璃棉卷毡

图 2-48 酚醛保温板

2. 施工条件及保温施工工具

（1）施工条件 空调风管系统与设备绝热施工前应具备下列施工条件：

1）选用的绝热材料与其他辅助材料应符合设计要求，胶粘剂应为环保产品，施工方法已明确。

2）风管系统严密性试验应合格。

（2）保温施工机具 空调风管与设备绝热施工，使用的工具常用的有圆盘锯、手锯、保温刀、钢板尺、盒尺、毛刷子、打包钳等，如图 2-49 所示。

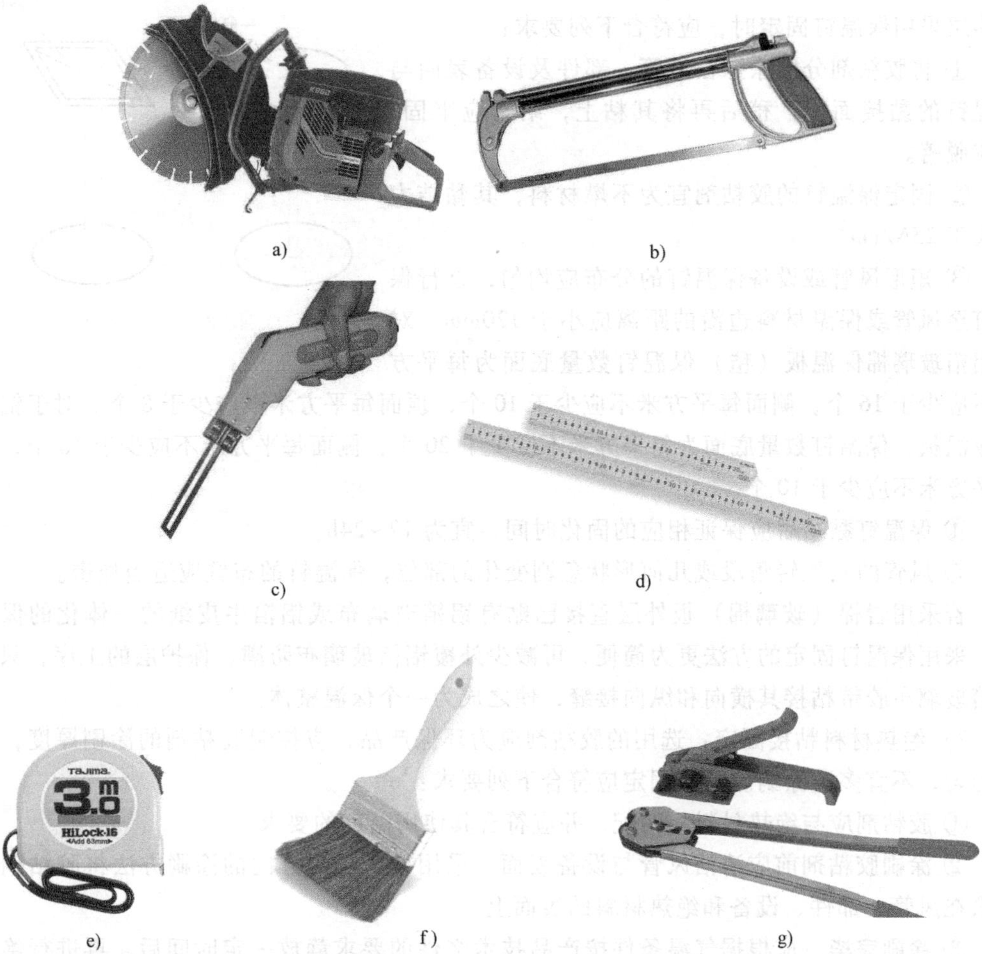

图 2-49　保温施工机具

a）圆盘锯　b）手锯　c）保温刀　d）钢板尺　e）盒尺　f）毛刷子　g）打包钳

3. 保温层施工工艺

空调风管系统与设备绝热应按如图 2-50 所示工序进行。

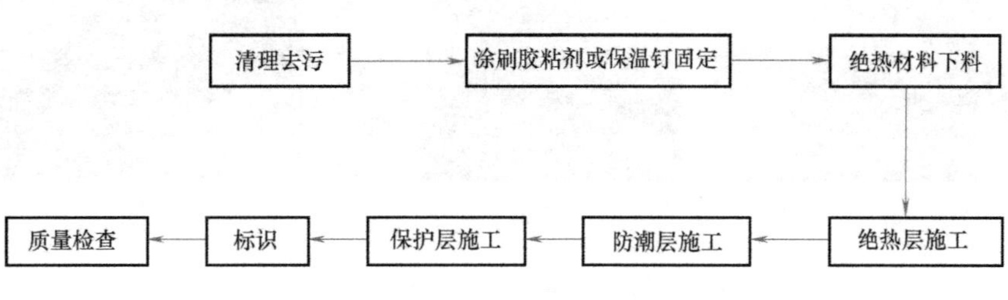

图 2-50　空调风管系统与设备绝热施工工序

（1）清理去污　镀锌钢板风管绝热施工前应进行表面除油、清洁处理；冷轧板金属风管绝热施工前应进行表面除锈、清洁处理，并涂防腐层。

（2）涂刷胶粘剂或保温钉固定　绝热材料的固定可用保温钉固定或粘接固定两种形式。

1）保温钉的固定：保温钉如图 2-51 所示，风管绝热层采用保温钉固定时，应符合下列要求：

① 将胶粘剂分别涂抹在风管、部件及设备表面与保温钉的黏接面上，稍后再将其粘上，结合应牢固，不应脱落。

② 固定保温钉的胶粘剂宜为不燃材料，其黏结力应大于 $25N/cm^2$。

③ 矩形风管或设备保温钉的分布应均匀，首行保温钉至风管或保温材料边沿的距离应小于 120mm。对于铝箔玻璃棉保温板（毡）保温钉数量底面为每平方米不应少于 16 个，侧面每平方米不应少于 10 个，顶面每平方米不应少于 8 个。对于铝箔岩棉保温板，保温钉数量底面为每平方米不应少于 20 个，侧面每平方米不应少于 16 个，顶面每平方米不应少于 10 个。

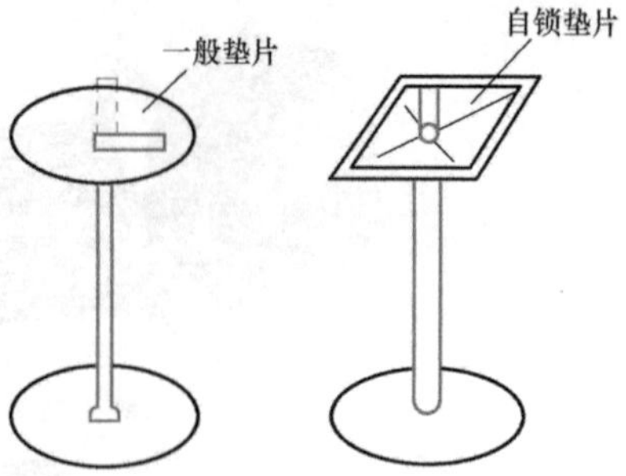

图 2-51　保温钉

④ 保温钉黏结后应保证相应的固化时间，宜为 12~24h。

⑤ 风管的圆弧转角段或几何形状急剧变化的部位，保温钉的布置应适当加密。

若采用岩棉（玻璃棉）板外层直接已贴有铝箔玻璃布或铝箔牛皮纸的一体化的保温材料，采用保温钉固定的方法更为简便，可减少外覆铝箔玻璃布防潮、保护层的工序，只需用铝箔玻璃布胶带粘接其横向和纵向接缝，使之成为一个保温整体。

2）绝热材料粘接固定：选用的胶粘剂应为环保产品，应控制胶粘剂的涂刷厚度，涂刷应均匀，不宜多遍涂刷。粘接固定应符合下列要求：

① 胶粘剂应与绝热材料相匹配，并应符合其使用温度的要求。

② 涂刷胶粘剂前应清洁风管与设备表面，采用横、竖两方向的涂刷方法将胶粘剂均匀地涂在风管、部件、设备和绝热材料的表面上。

③ 涂刷完毕，应根据气温条件按产品技术文件的要求静放一定时间后，再进行绝热材料的粘接。

④ 粘接宜一次到位并加压，粘接应牢固，不应有气泡，如图 2-52 所示。

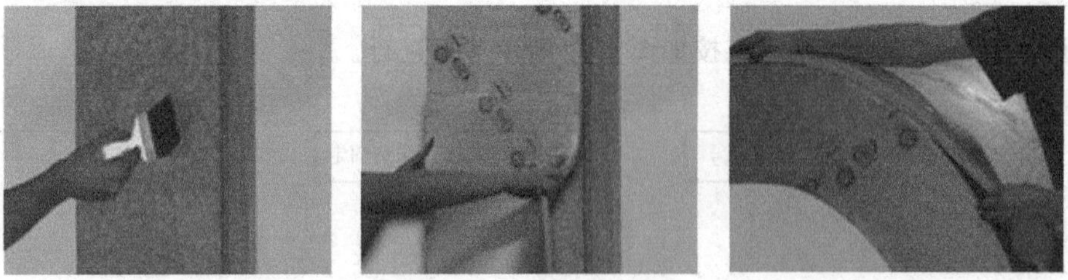
a)　b)　c)

图 2-52　绝热材料粘接固定

a）涂胶水　b）直管保温　c）弯管保温

(3) 绝热材料下料　风管绝热材料应按长边加 2 个绝热层厚度，短边为净尺寸的方法下料。绝热材料应尽量减少拼接缝，风管的底面不应有纵向拼缝，小块绝热材料可铺覆在风管上平面。

（4）绝热层施工　绝热层与风管、部件及设备应紧密结合，无裂缝、空隙等缺陷，如图 2-53 所示。绝热层施工应满足设计规定，并应符合下列要求：

1）纵、横向的接缝应错开。

2）绝热层材料厚度大于 80mm 时，应采用分层施工，同层的拼缝应错开，层间的拼缝应相压，搭接间距不应小于 130mm。

3）阀门、三通、弯头等部位的绝热层宜采用绝热板材切割预组合后再进行施工。

4）风管部件的绝热不应影响其操作功能。调节阀绝热施工要留出调节转轴或调节手柄的位置，并标明启闭位置，保证其操作灵活方便。

图 2-53　绝热层施工后效果图

5）风管系统上经常拆卸的法兰、阀门、过滤器及检测点等应采用能单独拆卸的绝热结构，其绝热层的厚度不应小于风管绝热层的厚度，与固定绝热层结构之间的连接应严密。

6）带有防潮层的绝热材料接缝处，宜用宽度不小于 50mm 的粘胶带粘贴，不应有胀裂、皱褶和脱落现象。

7）空调风管穿楼板和穿墙套管内的绝热层应连续不间断，且空隙处应用不燃材料进行密封堵。

（5）防潮层施工　防潮层施工与绝热层应结合紧密，封闭良好，不应有虚粘、气泡、皱褶、裂缝等缺陷。采用卷材防潮材料螺旋形缠绕施工时，卷材的搭接宽度宜为 30~50mm。

（6）保护层施工　风管保护层可用金属保护壳或玻璃纤维布缠裹。其施工应符合下列要求：

1）风管金属保护壳的施工外形应规整，采用平搭接时，搭接宽度宜为 30~40mm；采用板面有凸筋加强搭接时，搭接宽度宜为 20~25mm。边长大于 800mm 的金属保护壳应采取相应的加固措施。

2）采用玻璃纤维布缠裹时，端头应采用卡子卡牢或用胶粘剂粘牢。玻璃纤维布缠裹应严密，搭接宽度应均匀，宜为 1/2 布宽或 30~50mm，表面应平整，无松脱。

（7）标识　防腐与绝热施工完成后，应按设计要求进行标识，当设计无要求时，应符合下列规定：

1）应在设备机房、管道层、管道井、吊顶内等部位的主干管道的起点、终点、交叉点、转弯处，阀门、穿墙管道两侧以及其他需要标识的部位进行管道标识。直管道上标识间隔宜为 10m。

2）管道标识应采用文字和箭头。文字应注明介质种类，箭头应指向介质流动方向。文字和箭头尺寸应与管道大小相匹配，文字应在箭头尾部。

3）空调通风管道色标宜为白色，防排烟管道色标宜为黑色。

（8）质量检查

1）风管和管道的绝热层、绝热防潮层和保护层，应采用不燃或难燃材料，材质、密度、规格和厚度应符合设计要求。

检查数量：按1方案（见附表A）。

检查方法：查对施工图纸、合格证和做燃烧试验。

2）洁净室内的风管绝热层不应采用易产尘的玻璃纤维和短纤维矿棉等材料。

检查数量：全数检查。

检查方法：观察检查。

3）设备、部件、阀门的绝热层不得遮盖铭牌标志以防影响部件、阀门的操作功能；经常操作的部位应采用能单独拆卸的绝热结构。

检查数量：按2方案（见附表B）。

检查方法：观察检查。

4）绝热层应满铺，表面应平整，不应有裂缝、空隙等缺陷。当采用卷材或板材时，允许偏差应为5mm；当采用涂抹或其他方式时，允许偏差应为10mm。

检查数量：按2方案（见附表B）。

检查方法：观察检查。

5）橡塑绝热材料的施工，黏结材料应与橡塑材料相适用，无溶蚀被黏结材料的现象；绝热层的纵、横向接缝应错开，缝间不应有孔隙，与管道表面应贴合紧密，不应有气泡；矩形风管绝热层的纵向接缝宜处于管道上部；多重绝热层施工时，层间的拼接缝应错开。

检查数量：按2方案（见附表B）。

检查方法：观察检查。

6）管道或管道绝热层的外表面，应按设计要求进行色标。

检查数量：按2方案（见附表B）。

检查方法：观察检查。

知识梳理与总结

核心知识	内容梳理
全空气空调系统组成	冷（热）水机组、冷热水与冷凝水系统、冷却水系统、空气处理设备、空调风系统
全空气空调工程施工图组成	设计说明和施工说明、平面图、剖面图、流程图、详图
制冷（热）机组安装工艺流程	基础施工与验收 → 机组开箱检查 → 机组安装就位 → 找平找正 → 质量检查

（续）

核心知识	内容梳理
空气处理设备安装工艺流程	设备基础施工与验收 → 设备开箱检查 → 现场运输 → 组装式空调机组安装或整体式空调机组安装 → 质量检查
风管保温层施工工艺流程	清理去污 → 涂刷胶粘剂或保温钉固定 → 绝热材料下料 → 绝热层施工 → 防潮层施工 → 保护层施工 → 标识 → 质量检查

练　习　题

1. 画示意图说明蒸气压缩式制冷系统的组成与工作过程。
2. 说明离心式冷水机组的特点。
3. 吸收式制冷系统与蒸气压缩式制冷系统有何区别？
4. 解释空调冷媒水异程式和同程式系统。
5. 冷凝水管道的设置应符合哪些规定？
6. 画示意图表示空调房间气流组织的几种方式。
7. 对于制冷设备基础检查主要内容包括哪些？
8. 空气处理设备开箱检查的程序包括哪些方面？
9. 空调风管保温材料应满足哪些要求？
10. 橡塑保温材料具有哪些优点？
11. 玻璃棉保温材料具有哪些优点？
12. 画示意图表明空调风管系统与设备绝热层施工的工艺流程。
13. 风管保温层保温钉的数量多少是合适的？
14. 绝热层与风管、部件及设备应紧密结合，无裂缝、空隙等缺陷，绝热层施工除应满足设计规定，还应符合哪些要求？

项目三

Chapter 03

空气-水空调系统施工安装

教学导引

知识重点	空气-水空调系统的组成 水系统管道与附件的安装 水系统设备的安装
知识难点	空气-水空调系统施工图的识读 水管支吊架的间距 水管系统的水压试验
素养要求	牢固树立社会主义生态文明观，增强生态环保意识 坚持可持续发展，坚持节约优先、保护优先、自然恢复为主的方针，以高度的责任感和使命感，保护环境
建议学时	14

任务导引

任务1　空气-水空调系统施工图的识读

【目的与要求】

通过完成空气-水空调系统施工图的识读，熟悉空气-水空调系统的组成，掌握空气-水空调系统施工图的内容和施工图识读的方法，能全面掌握施工图中包括的施工安装内容，为工程的施工安装奠定基础。

【任务分析】

施工图的识读是施工安装前非常重要的一个环节，是进行施工准备工作的主要内容，根据空气-水空调系统的识图要点，按照气流流动的方向，从平面图到系统图进行。

【任务实施步骤】

1. 熟悉所需完成的任务。
2. 熟悉给定的空气-水空调系统施工图纸。
3. 进行施工图的识读。
4. 讨论商议教师提出问题的答案。

任务2　确定水系统管道支吊架位置

【目的与要求】

通过完成水系统管道支、吊架位置的确定，熟悉水系统管道支、吊架形式，掌握水系统管道支、吊架间距要求，掌握水系统管道支、吊架安装要求。

【任务分析】

水系统管道支、吊架间距位置的合理确定是保证空调水系统管道安装位置和高度、安装质量的重要环节。根据规范要求，合理确定支、吊架的形式。根据规范中水平安装管道支、吊架的间距要求，合理确定支、吊架的位置。

【任务实施步骤】

1. 熟悉空调系统水管平面布置图和系统图。
2. 熟悉规范关于支、吊架间距要求。
3. 在水管平面图上画出支、吊架的位置。
4. 画出水管支、吊架断面图。

任务3　金属管道的安装

【目的与要求】

通过完成金属管道的安装，熟悉管道的连接方式和支、吊架的安装方法，掌握管材的下料的方法，掌握管道的敷设要求，掌握管道水压试验的方法。

【任务分析】

管道安装是空调水系统安装的非常重要的内容，金属管道要求采用螺纹连接，根据水系统平面图和系统图进行安装，质量应符合验收规范的要求，保证规定的坡度。安装后根据系统工作压力确定试验压力，并进行水压试验。

【任务实施步骤】

1. 熟悉水系统平面图和系统图。
2. 管道的检查与清洗并进行放线。
3. 安装管道支吊架。
4. 管材的下料与切割。
5. 管道的连接与敷设。
6. 水压试验。

任务4　风机盘管的安装

【目的与要求】

通过完成风机盘管的安装，熟悉风机盘管安装的工序，掌握风机盘管安装的方法，掌握风机盘管安装的质量标准。

【任务分析】

风机盘管安装是空调水系统安装中非常重要的内容，风机盘管采用卧式吊装，根据水系统平面图和详图进行安装，质量应符合验收规范的要求，安装后进行风机盘管安装质量检验并填写验收记录表。

【任务实施步骤】

1. 熟悉水系统平面图和风机盘管安装详图。

2. 风机盘管安装前检查并进行放线。
3. 安装风机盘管吊架。
4. 安装风机盘管。
5. 进行风机盘管安装的质量检验。

相关知识

3.1 空气-水空调系统的组成与施工图识读

3.1.1 空气-水空调系统的组成

空气-水空调系统的组成与识图

空气-水空调系统指空调房间室内的冷湿负荷由空气和冷媒水同时吸收的空调方式，应用较多的是风机盘管加独立新风系统。本节主要介绍风机盘管加独立新风系统。当空调区较多，建筑层高较低且各区温度要求独立控制时，宜采用风机盘管加新风空调系统。空气-水空调系统主要由冷（热）水机组、冷热水与冷凝水系统、冷却水系统、空气处理设备、新风系统组成，如图 3-1 所示。

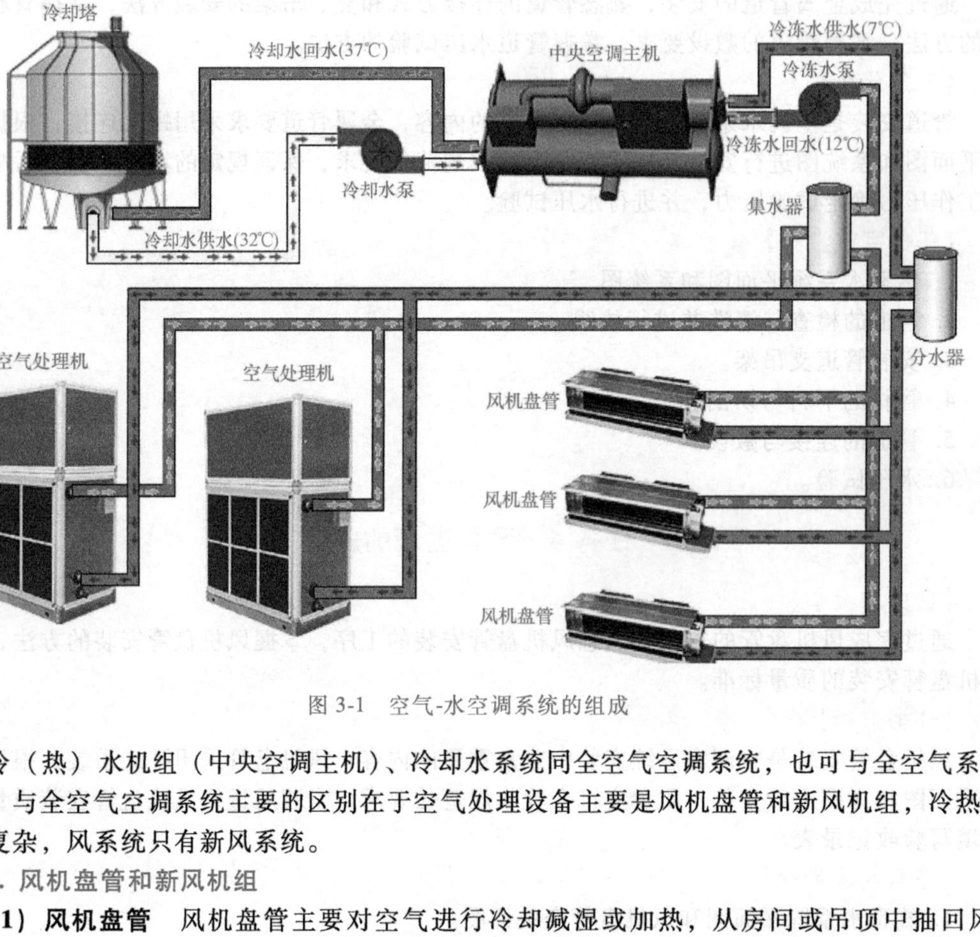

图 3-1　空气-水空调系统的组成

冷（热）水机组（中央空调主机）、冷却水系统同全空气空调系统，也可与全空气系统共用。与全空气空调系统主要的区别在于空气处理设备主要是风机盘管和新风机组，冷热水系统复杂，风系统只有新风系统。

1. 风机盘管和新风机组

(1) 风机盘管　风机盘管主要对空气进行冷却减湿或加热，从房间或吊顶中抽回风，处理后送入房间，如图 3-2 所示。风机盘管以卧式为主，也有立式的，卧式和立式风机盘管比较见表 3-1。

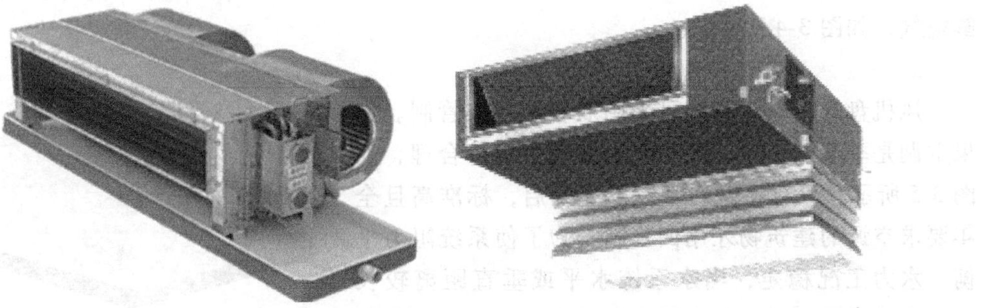

图 3-2　风机盘管

表 3-1　卧式和立式风机盘管比较

序号	比较内容	卧式布置	立式布置
1	占用面积和空间	通常安装在过道或室内吊顶内，不占房间使用面积和空间	占用周边区一定的面积和空间
2	气流分布和温湿度均匀性	冬季热气流不易下降，有一定温度梯度	冬季热流可防止窗面结露和下降冷气流。如房间进深大，温湿度不太均匀
3	施工安装	施工较为不便	施工安装方便
4	维护保养	维护较难	维护方便
5	经济性	水管路较短，便于集中布置	水配管较长

（2）新风机组　空调区的新风量，应按不小于人员所需新风量，补充排风和保持空调区空气压力所需新风量之和以及新风除湿所需新风量中的最大值确定。风机盘管新风供给方式有 3 种，分别是靠室外渗入新风、装设新风引入风口和独立新风系统。前面两种投资和运行费用较经济，但新风量无法控制，清洁度差，室内温湿度分布不均匀，在工程中较少采用。而设有独立的新风系统是把新风处理到一定的参数，由风管系统送入各房间，如图 3-3

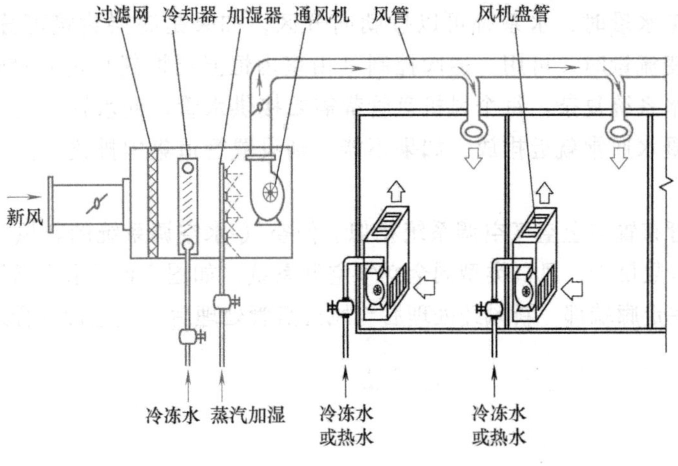

图 3-3　独立新风系统

所示。独立新风系统提高了系统调节和运行的灵活性，且进入风机盘管的供水温度可适当调节，水管的结露现象得到了改善。

独立新风系统使用的空气处理设备称为新风机组，新风机组提供保障室内卫生所需的新鲜空气，如图 3-4 所示。

2. 冷热水系统和冷凝水系统

风机盘管冷热水系统可采用双管制或四管制。如果空调是季节性的，一般用双水管较为经济合理，如图 3-5 所示。只有在窗户基本不能开启，标准高且全年要求空调的建筑物才用四管制。为了使系统阻力平衡，水力工况稳定，当水系统水平或垂直距离较长时，宜采用同程式，但也可采用异程式用平衡阀来平衡系统阻力。

图 3-4　新风机组

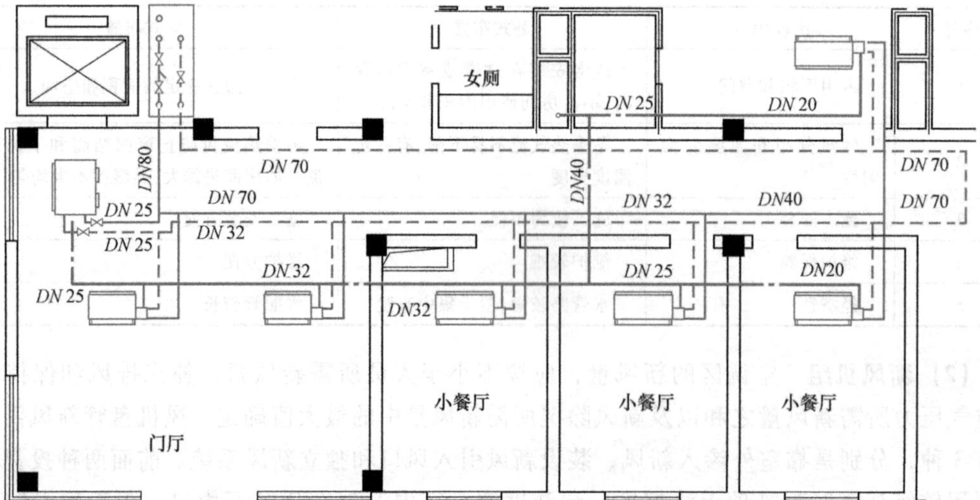

图 3-5　双管制水系统

水系统采用定水量时，水系统可以按朝向分区，如果是高层建筑可分成高区和低区系统。水系统采用变流量时，可用二通阀控制（由室内恒温器控制）进入盘管的水量。

风机盘管的水系统复杂。每个风机盘管都需要接供水管、回水管，为了排除冷凝水，需设冷凝水管。冷凝水通常就近排放，如果不能，则设置管道集中排放。

3. 新风系统

新风系统风管布置与全空气空调系统相似。但空气-水空调系统的新风风管较简单，风管断面规格小，风口数量少，风口类型同全空气空调系统。如图 3-6 所示为新风系统平面图，图中新风机组设置在走廊端部，新风经处理后与风机盘管处理后空气进行混合送入空调房间。

3.1.2　空气-水空调系统施工图的识读

1. 空气-水空调系统施工图识读要点

空气-水空调系统施工图的组成基本同全空气空调系统。空气-水空调系统施工图在识读

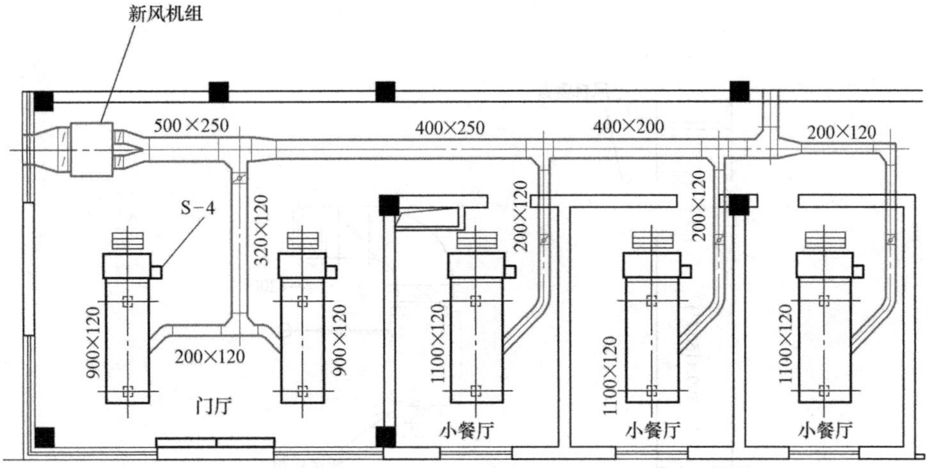

图 3-6　新风系统平面图

时应掌握以下要点，便于更准确地识读施工图。

1）新风机组通常设置在临近建筑外墙的走廊处。

2）办公室风机盘管通常均匀布置。

3）风管布置与全空气系统相似。风管较简单，风管断面规格小，风口数量少，风口类型同全空气空调系统。

4）主风管通常设置在走廊处，为便于走廊通风可在风管上直接安装风口。

5）新风机组较少有新风机房，而是将机组直接吊装在楼板上，注意减振。

6）水系统复杂。每个风机盘管均需连接 3 条水管，分别是供水管、回水管、冷凝水管。

7）新风机组也需接 3 条水管。

8）水管均需做保温层。

9）冷凝水通常就近排放，如果不能，则设置管道进行集中排放。

10）水系统最高点设自动放气阀，最低点设泄水装置。

2. 识图举例

风机盘管和新风机组的图例如图 3-7 所示。

如图 3-8 所示的办公建筑，常采用风机盘管加独立新风系统。图中的风机盘管设置在房间隔墙与卫生间之间的走廊上，新风机组设置在电梯旁边的风机房。

如图 3-9 所示为宾馆风机盘管加新风系统风管平面图，图中每个客房均设一台风机盘管，型号为 FP-6. 3G 型，风机盘管为卧式，布置在室内走道吊顶内。新风机组设置在走廊上，新风处理后经消声器通过主风管沿走廊输送至各个客房，新风不再经风机盘管冷热处理，风机盘管只负责处理室内回风。走廊采取直接从新风管道上接风口送风实现空调对温度的要求。

如图 3-10 所示为餐厅新风系统平面图，图中每个小餐厅均设置一台风机盘管，门厅设置两台风机盘管，新风机组设置在走廊端部，新风经处理后与风机盘管处理后空气进行混合送入空调房间。餐厅空调系统的新风机设置靠近外窗，便于直接获取新风。

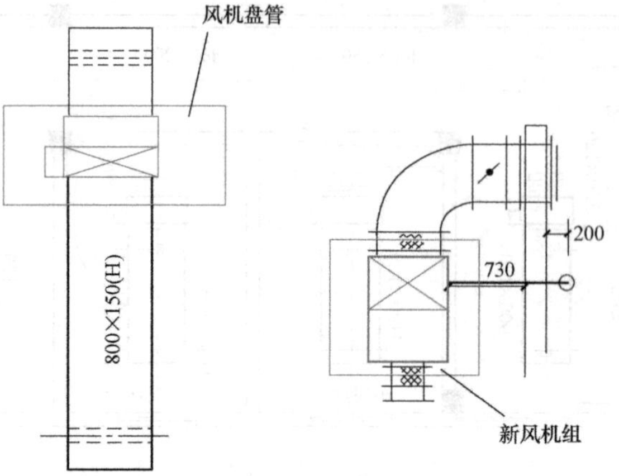

图 3-7　风机盘管和新风机组图例

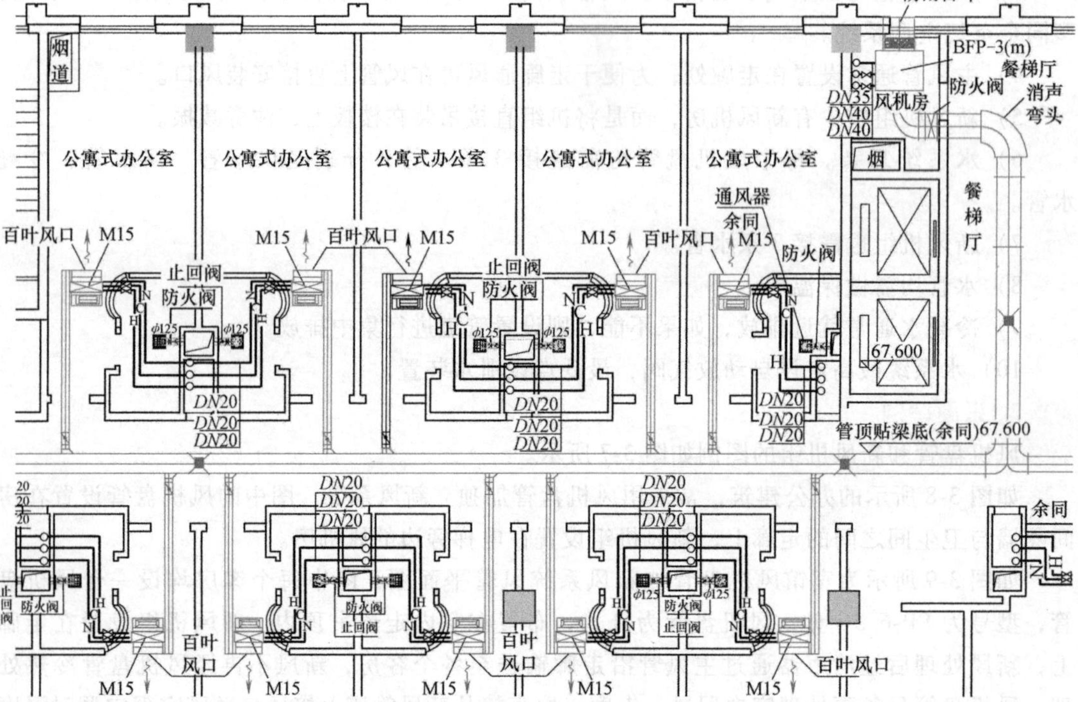

图 3-8　办公建筑风机盘管平面图

如图 3-11 所示为风机盘管接管大样图，图中风机盘管上接空调供水管、回水管和冷凝水管道，管径均为 20mm。

如图 3-12 所示为风机盘管水系统平面图，图中冷热水从 KL-2 立管接入，沿走廊布局，分别接入每台风机盘管和走廊处的新风机组，管径按供水方向分别为 40mm、32mm、25mm 和 20mm。回水从每个房间的风机盘管和新风机组经走廊回到立管 HL-2，客房的冷凝水就近排入卫生间（图中未画出），新风机组的冷凝水经管径 20mm 的管道排入地漏。

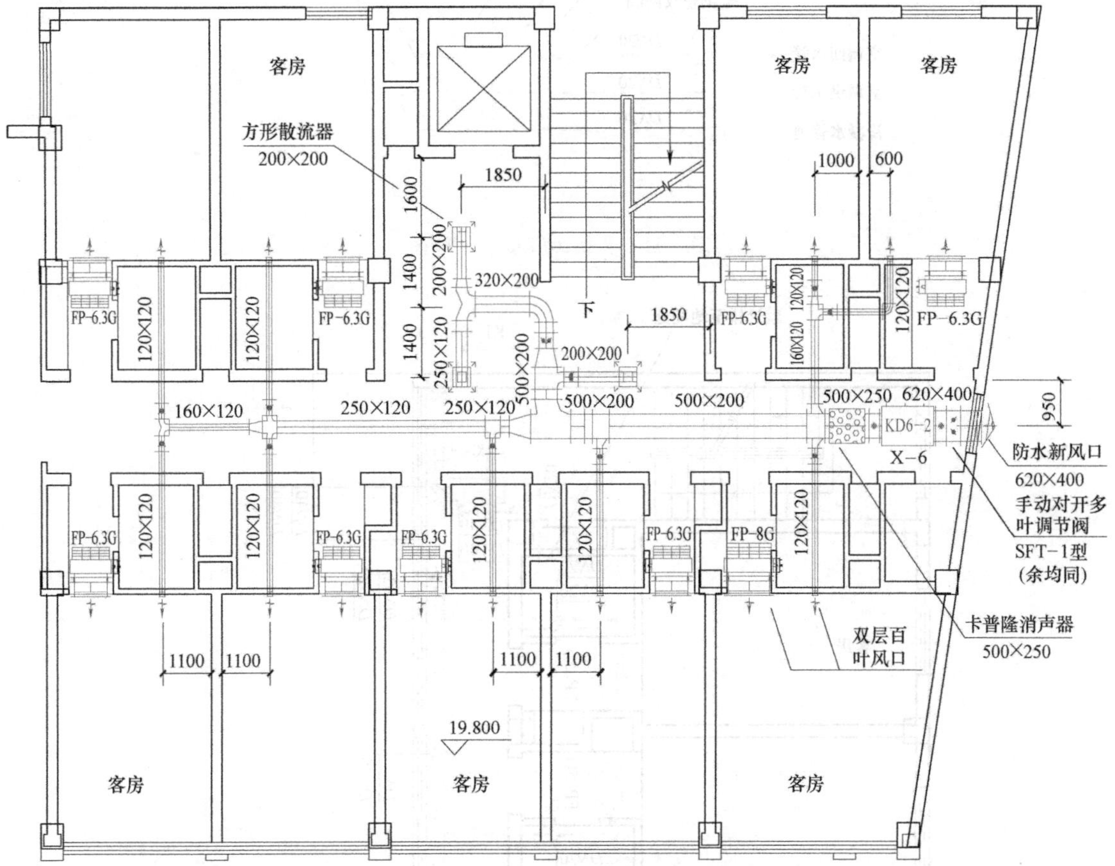

图 3-9　宾馆建筑风机盘管加新风系统风管平面图

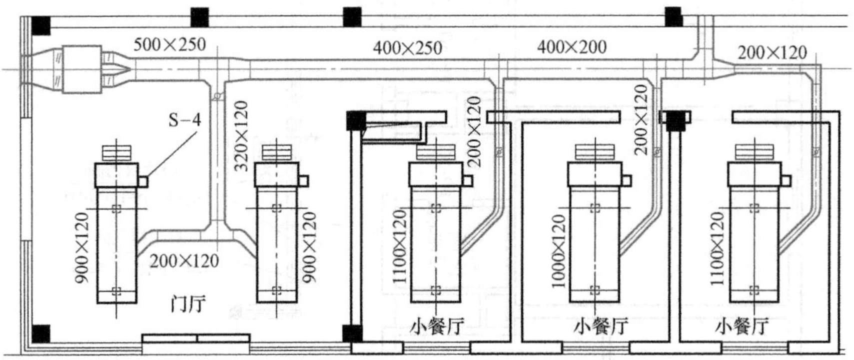

图 3-10　餐厅新风系统平面图

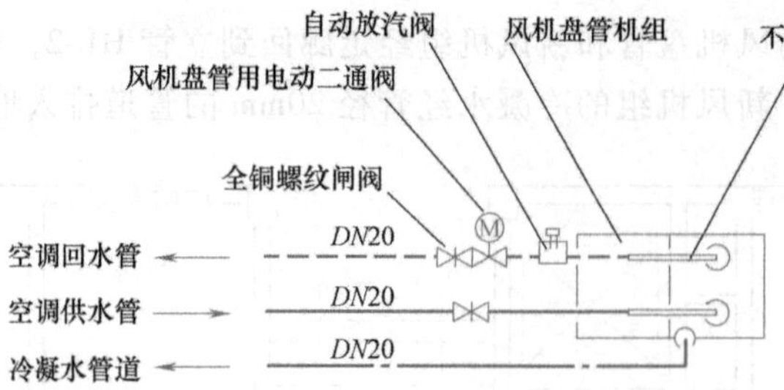

图 3-11　风机盘管接管大样图

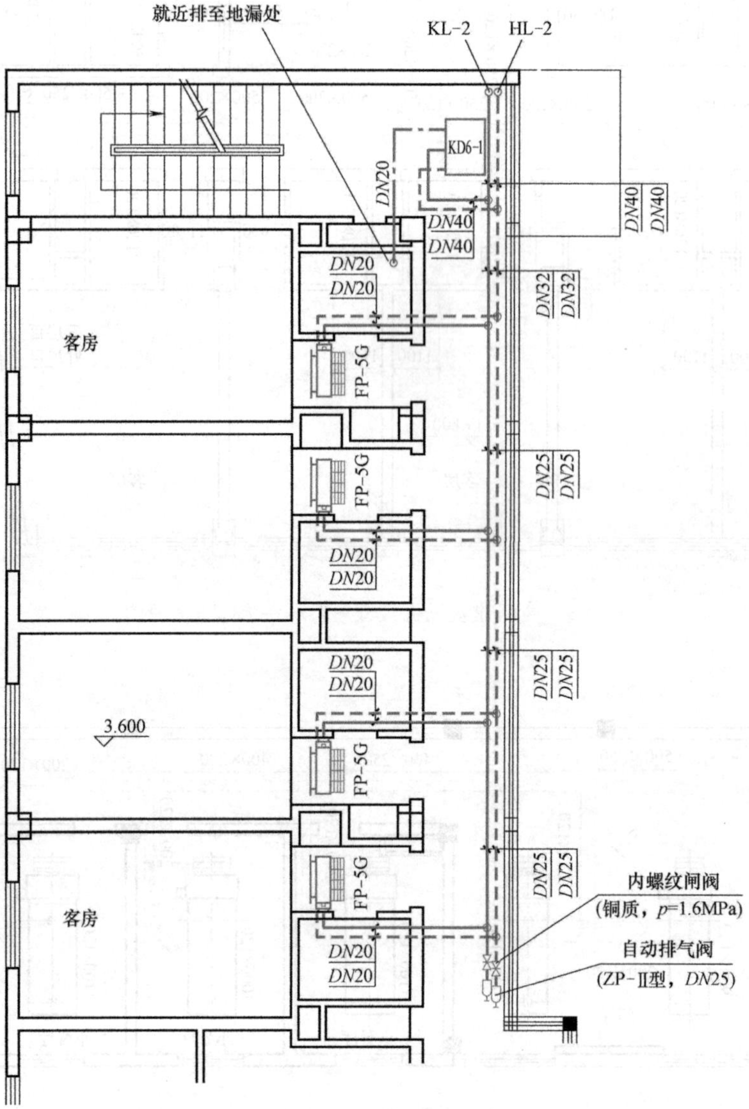

图 3-12　风机盘管水系统平面图

3.2　空气-水空调系统的施工安装

空气-水空调系统风管的安装同全空气空调系统，本节重点讲述水系统管道及附件安装和设备安装。

3.2.1　水系统管道与附件的安装

1. 管道连接

(1) 水系统管道安装施工条件　空调水系统管道安装前必须做好下列各项准备工作，以保证管道安装的顺利进行。

1）熟悉技术资料：安装前，必须事先熟悉有关施工图纸、规范、规程、标准图集及其他技术资料，以便全面掌握工程概况、特点和技术要求。

2）进行空调水系统管道施工图的会审。

3）管道安装前，应配合土建单位做好预留和预埋工作，并及时对预留孔洞和预埋件进行复验，确保其位置、标高准确无误。

4）制定合理的管道施工方案，明确管道的连接方法和质量要求，及时做好施工班组的安全和技术交底工作。

5）会同有关单位对设备基础进行检验，办理交接手续。

(2) 管道连接方式　空调水管道根据用途和管材，常用的连接方法有螺纹连接、法兰连接、焊接、沟槽连接（卡箍连接）、卡套式连接、卡压连接、热熔连接、承插连接等。

1）螺纹连接：螺纹连接是一种广泛使用的可拆卸的固定连接，具有结构简单、连接可靠、装拆方便等优点。螺纹连接是利用带螺纹的管道配件连接，多用于明装管道，管径小于或等于 100mm 的镀锌钢管宜用螺纹连接。管道螺纹连接应采用标准螺纹，管道与阀门连接应采用短螺纹，管道与设备连接应采用长螺纹。

管道连接方式

2）法兰连接：法兰连接就是把两个管道、管件或器材，先各自固定在一个法兰盘上，然后在两个法兰盘之间加上法兰垫，最后用螺栓将两个法兰盘拉紧使其紧密结合起来的一种可拆卸的连接。直径较大的管道采用法兰连接，法兰连接一般用在主干道连接阀门、止回阀、水表、水泵等处以及需要经常拆卸、检修的管段上。

3）焊接：焊接适用于非镀锌钢管，多用于暗装管道和直径较大的管道，并在高层建筑中应用较多。焊接接口牢固严密，焊缝强度一般达到管道强度的 85%以上，甚至超过母材强度。焊接连接是管段间的直接连接，构造简单，管路美观整齐，节省了大量的定型管件。接口严密，不用填料，可减少维修工作。接口不受管径限制，作业速度快。焊接连接接口是固定接口，连接、拆卸困难。

4）沟槽连接（卡箍连接）：沟槽连接是一种新型的钢管连接方式，也叫卡箍连接，具有操作简单，不影响管道的原有特性，施工安全，系统稳定性好，维修方便、省工省时等特点。

5）卡套式连接：铝塑复合管一般采用螺纹卡套压接。将配件螺母套在管道端头，再把配件内芯套入端头内，用扳手紧固配件与螺母即可。铜管的连接也可采用螺纹卡套压接。

6）卡压连接：不锈钢卡压式管件连接技术取代了螺纹、焊接、胶接等传统给水管道连接技术，具有保护水质卫生、抗腐蚀性强、使用寿命长等特点。

7）热熔连接：热熔连接是指管材与管材之间，经过加热升温至熔点后的一种连接方式。PPR管的连接方法采用热熔器进行热熔连接。热熔连接具有连接简便、使用年限久、不易腐蚀等优点。

8）承插连接：用于给水、排水铸铁管及管件的连接。有柔性连接和刚性连接两类，柔性连接采用橡胶圈密封，刚性连接采用石棉水泥或膨胀性填料密封，重要场合可用铅密封。

2. 支、吊架的安装

金属管道支、吊架的形式、位置、间距、标高应符合设计或有关技术标准的要求。设计无要求时，应符合下列规定：

1）支吊架的安装应平整牢固，与管道接触紧密，支吊架与管道焊缝的距离应大于100mm。管道与设备连接处，应设独立支、吊架。

2）冷冻水、冷却水系统管道机房内总、干管的支、吊架应采用承重防晃管架；与设备连接的管道管架宜有减振措施。当水平支管的管架采用单杆吊架时，应在管道起始点、阀门、三通、弯头及长度在15m内的直管段上设置承重防晃支、吊架。竖井内的立管，每隔2~3层应设导向支架。

3）在建筑结构负重允许的情况下，水平安装钢管支吊架的最大间距应符合表3-2的规定。管道采用沟槽连接水平安装时，支吊架的间距应符合表3-3的规定。

表3-2　水平安装钢管支吊架的最大间距

公称直径/mm		15	20	25	32	40	50	70
支吊架的最大间距/mm	保温	1.5	2.0	2.5	2.5	3.0	3.5	4.0
	不保温	2.5	3.0	3.5	4.0	4.5	5.0	6.0
公称直径/mm		80	100	125	150	200	250	300
支吊架的最大间距/mm	保温	5.0	5.0	5.5	6.5	7.5	8.5	9.5
	不保温	6.5	6.5	7.5	7.5	9.0	9.5	10.5

表3-3　沟槽连接管道支吊架间距

公称直径/mm	65~100	125~150	200	225~250	300
间距/m	3.5	4.2	4.2	5.0	5.0

4）管道支、吊架的焊接不得有漏焊、欠焊或焊接裂纹等缺陷。

5）支、吊架生根要牢固，一般采用预埋铁件、膨胀螺栓等方法。

6）支、吊架在安装前应做防锈处理，一般除锈后刷两道防锈漆。

7）沟槽连接的管道，水平管道接头和管件两侧应设置支、吊架，支、吊架与接头的间距不宜小于150mm，且不宜大于300mm。

8）支、吊架安装后，应按管道坡向对支、吊架进行调整和固定，支、吊架纵向应顺直、美观。

管道支、吊架安装应注意以下事项：

1）管道穿越墙体或楼板处应设钢制套管，管道接口不得置于套管内，钢制套管应与墙体饰面或楼板底部平齐，上部应高出楼层地面 20~50mm，且不得将套管作为管道支撑。当穿越防火分区时，应采用不燃材料进行防火封堵；保温管道与套管四周的缝隙应使用不燃绝热材料堵塞紧密。

2）固定在结构上的支、吊架不得影响结构的安全。

3）蒸汽管、热水管的固定支架及滑动支架要严格按照设计的位置安装，其管道要牢固地固定在支架上。

管道支吊架详细安装方法如图 3-13~图 3-17 所示。

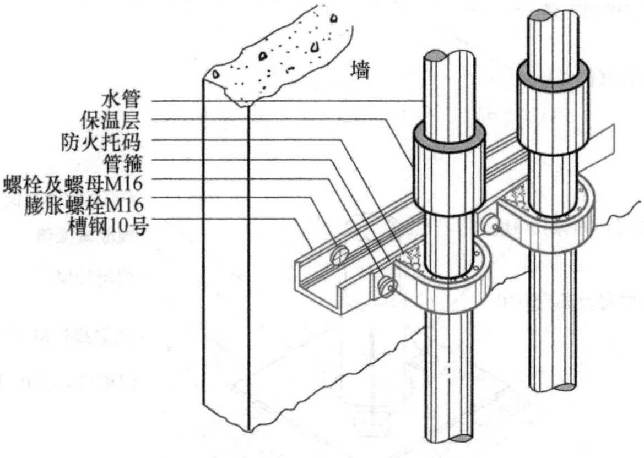

图 3-13 垂直管道支架

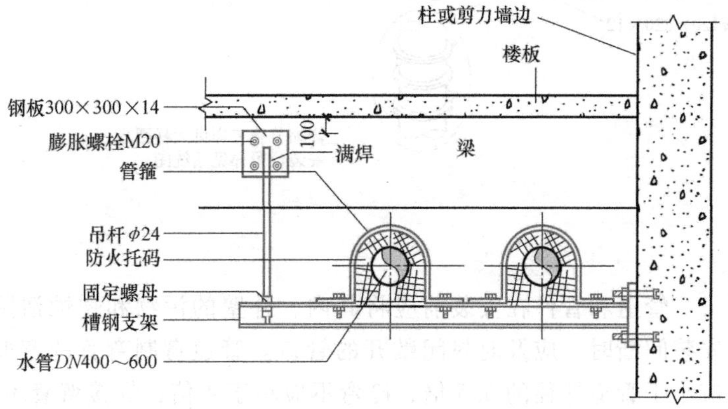

图 3-14 沿柱或剪力墙边管道支吊架

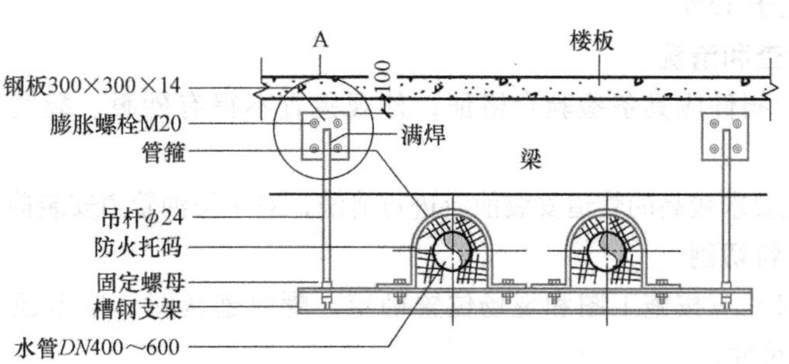

图 3-15 固定在梁下的管道支吊架

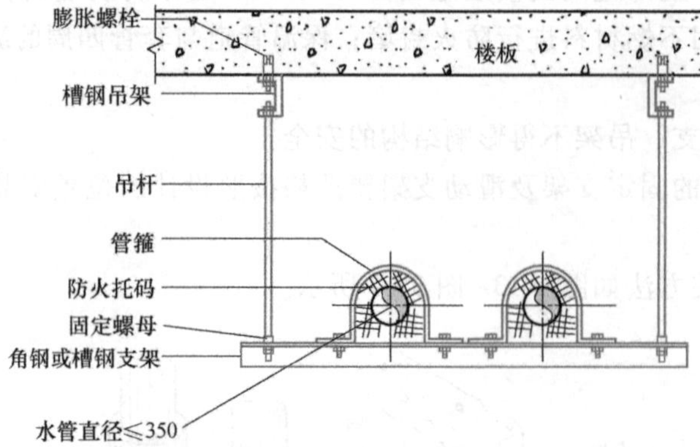

图 3-16 固定在楼板上的管道支吊架

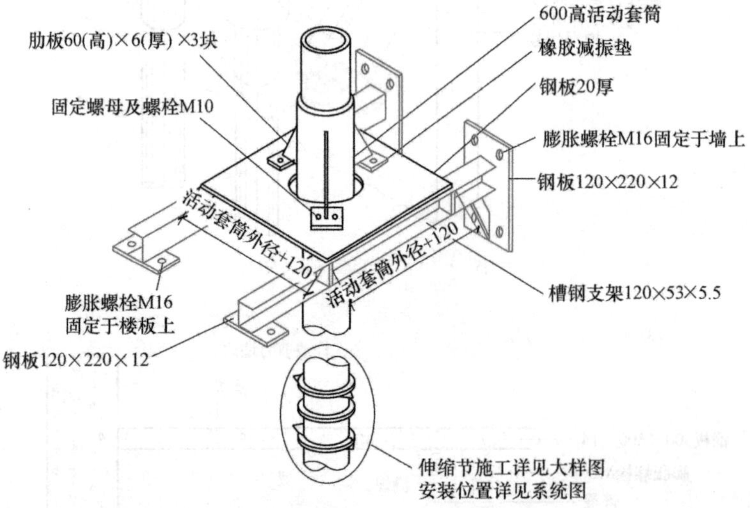

图 3-17 活动支架

水管道安装

3. 金属管道安装

管道和管件在安装前应将其内、外壁的污物和锈蚀清除干净。当管道安装间断时，应及时封闭敞开的管口。管道弯制弯管的弯曲半径，热弯不应小于管道外径的 3.5 倍，冷弯不应小于 4 倍；焊接弯管不应小于 1.5 倍。弯曲的最大外径与最小外径的差不应大于管道外径的 8%，管壁减薄率不应大于 15%。

（1）管道的检查和清洗

1）各种管材和阀件应具备检验合格证；外观检查不得有砂眼、裂纹、重皮、严重锈蚀等缺陷。

2）对于洁净性要求较高的管道安装前应进行清洗，对于忌油管道安装前应进行脱脂处理。

（2）管材的下料切割

1）管道下料尺寸应按施工图和现场位置确定。螺纹连接时，应考虑管件所占的长度及拧进管件的内螺纹尺寸。

2）管道切口表面应平整，不得有裂纹；毛刺、铁屑等应予以清除；切口表面倾斜偏差为管道直径的1%，但不得超过3mm。

(3) 管道的连接　连接方法见3.2.1内容。

1）镀锌钢管及带有防腐涂层的钢管不得采用焊接连接，应采用螺纹连接。当管径大于DN100时，可采用卡箍或法兰连接。

2）金属管道的焊接施工，企业应具有相应的焊接工艺评定，施焊人员应持有相应类别焊接的技能证明。

(4) 管道的敷设

1）管道安装位置、敷设方式、坡度及坡向应符合设计要求。

2）螺纹连接管道的螺纹应清洁规整，断丝或缺丝不应大于螺纹全扣数的10%。管道螺纹应留有足够的装配余量可供拧紧，不应用填料来补充螺纹的松紧度。填料应顺时针方向薄而均匀地紧贴缠绕在外螺纹上；上管件时，不应将填料挤出。螺纹连接应紧密牢固。管道螺纹应一次拧紧，不应倒回。管道的连接应牢固，接口处的外露螺纹应为2~3扣，不应有外露填料。镀锌管道的镀锌层应保护完好，局部破损处应进行防腐处理。

3）法兰连接管道的法兰应焊接在长度大于100mm的直管段上，不应焊接在弯管或弯头上。支管上的法兰与主管外壁净距应大于100mm，穿墙管道上的法兰与墙面净距应大于200mm。法兰不应埋入地下或安装在套管中，埋地管道或不通行地沟内的法兰处应设检查井。法兰连接管道的法兰面应与管道中心线垂直，且应同心。法兰对接应平行，偏差不应大于管道外径的1.5%，且不得大于2mm。连接螺栓长度应一致，螺母应在同一侧，并应均匀拧紧。坚固后的螺母应与螺栓端部平齐或略低于螺栓。法兰衬垫的材料、规格与厚度应符合设计要求。

4）焊接连接管道坡口应表面整齐、光洁，不合格的管口不应进行对口焊接。管道焊接坡口形式和尺寸应符合表3-4的规定。

表3-4　管道焊接坡口形式与尺寸

项次	厚度 T/mm	坡口名称	坡口形式	坡口尺寸			备注
				间隙 C/mm	钝边 P/mm	坡口角度 α/(°)	
1	1~3	I形坡口	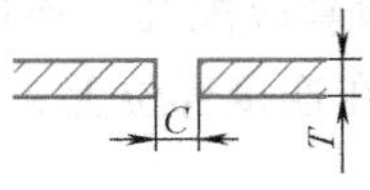	0~1.5 单面焊	—	—	内壁错边量≤0.25T，且≤2mm
	3~6			0~2.5 双面焊			
2	3~9	V形坡口	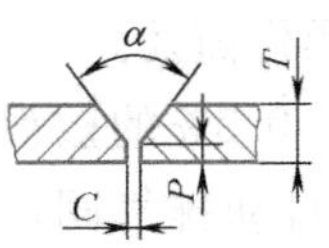	0~2.0	0~2.0	60~65	
	9~26			0~3.0	0~3.0	55~60	
3	2~30	T形坡口	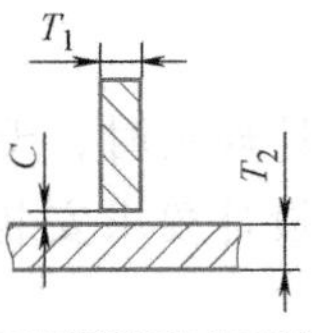	0~2.0	—	—	—

对口平直度的允许偏差应为1%，全长不应大于10mm。管道与设备的固定焊口应远离设备，且不宜与设备接口中心线相重合。管道的对接焊缝与支、吊架的距离应大于50mm。管道对口后进行点焊，点焊高度不超过管道壁厚的70%，其焊缝应焊透，点焊位置应均匀对称。管材与法兰焊接时，应先将管材插入法兰内，先点焊2~3点，用角尺找正、找平后再焊接。法兰应两面焊接，其内侧焊缝不应凸出法兰密封面。焊缝应满焊，高度不应低于母材表面，并应与母材圆滑过渡。焊接后应立刻清除焊缝上的焊渣、氧化物等，并进行外观质量检查。管道焊缝外观质量允许偏差应符合表3-5的规定，管道焊缝余高和根部凸出允许偏差应符合表3-6的规定。

表3-5　管道焊缝外观质量允许偏差

序号	类别	质量要求
1	焊缝	不允许有裂缝、未焊透、未熔合、表面气孔、外露夹渣、未焊满等现象
2	咬边	纵缝不允许咬边；其他焊缝深度≤0.10T（T为板厚），且≤1.0mm，长度不限
3	根部收缩（根部凹陷）	深度≤0.20+0.04T，且≤2.0mm，长度不限
4	角焊缝厚度不足	应≤0.30+0.05T，且≤2.0mm；每100mm焊缝长度内缺陷总长度≤25mm
5	角焊缝焊脚不对称	差值≤2+0.2t（t为设计焊缝厚度）

表3-6　管道焊缝余高和根部凸出允许偏差

母材厚度T/mm	≤6	>6，≤13	>13，≤50
余高和根部凸出/mm	≤2	≤4	≤5

5）冷（热）水管道与支、吊架之间应设置衬垫。衬垫的承压强度应满足管道全重，且应采用不燃与难燃硬质绝热材料或经防腐处理的木衬垫。衬垫的厚度不应小于绝热层的厚度，宽度应大于等于支、吊架支承面的宽度。衬垫的表面应平整，上下两衬垫接合面的空隙应填实。

6）沟槽式连接管的沟槽与橡胶密封圈和卡箍套应配套，连接管端面应平整光滑、无毛刺；沟槽深度在规定范围内。支、吊架不得支承在连接部位上，水平管的任意两个连接部位之间应设置支、吊架。

7）敷设在管井内的空调水立管全部采用焊接，保温前需进行试压。管井如设有阀门时，阀门位置应在管井检查门附近，手轮朝向易操作面处。

8）空调供水、回水水平干管应保证有不小于0.3%的敷设坡度，空调供水干管为逆坡敷设，回水干管顺坡敷设，在系统干管的末端设自动排气阀。当自动排气阀设置在吊顶内时，排气阀下面宜做一接水托盘，防止自动排气阀工作失灵跑水而污染吊顶，托盘接出管道与系统中凝结水管连通。

9）冷凝水排水管坡度应符合设计规定。无设计规定时，干管坡度宜大于或等于0.8%，支管坡度不宜小于1%。冷凝水管与机组连接应按设计要求安装存水弯，冷凝水管道严禁直接接入生活污水管道，且不应接入雨水管道。

10）安装在吊顶内等暗装区域的管道，位置应正确，且不应有侵占其他管线安装位置的现象。

11）管道安装允许偏差和检验方法应符合表 3-7 的规定。

表 3-7　管道安装允许偏差和检验方法

项目			允许偏差/mm	检验方法
坐标	架空及地沟	室外	25	按系统检查管道的起点、终点、分支点和变向点及各点之间的直管。用经纬仪、水准仪、液体连通器、水平仪、拉线和尺量检查
		室内	15	
	埋地		60	
标高	架空及地沟	室外	±20	
		室内	±15	
	埋地		±25	
水平管道平直度	≤DN100		$2L$/1000，最大 40	用直尺、拉线和尺量检查
	>DN100		$3L$/1000，最大 60	
立管垂直度			$5L$/1000，最大 25	用直尺、线锤、拉线和尺量检查
成排管段间距			15	用直尺和尺量检查
成排管段或成排阀门在同一平面上			3	用直尺、拉线和尺量检查
交叉管的外壁或绝热层的最小间距			20	用直尺、拉线和尺量检查

注：L 为管道的有效长度（mm）。

4. 非金属管道安装

采用塑料管材的空调水系统，管道材质及连接方法应符合设计和产品技术的要求。管道安装应符合下列规定：

1）采用法兰连接时，两法兰面应平行，误差不得大于 2mm。密封垫为与法兰密封面相配套的平垫圈，不得突入管内或突出法兰之外。法兰连接螺栓应采用两次紧固，紧固后的螺母应与螺栓齐平或略低于螺栓。

2）电熔连接或热熔连接的工作环境温度不应低于 5℃ 环境。插口外表面与承口内表面应作小于 0.2mm 的刮削，连接后同心度的允许误差应为 2%；热熔熔接接口圆周翻边应饱满、匀称，不应有缺口状缺陷、海绵状的浮渣和目测气孔。接口处的错边应小于 10% 的管壁厚。承插接口的插入深度应符合设计要求，熔融的包浆在承插件间形成均匀的凸缘，不得有裂纹、凹陷等缺陷。

3）采用密封圈承插连接的胶圈应位于密封槽内，不应有皱折扭曲。插入的深度应符合产品要求，插管与承口周边的偏差不得大于 2mm。

4）采用聚丙烯（PP-R）管道时，管道与金属支、吊架之间应采取隔绝措施，不宜直接接触，支、吊架的间距应符合设计要求。当设计无要求时，聚丙烯（PP-R）冷水管支、吊架的间距应符合表 3-8 的规定，使用温度大于或等于 60℃ 热水管道应加宽支承面积。

表 3-8　聚丙烯（PP-R）冷水管支、吊架的间距　　（单位：mm）

公称外径 DN	20	25	32	40	50	63	75	90	110
水平安装	600	700	800	900	1000	1100	1200	1350	1550
垂直安装	900	1000	1100	1300	1600	1800	2000	2200	2400

5. 阀门与附件安装

(1) 阀门安装　阀门安装前应进行外观检查，包括工作压力大于1.0MPa、在主干管上起到切断作用和系统冷、热水运行转换起调节功能的阀门和止回阀，应进行壳体强度和阀瓣密封性能的试验，且应试验合格。其他阀门可不单独进行试验。壳体强度试验压力应为常温条件下公称压力的1.5倍，持续时间不应少于5min，阀门的壳体、填料应无渗漏。严密性试验压力应为公称压力的1.1倍，在试验持续时间内应保持压力不变，阀门压力试验持续时间与允许泄漏量应符合表3-9的规定。

表3-9　阀门压力试验持续时间与允许泄漏量

公称直径 *DN*/mm	最短试验持续时间/s	
	严密性试验(水)	
	止回阀	其他阀门
≤50	60	15
65~150	60	60
200~300	60	120
≥350	120	120
允许泄漏量	3滴×(*DN*/25)/min	小于*DN*65为0滴，其他为2滴×(*DN*/25)/min

阀门的安装位置应符合设计要求，并应便于使用操作和观察。阀门安装应符合下列规定：

1）阀门安装前，应清理干净与阀门连接的管道。

2）阀门安装进、出口方向应正确，埋于地下或地沟内管道上的阀门，应设检查井（室）。

3）安装螺纹阀门时，严禁填料进入阀门内。

4）安装法兰阀门时，应将阀门关闭，对称均匀地拧紧螺母，阀门法兰与管道法兰应平行。

5）与管道焊接的阀门应先点焊，再将关闭件全开，然后施焊。

6）阀门前后应有直管段，严禁阀门直接与管件相连。水平管道上安装阀门时，不应将阀门手轮朝下安装。

7）阀门连接应牢固、紧密，启闭灵活，朝向合理；并排水平管道设计间距过小时，阀门应错开安装；并排垂直管道上的阀门应安装于同一高度上，手轮之间的净距不应小于100mm。

(2) 电动阀门安装　电动阀门的安装应符合下列规定：

1）电动阀门安装前应进行模拟动作和压力试验。执行机构行程、开关动作及最大关紧力应符合设计和产品技术文件的要求。

2）阀门的供电电压、控制信号及接线方式应符合系统功能和产品技术文件的要求。

3）电动阀门安装时应将执行机构与阀体一体安装，执行机构和控制装置应灵敏可靠无松动或卡涩现象。

4）有阀位指示装置的电磁阀，其阀位指示装置应面向便于观察的方向。

5）电动阀门的执行机构应能全程控制阀门的开启与关闭。

（3）安全阀安装　安全阀的安装应符合下列要求：

1）安全阀应由专业检测机构校验，外观应无损伤，铅封应完好。

2）安全阀应安装在便于检修的地方，并垂直安装；管道、压力容器与安全阀之间应保持通畅。

3）与安全阀连接的管道直径不应小于安全阀的接口直径。

4）螺纹连接的安全阀，其连接短管长度不宜超过100mm；法兰连接的安全阀，其连接短管长度不宜超过120mm。

5）安全阀排放管应引向室外或安全地带，并应固定牢固。

6）设备运行前，应对安全阀进行调整校正，开启和回座压力应符合设计要求。调整校正时，每个安全阀启闭试验不应少于3次。安全阀经调整后，在设计工作压力下不应有泄漏。

（4）补偿器安装　补偿器的补偿量和安装位置应满足设计及产品技术文件的要求，并应符合下列规定：

1）应根据安装时施工现场的环境温度计算出该管段的实时补偿量，进行补偿器的预拉伸或预压缩。

2）设有补偿器的管道应设置固定支架和导向支架，其结构形式和固定位置应符合设计要求。

3）管道系统水压试验后，应及时松开波纹补偿器调整螺杆上的螺母，使补偿器处于自由状态。

4）方形补偿器水平安装时，垂直臂应呈水平，平行臂应与管道坡向一致，垂直安装时，应有排气和泄水阀。

（5）附件安装　附件的安装位置应符合设计要求，并应便于操作和观察。过滤器应安装在设备的进水管上，方向应正确且便于滤网的拆装和清洗，过滤器与管道连接应牢固、严密。制冷机组的冷冻水及冷却水管道上的水流开关应安装在水平直管段上。仪表安装前应校验合格，仪表应安装在便于观察、不妨碍操作和检修的地方。压力表与管道连接时，应安装放气旋塞及防冲击表弯。

6. 系统的水压试验

管道系统安装完毕，外观检查合格后应按设计要求进行水压试验。当设计无要求时，应符合下列规定：

1）冷热水、冷却水系统的试验压力，当工作压力小于等于1.0MPa时，应为1.5倍工作压力，但最低不小于0.6MPa；当工作压力大于1.0MPa时，应为工作压力+0.5MPa。

2）系统最低点压力升至试验压力后，应稳压10min，压力下降不应大于0.02MPa，然后应将系统压力降至工作压力，外观检查无渗漏为合格。

3）对于大型、高层建筑垂直位差较大的冷热水、冷却水管道系统，当采用分区、分层试验时，在该部位的试验压力下应稳压10min，压力不得下降；再将系统压力降至该部位的工作压力，在60min内压力不得下降、外观检查无渗漏为合格。

4）各类耐压塑料管的强度试验压力（冷水）应为1.5倍工作压力，且不应小于0.9MPa；严密性试验压力应为1.15倍的设计工作压力。

5）凝结水系统宜采用通水试验，应以不渗漏、排水畅通为合格。

空调水系统水压试验的步骤如下：

(1) 试验管路连接　将试压管路与试压泵进行连接。

(2) 灌水前的检查　检查试压系统中的管道、设备、阀件、固定支架等是否按照施工图纸和设计变更内容全部施工完毕，并符合有关规范要求。对于不能参与试验的系统、设备、仪表及管道附件是否已采取安全可靠的隔离措施。

(3) 水压试验　具体试验步骤如下：

1）打开水压试验管路中的阀门，开始向系统注水。

2）开启系统上各高处的排气阀，使管道内的空气排尽。待灌满水后，关闭排气阀和进水阀，停止向系统注水。

3）打开连接加压泵的阀门，用电动或手动试压泵通过管路向系统加压，同时拧开压力表上的旋塞阀，观察压力表升高情况，一般分2~3次升到试验压力。在此过程中，每加压至一定数值时，应停下来对管道进行全面检查，无异常现象方可继续加压。

4）系统试压达到合格验收标准后，放掉管道内的全部存水，填写试验记录。

(4) 管道冲洗

1）管道冲洗前，对不允许参加冲洗的系统、设备、仪表及管道附件应采取安全可靠的隔离措施。

2）冲洗试验应以水为介质，温度应在5~40℃之间。

3）检查管道系统各环路阀门，启闭应灵活、可靠，临时供水装置运转应正常，冲洗流速不低于管道介质工作流速，冲洗水排出时有排放条件。

4）首先冲洗系统最低处干管，后冲洗水平干管、立管、支管。在系统入口设置的控制阀前接上临时水源，向系统供水；关闭其他立、支管控制阀门，只开启干管末端最低处冲洗阀门至排水管道；向系统加压，由专人观察出水口水质、水量情况。

5）冲洗出水口处管径宜比被冲洗管道的管径小1号。

6）冲洗出水口流速，如设计无要求，不应小于1.5m/s，不宜大于2m/s。

7）最低处主干管冲洗合格后，应按顺序冲洗其他各干管、立管、支管，直至全系统管道冲洗完毕为止。

8）冲洗合格后，如实填写记录，然后将拆下的仪表等复位。

7. 系统管道的其他处理

(1) 管道的防腐

管道的防腐

1）管道防腐施工前应具备的施工条件：选用的防腐涂料应符合设计要求；配制及涂刷方法已明确，施工方案已批准；采用的技术标准和质量控制措施文件齐全；管道与设备面层涂料与底层涂料的品种宜相同，当不同时，应确认其亲溶性，合格后再施工；防腐施工的环境温度宜在5℃以上，相对湿度宜在85%以下。

2）管道防腐施工：防腐施工前应对金属表面进行除锈、清洁处理，可选用人工除锈或喷砂除锈的方法，喷砂除锈宜在具备除灰降尘条件的车间进行。管道的油污宜采用碱性溶剂清除，清洗后擦净晾干。涂刷防腐涂料时，应控制涂刷厚度，保持均匀，不应有堆积、漏涂、皱纹、气泡、掺杂及混色等缺陷。多道涂层的数量应满足设计要求，不应加厚涂层或减少涂刷的次数。

（2）管道绝热层施工　水系统管道绝热层施工应在水压试验合格，钢制管道防腐施工完成后进行。水系统管道的绝热层、防潮层和保护层应采用不燃或难燃材料，材质、密度、规格与厚度应符合设计要求。

1）绝热材料粘接时，固定宜一次完成，并应按胶粘剂的种类，保持相应的稳定时间。

2）绝热层应满铺，表面应平整，不应有裂缝、空隙等缺陷。当采用卷材或板材时，允许偏差为5mm；当采用涂抹或其他方式时，允许偏差为10mm。

3）管道采用玻璃棉或岩棉管壳保温时，管壳规格与管道外径应相匹配，管壳的纵向接缝应错开，管壳应采用金属丝、黏结带等捆扎，间距应为300~350mm，且每节至少应捆扎两道。

4）绝热涂抹材料作绝热层时，应分层涂抹，厚度应均匀，不得有气泡和漏涂等缺陷，表面固化层应光滑牢固，不应有缝隙。

5）空调冷热水管道穿楼板或穿墙处的绝热层应连续不间断。

（3）管道防潮层施工　在冷冻水管道的隔热层紧贴冷表面降温后，隔热层中空气的体积缩小，空气中水蒸气的分压力随温度降低而降低，在隔热层内外产生水蒸气分压力的差值。保冷隔热与保温的区别就在于保冷结构中有一层优良、耐用的防潮层。管道防潮层施工应符合下列规定：

1）防潮层应紧密粘贴在绝热层上，封闭良好，不得有虚贴、气泡、褶皱、裂缝等缺陷。

2）立管的防潮层应由管道的低端向高端敷设，环向搭接的缝口应朝向低端；水平管道纵向的搭接缝应位于管道的侧面，并顺水流方向设置。

3）带有防潮层绝热材料的拼接缝应采用粘胶带封严，缝两侧粘胶带黏结的宽度不应小于20mm。胶带应牢固地粘贴在防潮层面上，不得有胀裂和脱落。

4）卷材防潮层采用螺旋形缠绕的方式施工时，卷材的搭接宽度宜为30~50mm。

（4）管道保护层施工　保护层主要是用来保护隔热层和防潮层免受机械损伤，常用的保护材料是金属保护壳和玻璃纤维布。在施工过程中，应认真遵照设计要求进行，并且要精心施工，使外形美观。

1）采用金属保护壳施工时，金属保护壳板材的连接应牢固严密、外表应整齐平整。圆形保护壳应贴紧绝热层，不得有脱壳、褶皱、强行接口，保护壳端头应封闭。接口搭接应顺水流方向设置，并应有凸筋加强，搭接尺寸应为20~25mm。采用自攻螺钉坚固时，螺钉间距应匀称，且不得刺破防潮层。户外金属保护壳的纵、横向接缝应顺水流方向设置，纵向接缝应在侧面。保护壳与外墙面或屋顶的交接处应设泛水，且不应渗漏。立管的金属保护壳应自下而上进行施工，环向搭接缝应朝下。水平管道的金属保护壳应从管道低处向高处进行施工，环向搭接缝口应朝向低端，纵向搭接缝应位于管道的侧下方。

2）采用玻璃纤维布缠裹时，端头应采用卡子卡牢或用胶粘剂粘牢。立管应自下而上，水平管道应从最低点向最高点进行缠裹。玻璃纤维布缠裹应严密，搭接宽度应均匀，宜为1/2布宽或30~50mm，表面应平整，无松脱、翻边、皱褶或鼓包。

（5）管件及管道附件的绝热处理

1）水管道弯头、三通处绝热处理要将材料根据管径割成45°斜角，对拼成90°；或将绝热材料按虾米弯头下料对拼。

2）三通处的绝热一般先做主干管后做支管。主干管和开口处的间隙要用碎绝热材料塞严并密封。

3）阀门、法兰、管道端部等部位的绝热一般采用可拆卸式结构，以便维修和更换，且不影响其操作功能。

（6）交叉管道的绝热处理 两根管道均需做绝热处理但距离又不够时，应先保低温管道，后保高温管道。低温管道做绝热处理时要仔细认真，尤其是和高温管道交叉的部位要用整节的管壳，纵向接缝要放在上面，管壳的纵、横向接缝要用胶带密封，不得有间隙。

高温管道和低温管道相接处的间隙用碎保温材料塞严，并用胶带密封。

（7）管道支撑（支、吊架、支座）**部位的绝热处理**

1）水平管道的支座做绝热处理时可采用现场聚氨酯发泡，对支座进行内填充、外包封，使其与空气隔绝。

2）水平管道垂直穿过楼板固定支座时，上下层楼板间的绝热管壳应不连续断开。固定支座部分采用可拆卸式绝热结构，绝热材料与支座、管道和钢套管的间隙要用碎绝热材料塞严；接缝要用胶带密封。

3）垂直管道做绝热处理时，应隔一定间距设保温支撑环，用来支撑绝热材料，以防止材料下坠。

8. BIM 管线综合

随着现代建筑使用功能的集成化，尤其是医院、商业综合体、大型公共建筑项目机电管线密集，仅对于通风空调系统，就有送风管、排风管、防排烟管道、空调冷冻水供水管、冷冻水回水管、冷却水供水管、冷却水回水管、冷凝水管、控制线路等。由于布局不合理，诸多专业管线在安装过程中相互干扰，易造成拆改和返工、数据共享困难，既影响施工进度，也影响施工质量。要解决这一问题，可采用进场初期通过全过程、全方位的 BIM 应用，来实现工程的虚拟建造协调和信息化管理，对项目施工进行全过程的指导和管理，同时为业主后期的运营维护提供可持续的高质量建筑信息化模型，从而实现可视化设计、工厂预制化、可视化模拟、现场质量管控等。为了确保建模过程与实际施工相结合，采用分区、分层、分单位、分构件的方式进行建模，并对各专业模型进行整合碰撞，检查并解决原设计图纸的错误与缺陷，避免施工过程中的返工。

（1）BIM 管线综合总体原则

1）大管优先。小管道造价低、易安装；而大截面、大直径的管道，如空调通风管道、排水管道、排烟管道等，占据的空间较大，在平面图中应先作布置。

2）有压让无压。无压管道，如生活污水管、废水管、雨水管、冷凝水管，都是靠重力排水，因此，水平管段必须保持一定的坡度，以便顺利排水。在有压管道与无压管道交叉时，有压管道应避让无压管道。

3）金属管避让非金属管。金属管较容易弯曲、切割和连接，所以金属管与非金属管有交叉时，金属管应避让非金属管。

4）电气避热避水。水管的垂直下方不宜布置电气管线；另外，在热水管道上方也不宜布置电气管线。

5）消防水管避让冷冻水管（同管径）。这是因为冷冻水管有保温，有利于安装工艺。

6）强弱电分设。由于弱电线路（如电信、有线电视、计算机网络和其他建筑智能化线路）易受强电线路电磁场的干扰，因此，强电线路与弱电线路不应敷设在同一个电缆槽内，而且桥架间应留一定距离。

7）附件少的管道避让附件多的管道。这样有利于施工和检修，更换管件。各种管线在同一处布置时，还应尽可能做到呈直线、互相平行、不交错，还要考虑预留出安装、维修更换的操作距离，设置支吊架的空间等。

8）冷水管让热水管。这是因为热水管如果连续调整标高，易造成积气等。

9）当各专业管道不存在大面积重叠时，水管和桥架布置在上层，风管布置在下层；如果同时有重力流水管道，则风管布置在最上层，水管和桥架布置在下层，同时考虑重力流水管道出户高度，必须保证能够接入市政室外井。

10）当各专业管道存在大面积重叠时，由于并排管线较多会遮挡风口，因此由上到下各专业管线布置顺序为：不需要开设风口的通风管道、桥架、水管、需要开设风口的通风管道。

11）地下车库管线综合时最低净高要大于2200mm；如果是货运通道或其他运输通道，必须满足建筑专业图纸的要求。

12）管线过防火卷帘时，如果不能进行避让，地上部分在满足净高的前提下可以从防火卷帘门上方通过，或在其上方平行放置，并做好相关的防火封堵，保证防火门隔离防火分区的功能。

（2）BIM 机电深化设计要求

1）满足建筑使用功能要求。机电管线综合不能违背各专业系统设计意图，应在保证各系统使用功能的同时，满足建筑本身的使用功能要求与业主对建筑空间的要求。

2）保证结构安全。机电管线需要穿梁、穿越主体结构墙体时，需与结构专业提前沟通，保障结构安全。

3）合理利用空间。机电管线排布应在满足使用功能的前提下，路径合理，方便施工，且尽可能集中布置，系统主管线集中布置在公共区域（如走廊等）。

4）满足施工和维护需求。充分考虑系统调试、检测和维修的要求，合理确定各种设备、管线、阀门和开关等的位置和距离，避免软碰撞。

5）满足装饰装修要求。机电综合管线布置应充分考虑机电系统安装后能满足各区域的净空要求，无吊顶区域排布整齐、合理、美观。

（3）综合管线的排布方法

1）定位排水管（无压管）。排水管为无压管，不能上下翻转，应保持直线，满足坡度。一般应将其起点（最高点）尽量贴梁底，使其尽可能提高，沿坡度方向计算其沿程关键点的标高直至接入立管处。

2）定位风管（大管）。风管尺寸比较大，需要较大的施工空间，因此应先定位各类风管的位置。有排水管的位置，风管安装在排水管之下；没有排水管的位置，风管尽量贴梁底安装，以保证净空高度。

3）确定了无压管和大管的位置后，余下的就是各类有压水管、桥架等管道。此类管道一般可以翻转弯曲，路径布置较灵活。此外，在各类管道沿墙排列时应注意以下方面：保温管靠里，非保温管靠外；金属管道靠里，非金属管道靠外；大管靠里，小管靠外；支管少、检修少的管道靠里，支管多、检修多的管道靠外。管道并排排列时应注意管道之间的间距，同一高度上尽可能排列更多的管道，以节省层高，并保证管道之间留有检修的空间。

(4) 综合管线安装

1）装配式管线模块划分及预制技术。按照房间不同功能，将管线分解成可预制加工的模块构件，减少现场装配。工厂按照图纸加工，并将各个构件块进行编码，实现信息化管理。通过装配式支架进行模块支撑，全周期零焊接作业，节省施工成本。

2）装配式管线模块运输及吊装技术。使用全新机械组合的移动液压堆高车，将管道模块及托盘提升到移动液压升降平台上，并做垂直顶升。移动液压堆高车自重轻，抬升能力强，移动方便，可在空间狭小及楼板承重有限的位置使用。

3）装配式管井施工技术。运用BIM技术对管井内各系统管道进行综合布置，合理划分模块及支撑体系，采用模块工厂化预制加工，整体吊装，大大缩短管井施工工期。主体阶段无须进行套管预埋，并创新将管井模板集成在管线模块上，解决后期混凝土浇筑时的支、拆模难题，促进整体施工工效提高，保证管道井施工的一次成优，实现管道井的高效、精准施工。

3.2.2　水系统设备的安装

1. 风机盘管的安装

风机盘管安装

(1) 安装材料要求　所采用的风机盘管、设备应具有出厂合格证明书或质量鉴定文件。风机盘管的结构形式、安装形式、出口方向、进水位置应符合设计安装要求。设备安装所使用的主料和辅料规格、型号应符合设计规定，并具有出厂合格证。

(2) 作业条件　风机盘管和主、辅材料已运抵现场，安装所需工具已准备齐全，且有安装前检测用的场地、水源、电源。建筑结构工程施工完毕，屋顶做完防水层，室内墙面、地面抹灰完成。安装位置尺寸符合设计要求，空调系统干管安装完毕，接往风机盘管的支管预留管口位置标高应符合要求。

(3) 风机盘管安装工艺流程　风机盘管的安装应按如图3-18所示的工序进行。

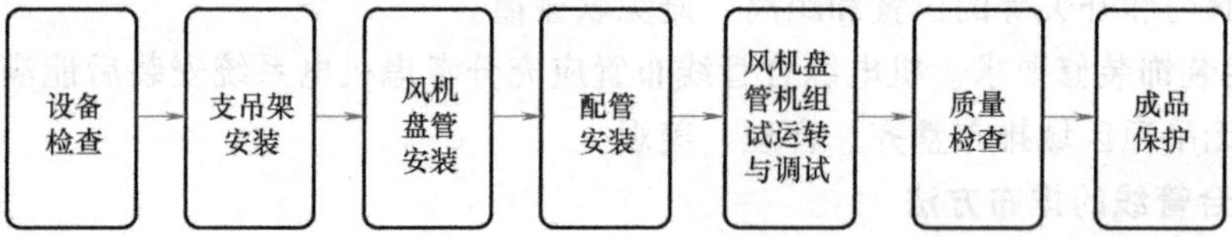

图3-18　风机盘管安装工序

1）设备检查：风机盘管的叶轮应转动灵活、方向正确，机械部分无摩擦、松脱，电动机接线无误；应通电进行三速试运转，电气部分不漏电，声音正常。风机盘管在安装前应检查每台电动机壳体及表面交换器有无损伤、锈蚀等缺陷。风机盘管应逐台进行水压试验，试验压力应为工作压力的1.5倍，定压后观察2min不渗漏为合格。

2）支吊架安装：风机盘管安装时，应设置独立的支、吊架，支、吊架应满足其承重要求。支、吊架应固定在可靠的建筑结构上，不应影响结构安全。严禁将支、吊架焊接在承重结构及屋架的钢筋上。支、吊架定位放线时，应按施工图中风机盘管的安装位置弹出支、吊架的中心线，确定支、吊架的安装位置。

卧式吊装风机盘管：吊架安装应平整牢固、位置正确；吊杆不应自由摆动，吊杆与托盘相连应用双螺母紧固找平找正，并在螺母上加 3mm 厚的橡胶垫。

3）风机盘管安装：风机盘管安装应满足下列要求：

① 风机盘管安装位置应符合设计要求，固定牢靠，且平正。

② 与进出风管连接时，均应设置柔性短管，应严密可靠。

③ 吊装盘管应坡向水盘排水口。

④ 暗装的卧式盘管在吊顶处应留有检查门，便于机组维修。

⑤ 立式风机盘管安装应牢固，位置及高度应正确。

4）配管安装：配管安装是指风机盘管与冷热媒管道之间的连接管道安装，应满足下列要求：

① 风机盘管与进、出风管连接时，均应设置柔性短管。

② 风机盘管应在管道系统冲洗排污后再连接，以防堵塞热交换器。

③ 风机盘管机组与管道的连接应采用耐压值大于或等于 1.5 倍工作压力的金属或非金属柔性接管，连接应牢固，不应有强扭和瘪管现象。

④ 冷凝水排水管的坡度应符合设计要求。当设计无要求时，管道坡度宜大于或等于 0.8%，且应坡向出水口。设备与排水管的连接应采用软接，并应保持畅通。

⑤ 冷热水管道上的阀门及过滤器应靠近风机盘管；调节阀安装位置应正确，放气阀应无堵塞现象。

⑥ 当冷冻水系统设有旁通调节阀时，可选用二通阀；当冷冻水系统无旁通阀时，应选用三通调节阀。

⑦ 水过滤器安装在风机盘管冷冻水入口处。

5）风机盘管机组试运转与调试：风机盘管安装完毕后，应进行试运转检查。

① 试运转前检查，电动机绕组对地绝缘电阻应大于 0.5MΩ，温控（三速）开关、电动阀、风机盘管线路应连接正确。

② 试运转启动时先“点动”，检查叶轮与机壳有无摩擦和异常声响。将绑有绸布条等轻软物的测杆紧贴风机盘管的出风口，调节温控器高、中、低档转速送风，目测绸布条迎风飘动角度，检查转速控制是否正常。

③ 调节温控器，检查电动阀动作是否正常，温控器内感温装置是否按温度要求正常动作。

6）质量检查：风机盘管安装必须平稳、牢固。风机盘管与进出水管的连接严禁渗漏，凝结水管的坡度必须符合排水要求，与风口和回风室的连接必须严密。

7）成品保护：风机盘管运至现场后要采取措施，妥善保管，码放整齐。应有防雨、防雪措施。风机盘管安装施工要随运随装，与其他工种交叉作业时要注意成品保护，防止碰坏。立式暗装风机盘管，安装完后要配合好土建安装防护罩。屋面喷浆前应采取防护措施，保护已安装好的设备，保证清洁。

水泵安装

2. 水泵的安装

（1）水泵安装工艺流程　水泵的安装应按如图 3-19 所示的工序进行。

(2) 水泵安装方法

1) 基础复验：施工前应对土建施工的基础进行复查验收，基础的规格和尺寸应与机组匹配。基础表面应平整，无蜂窝、裂纹、麻面。基础应坚固，强度应满足机组运行时的荷载要求。基础预留螺栓孔的位置、深度、垂直度应满足螺栓安装要求。基础预埋件应无损坏，表面光滑平整。

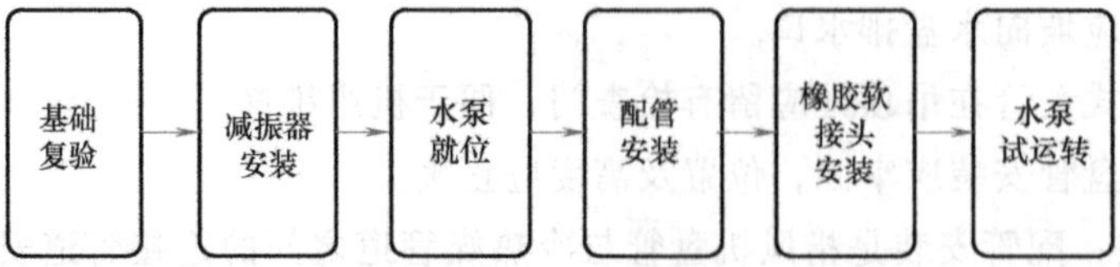

图 3-19　水泵安装工序

2) 减振器安装：水泵的减振经常采用减振垫或减振器。水泵减振装置安装应满足设计及产品技术文件的要求。水泵减振板可采用型钢制作或采用钢筋混凝土浇筑。多台水泵成排安装时应排列整齐。水泵减振装置应安装在水泵减振板下面，如图 3-20 所示。减振装置应成对放置。弹簧减振器安装时，应有限制位移措施。减振器与水泵及水泵基础的连接，应牢固平稳、接触紧密。

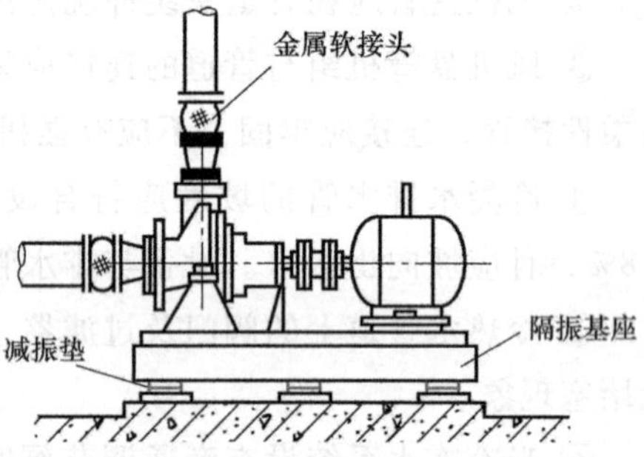

图 3-20　减振垫安装

3) 水泵就位：水泵安装就位应满足下列要求：

① 水泵安装前，进行水泵的开箱检查。

② 水泵吊装时，吊钩、索具、钢丝绳应挂在底座或泵体和电动机的吊环上，不允许挂在水泵或电动机的轴、轴承座或泵的进出口法兰上。

③ 水泵就位在基础上，装上地脚螺栓，用平垫铁和斜垫铁对水泵进行找平找正，垫铁组放置位置应正确、平稳，接触应紧密，每组不应大于 3 块，找平找正后拧上地脚螺栓的螺母。

④ 用水平仪和线坠在水泵进出口法兰和底座加工面上测量，对水泵进行精平工作，使整体安装的水泵纵向水平度偏差不应大于 0.1/1000，横向水平度偏差不应大于 0.2/1000。

⑤ 水泵与电动机采用联轴器连接时，用百分表、塞尺等在联轴器的轴向和径向进行测量和调整，使联轴器两轴心允许偏差，轴向倾斜不应大于 0.02%，径向位移不应大于 0.05mm。

4) 配管安装：水泵配管安装应符合下列要求：

① 与水泵进、出连接的管道应在不影响水泵运行和维修的位置设置独立的支吊点。

② 管道应在试压和冲洗完毕后再连水泵接口。

③ 与水泵入口相连的管路上应设置过滤器。

④ 与水泵进、出口相连管路直径均应大于水泵的入口和出口直径。使用变径管时，变径管的长度应大于变径管两端大小管径差的 5~7 倍。

⑤ 水泵入口的直管段长度应大于水泵入口直径的 2 倍，吸入口不应直接安装弯头，管路内部不应有窝气的地方。

⑥ 当离心水泵的扬程大于 20m，或有 2 台以上的水泵并联时，应该在每台水泵出口管路上设止回阀。

⑦ 有隔振要求的水泵安装时，水泵进出管上采用弹性支吊架，如图 3-21 所示。

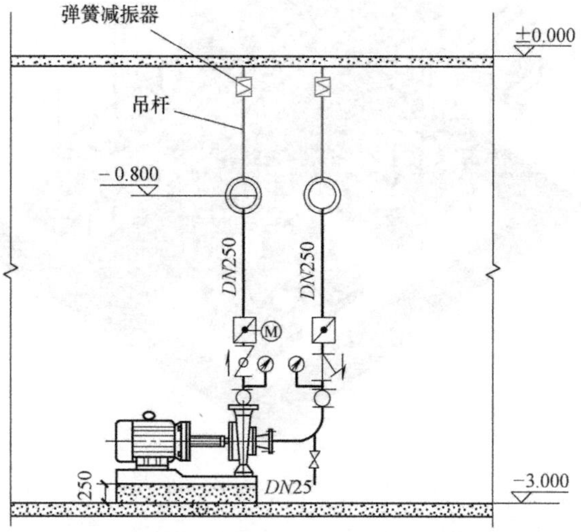

图 3-21 水泵连接管弹性支吊架

5）橡胶软接头安装：选用的橡胶接头工作压力要符合设计要求，软接头安装应符合下列要求：

① 保证和水泵进、出口同心，在安装完成后橡胶软接头不得有变形、位移等状况。

② 将泵和软接头的两法兰盘对正找平，先穿几根螺栓，将垫片插入两法兰之间，再穿余下的螺栓，把衬垫找正。

③ 按对角顺序拧紧螺栓。找平时将水平尺放在两法兰上观察气泡是否居中，并用线坠在法兰的边缘吊线检查两法兰端面的平行。

④ 软接头安装完毕后，要测量其长度；在系统运行时，随时观察软接头的变化，其变形控制在允许范围之内。

6）水泵试运转：水泵试运转前应检查水泵和附属系统的部件安装应完成，如图 3-22 所示；与需要冲洗的管道系统连接的管路已关闭；水泵螺栓连接部位紧固；叶轮转动轻便灵活、正常，没有卡碰等异常情况；轴承已加润滑油脂，所用的润滑油脂符合设备技术文件的规定；水泵与附属管路系统阀门处于启闭状态，经检查和调整后应符合设计要求；水泵运转前应将入口阀门全开、出口阀门全闭，将水泵启动后，再将出口阀门打开。试运转要求如下：

① 水泵初次启动应采用“点动”方式，检查叶轮与泵壳有无摩擦和其他不正常的声音，并检查水泵的旋转方向是否正确。

② 水泵启动时应用钳形电流表测量电动机的启动电流，待水泵运转正常后再测量电动机的运转电流，保证电动机的运转功率或电流不超过额定范围。

③ 水泵在运转中，其填料的温升应正常，在无特殊要求时，普通软填料允许有少量的泄漏，即为 15~60ml/h；机械密封的泄漏量不允许大于 5ml/h。

④ 水泵运转检查正常后，可进行不少于 2h 的连续运转。运转中如未发现问题，水泵单

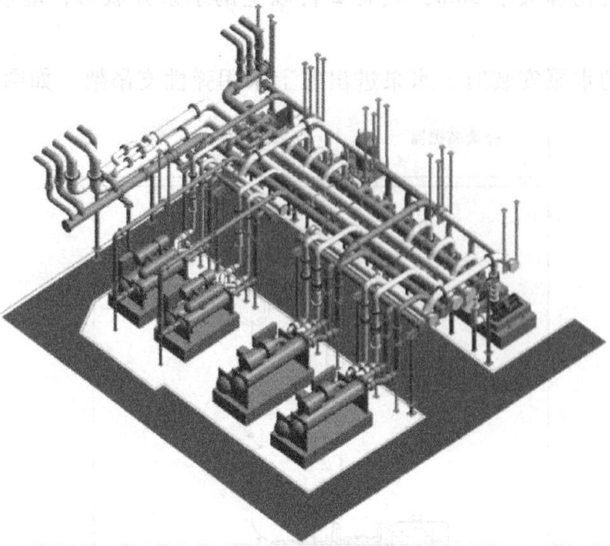

图 3-22　水泵三维安装效果图

机试运转合格，并填写试运转报告。

⑤ 试运转结束后，应将水泵出入口阀门和附属管道系统的阀门关闭，在不能连续运转的情况下，应放净泵内积存的水，防止锈蚀和冬季冻裂。

3. 冷却塔的安装

冷却塔安装应按如图 3-23 所示工序进行。

冷却塔安装

(1) 基础复验　混凝土基础应按设计要求浇筑完成，其强度达到承重安装要求；基础预埋钢板或地脚螺栓埋设应与冷却塔支柱生根点一致。基础复验应填写交接检查记录和设备基础复核记录。混凝土基础表面平整，各支柱支脚基础标高应位于同一水平面标高上，高度允许误差为±20mm。基础应符合下列规定：

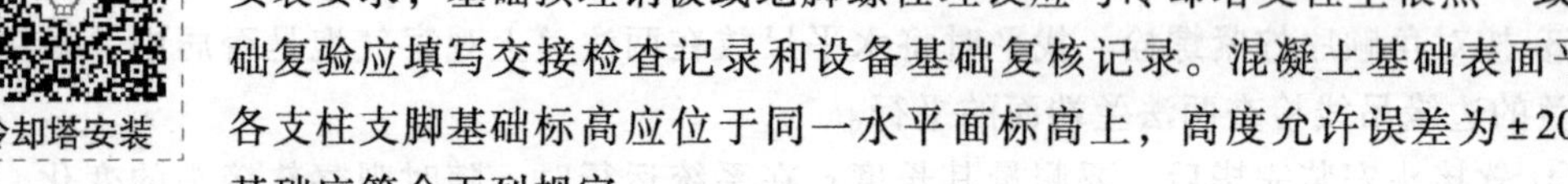

图 3-23　冷却塔安装工序

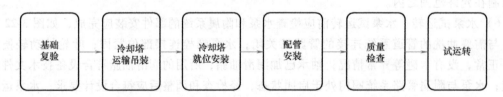

1）型钢或混凝土基础的规格和尺寸应与机组匹配。

2）基础表面应平整，无蜂窝、裂纹、麻面和露筋。

3）基础应牢固，强度经测试满足冷却塔运行时的荷载要求。

4）混凝土基础预留螺栓孔的位置、深度、垂直度应满足螺栓安装要求；基础预埋件无损坏，表面光滑平整。

5）基础四周应有排水设施。

6）基础位置应满足操作及检修的空间要求。

（2）冷却塔运输吊装　冷却塔通常安装在建筑物屋面上，运输吊装采用吊车作业，应注意施工安全，并满足下列要求：

1）应核实设备与运输通道的尺寸，保证设备运输通道畅通。

2）应复核设备重量与运输通道的结构承载能力，确保结构梁、柱、板的承载安全。

3）设备运输应采取防振、防滑、防倾斜等安全保护措施。

4）采用的吊具应能承受吊装设备的整个重量，吊索与设备接触部位应垫软质材料。

5）设备应捆扎稳固，主要受力点应高于设备重心；具有公共底座设备的吊装，其受力点不应使设备底座产生扭曲和变形。

（3）冷却塔就位安装　就位安装应保持塔身的垂直度和水平度，如图3-24所示。

图3-24　冷却塔安装

1）冷却塔部件与基座的连接应采用镀锌或不锈钢螺栓，塔体立柱与基础预埋件和地脚螺栓连接时，应找平找正，连接稳定牢固。

2）冷却塔的安装位置应符合设计要求，进风侧距建筑物应大于1m。

3）冷却塔的填料安装应码放平整、疏密适中、间距均匀，四周与冷却塔内壁紧贴，块体之间无空隙。

4）单台冷却塔安装水平度和垂直度允许偏差均为2/1000。同一冷却水系统的多台冷却塔安装时，各台冷却塔的水面高度一致，高度差不应大于30mm。当采用共用集管并联运行时，冷却塔集水盘（槽）之间的连通管应符合设计要求。

5）冷却塔集水盘应无渗漏，进出水口的方向和位置应正确。静止分水器的布水应均匀；转动布水器喷水出口方向应一致，转动应灵活，水量应符合设计或产品技术文件的要求。

6）风机叶片端部与塔体四周的径向间隙应均匀，对于可调整角度的叶片，角度应一致。

7）有水冻结危险的地区，冬季使用的冷却塔及管道应采取防冻与保温措施。

（4）配管安装

1）与冷却塔连接的管路上应按设计及产品技术文件的要求安装过滤器、阀门、部件、仪表等，位置应正确，排列应规整。

2）设备与管道连接应在管道冲洗合格后进行。

3）管道应设置独立支、吊架。

4）压力表距阀门位置不宜小于200mm。

（5）质量检查　冷却塔应全数检查，检查方法可用尺量、观察、积水盘做充水试验或查阅试验记录。

（6）试运转

1）准备工作。

① 清扫冷却塔内的杂物，并用清水冲洗填料中的灰尘和杂物。

② 冷却塔和冷却水管路系统用水冲洗干净，在冲洗过程中不能将水通入冷凝器中，应采用临时的短路措施，待管路冲洗干净后，冷凝器再与管路连接。

③ 检查自动补水阀应处于动作灵敏准确状态。

④ 对于横流式冷却塔配水池的水位以及逆流式冷却塔旋转布水器的转速等，应调整到进塔水量适当，使喷水量和吸水量达到平衡状态。

⑤ 确定风机的电动机绝缘状况及风机的旋转方向，电动机的控制系统动作应正确。

2）冷却塔试运转：冷却塔试运转时，应检查风机的运转状态和冷却水循环系统的工作状态，并记录运转中的情况及有关数据。如无异常，连接运转时间不少于2h为合格。

① 检查布水器的旋转速度和布水器的喷水量是否均匀，如发现布水器运转不正常，应暂停运转，待故障排除后再进行运转。

② 检查喷水量和吸水量是否平衡以及补给水和集水池的水位状况等，应达到冷却水不漏。

③ 测定风机的电动机启动电流和运转电流，并控制运转电流在额定电流范围内。

④ 测定风机轴承温度。

⑤ 检查喷水有无偏流状态。

⑥ 测定冷却塔出入口冷却水的温度。

⑦ 检查冷却塔正常运转后的飘水情况。

试运转工作结束后，应清洗集水池。冷却塔试运转后长期不用时，应将循环管路及集水池的水全部放出，防止冻坏设备。

知识梳理与总结

核心知识	内容梳理
空气-水空调系统组成	冷(热)水机组、冷热水与冷凝水系统、冷却水系统、空气处理设备、新风系统
空气-水空调系统的特征	冷(热)水机组(中央空调主机)、冷却水系统同全空气空调系统，也可与全空气系统共用。与全空气空调系统主要的区别在于空气处理设备主要是风机盘管和新风机组、冷热水系统复杂，风系统只有新风系统
水系统管道连接方式	螺纹连接、法兰连接、焊接、沟槽连接(卡箍连接)、卡套式连接、卡压连接、热熔连接、承插连接等
金属管道安装工艺流程	管道的检查和清洗→管材的下料切割→管道的连接→管道敷设与配件安装→系统水压试验→管道冲洗→管道及管道附件绝热

（续）

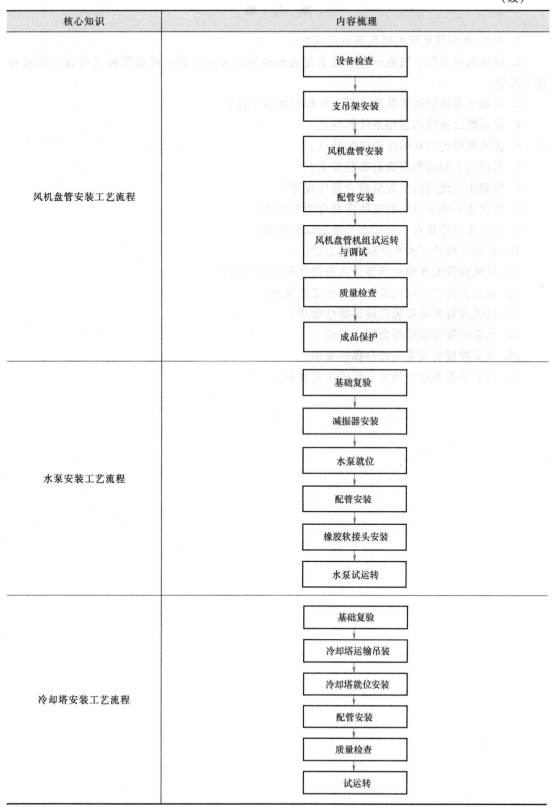

核心知识	内容梳理
风机盘管安装工艺流程	设备检查 → 支吊架安装 → 风机盘管安装 → 配管安装 → 风机盘管机组试运转与调试 → 质量检查 → 成品保护
水泵安装工艺流程	基础复验 → 减振器安装 → 水泵就位 → 配管安装 → 橡胶软接头安装 → 水泵试运转
冷却塔安装工艺流程	基础复验 → 冷却塔运输吊装 → 冷却塔就位安装 → 配管安装 → 质量检查 → 试运转

练　习　题

1. 空气-水空调系统由哪几部分组成?

2. 试从占用面积、气流分布、施工安装和经济性方面分析风机盘管卧式布置与立式布置的区别。

3. 空调水系统管道安装前必须做好哪些准备工作?

4. 说明螺纹连接的适用条件和特点。

5. 说明沟槽连接和热熔连接的特点。

6. 管材的下料切割应满足哪些要求?

7. 空调水系统阀门安装应符合哪些规定?

8. 空调水系统安全阀的安装应符合哪些要求?

9. 如何确定冷热水、冷却水系统的试验压力?

10. 说明空调冷冻水水压试验的方法。

11. 风机盘管安装前应具备什么条件才能开始安装?

12. 画示意图表明风机盘管安装的工艺流程。

13. 风机盘管配管安装应满足哪些要求?

14. 水泵配管安装应符合哪些要求?

15. 水泵软接头安装应符合哪些要求?

16. 画示意图表明冷却塔安装的工艺流程。

项目四

Chapter 04

多联机空调系统施工安装

教学导引

知识重点	多联机空调系统的组成 多联机空调系统新风的处理方式 多联机空调系统室内机、室外机和连接管的安装
知识难点	多联机空调系统施工图的识读 多联机室内机和室外机连接管的安装
素养要求	遵循科学规律，遵守职业道德 提升责任意识和创新意识，敢于创新、脚踏实地，科技助力，推动制造业向高端化、智能化、绿色化发展
建议学时	6

任务导引

任务1　多联机空调系统施工图的识读

【目的与要求】

通过完成多联机空调系统施工图的识读，熟悉多联机空调系统的组成，掌握多联机空调系统施工图的内容和施工图识读的方法，能全面掌握施工图中包括的施工安装内容，为工程的施工安装奠定基础。

【任务分析】

施工图的识读是施工安装前非常重要的一个环节，是进行施工准备工作的主要内容，根据多联机施工图的识图要点，按照从系统图到平面图，再到新风系统平面图的顺序进行。

【任务实施步骤】

1. 熟悉所需完成的任务。
2. 熟悉给定的多联机空调工程施工图纸。
3. 进行施工图的识读。
4. 讨论商议教师提出问题的答案。

任务2　多联机空调系统室内机的安装

【目的与要求】

通过完成室内机的安装，熟悉室内机安装的工序，掌握室内机安装的方法，掌握室内机安装的质量标准。

【任务分析】

室内机安装是多联机空调系统安装中非常重要的内容，室内机采用风管式、挂壁式等，根据平面图和详图进行安装，质量应符合验收规范的要求，安装后进行室内机安装质量检验并填写验收记录表。

【任务实施步骤】

1. 熟悉平面图和室内机安装详图。
2. 室内机安装前检查并确定安装的位置。
3. 连接通信线和电源线。
4. 安装挂板。
5. 安装排水管，并做保温处理。
6. 固定室内机。
7. 进行室内机安装的质量检验。

任务3　多联机空调系统连接管的安装

【目的与要求】

通过完成连接管的安装，熟悉连接管安装的工序，掌握连接管焊接的方法，掌握连接管吹洗、保压、检漏及保温的方法。

【任务分析】

连接管安装是多联机空调系统安装中非常重要的内容，管材采用紫铜管，根据平面图和系统图进行安装，质量应符合要求，保温管应采用合适的规格。

【任务实施步骤】

1. 熟悉平面图和系统图。
2. 检查管材，加工喇叭管。
3. 选择并安装分歧管。
4. 管道焊接。
5. 吹洗、保压，检漏。
6. 管道保温。

任务4　多联机空调系统室外机的安装

【目的与要求】

通过完成室外机的安装，熟悉室外机安装的工序，掌握室外机安装的方法，掌握室外机安装的质量标准。

【任务分析】

室外机安装是多联机空调系统安装的非常重要的内容，室外机安装质量直接影响到空调的效果。室外机通常放置在屋面，需要屋面面层施工后才能进行室外机的安装。根据平面图的位置和详图安装要求进行安装，质量应符合验收规范的要求，安装后进行室外机安装质量检验并填写验收记录表。

【任务实施步骤】

1. 熟悉平面图和室外机安装详图。
2. 室外机安装前检查，并检验室外机基础。
3. 确定室外机安装的位置，核对出风口尺寸。
4. 将室外机安装在室外机基础上，室外机四角要安装减振器。
5. 将冷媒管道与室外机连接。
6. 进行室外机安装的质量检验。

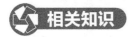

相关知识

4.1　多联机空调系统的组成与施工图识读

4.1.1　多联机空调系统的组成、特点和新风处理方式

多联机空调
系统组成

多联机中央空调俗称“一拖多”，是一台室外机通过配管连接两台或两台以上室内机，室外侧采用风冷换热形式、室内侧采用直接蒸发换热形式的一次制冷剂空调系统，如图 4-1 所示。

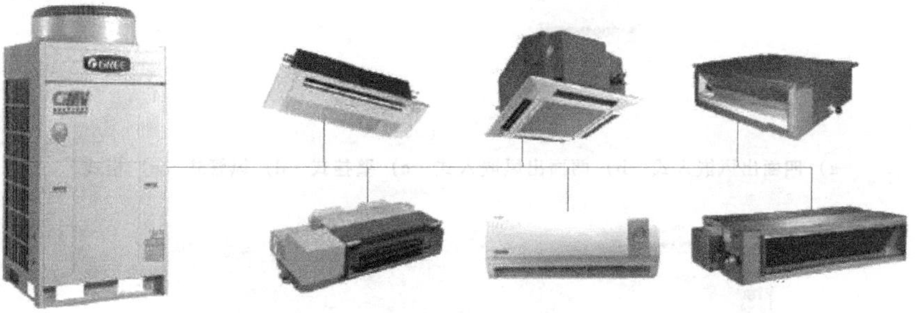

图 4-1　多联机空调系统示意图

1. 多联机空调系统的组成

多联机空调系统主要由室内机、室外机、冷媒管道、多联机分歧管、电磁膨胀阀等组成。

(1) 室内机　室内机是多联机空调系统的末端装置，是带蒸发器和循环风机的机组。常用的类型有四面出风嵌入式、两面出风嵌入式、壁挂式、风管式、柜式等，如图 4-2 所示。室内机种类繁多，应根据房间的负荷和风量以及装饰的要求合理选择室内机的类型。

(2) 室外机　室外机是多联机空调系统重要的组成部分，如图 4-3 所示。室外机压缩机容量可变，有单台变容量压缩机和两台及两台以上定容量与变容量压缩的组合等多种形式。使用功能主要有单冷型、热泵型、热回收型、蓄能型及新风机组等。

室外机主要由压缩机、冷凝器、储液罐、膨胀阀及连接的管路等组成，其中冷凝器采用

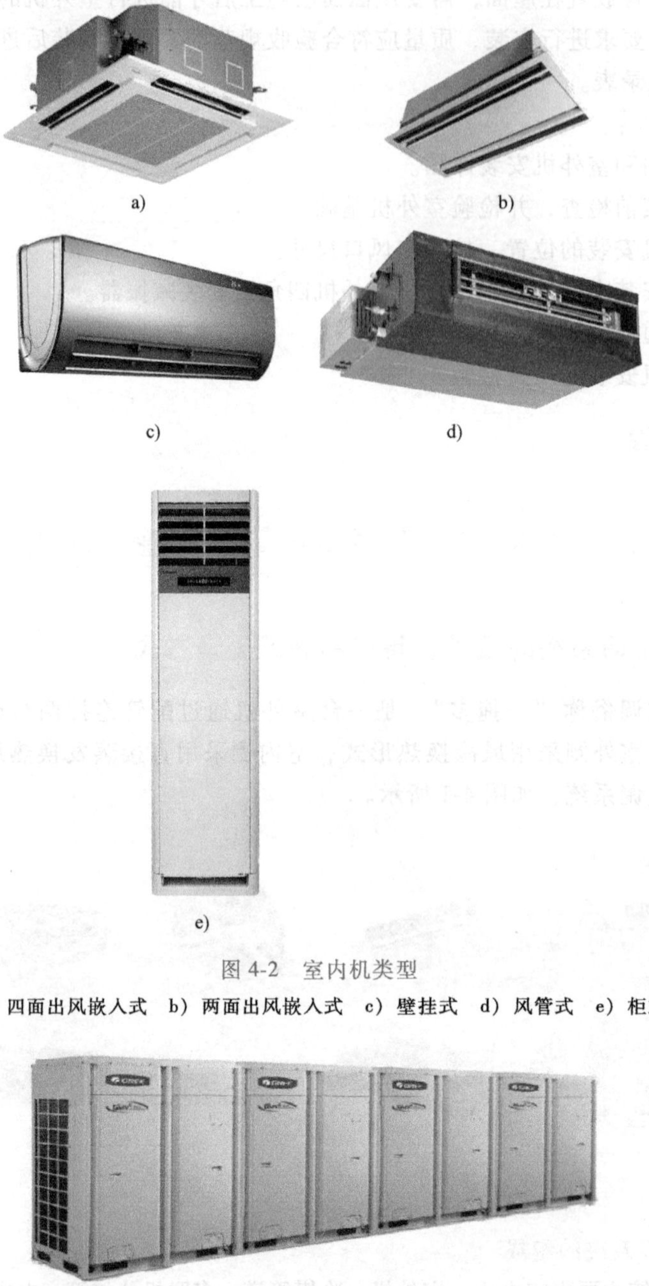

图 4-2　室内机类型

a）四面出风嵌入式　b）两面出风嵌入式　c）壁挂式　d）风管式　e）柜式

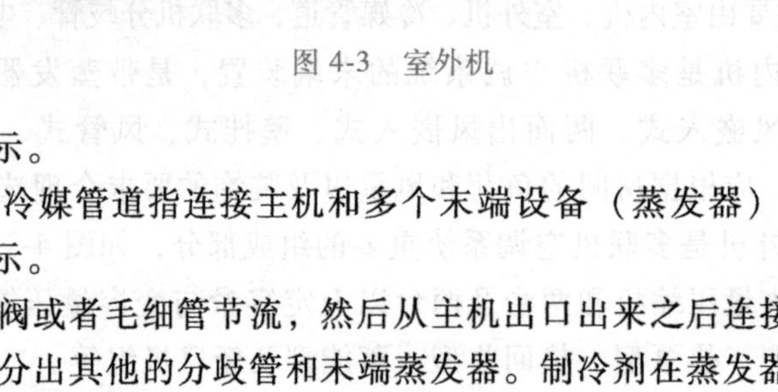

图 4-3　室外机

风冷式，如图 4-4 所示。

（3）冷媒管道　冷媒管道指连接主机和多个末端设备（蒸发器）的连接管，分为气管和液管，如图 4-5 所示。

制冷剂经过膨胀阀或者毛细管节流，然后从主机出口出来之后连接分支器的液管。制冷剂经过液管分流可以分出其他的分歧管和末端蒸发器。制冷剂在蒸发器中经吸热变成气体之后经过气管流回主机的压缩机。

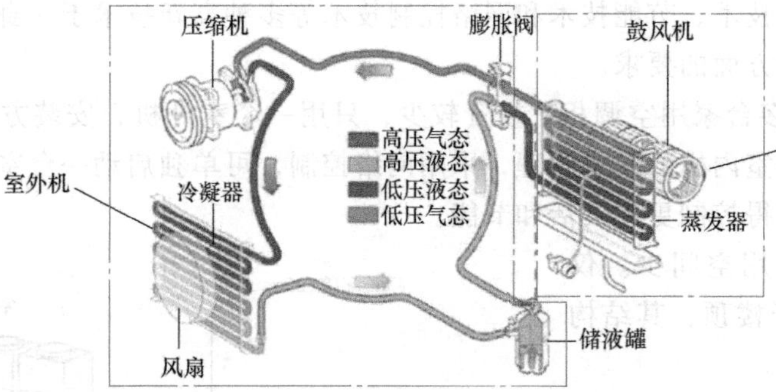

图 4-4　空调系统原理图

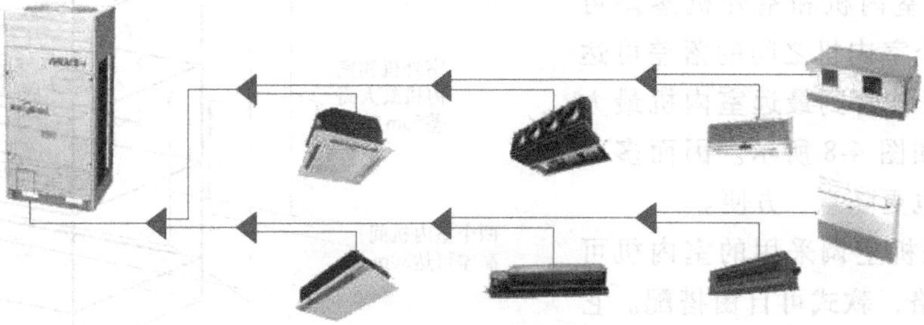

图 4-5　冷媒管道示意图

（4）多联机分歧管　多联机分歧管也叫空调分歧器或分支管，是用于多联机空调系统的特殊部件，如图 4-6 所示。空调分歧管就相当于水管的分叉头，用来分流冷媒。分歧管的选型是根据每个分歧管后所连接的室内机的容量来确定的。

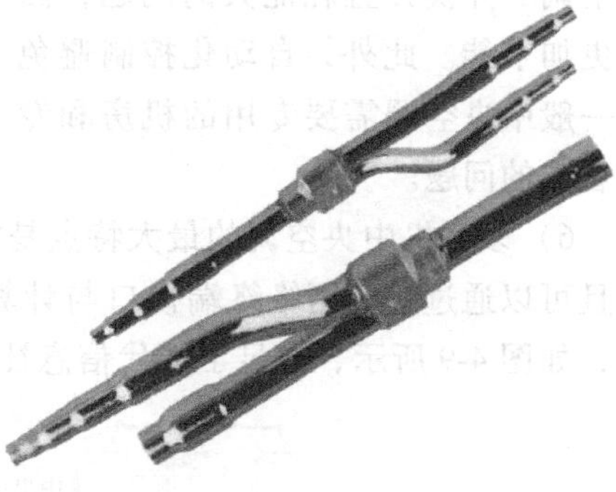

图 4-6　多联机分歧管

（5）电磁膨胀阀　电磁膨胀阀是通过电磁感应控制阀体的开度，达到控制不同多联室内机的冷媒流量，从而实现对应不同室内机制冷剂流量的效果，如图 4-7 所示。

图 4-7　电磁膨胀阀

2. 多联机的特点

1）多联机空调与传统空调相比，具有显著的优点。运用全新理念，集一拖多技术、智能控制技术、多重健康技术、节能技术和网络控制技术等多种高新技术于一身，满足了消费者对舒适性、方便性等方面的要求。

2）多联机空调与多台家用空调相比投资较少，只用一个室外机，安装方便美观，控制灵活方便。它可实现各室内机的集中管理，采用网络控制，可单独启动一台室内机，也可同时启动多台室内机，使得控制更加灵活和节能。

3）多联机空调占用空间少。仅一台室外机，可放置于楼顶，其结构紧凑、美观、节省空间。

4）多联机空调可实现长配管、高落差。多联机空调安装可实现超长配管 125m，室内机和室外机落差可达 50m，两个室内机之间的落差可达 30m，第一分歧管到最远室内机最大长度 90m，如图 4-8 所示。因而多联机空调安装也更随意、方便。

5）多联机空调采用的室内机可选择各种规格，款式可自由搭配。它与一般中央空调相比，避免了一般中央空调一开俱开且耗能大的问题，因此更加节能。此外，自动化控制避免了一般中央空调需要专用的机房和专人看守的问题。

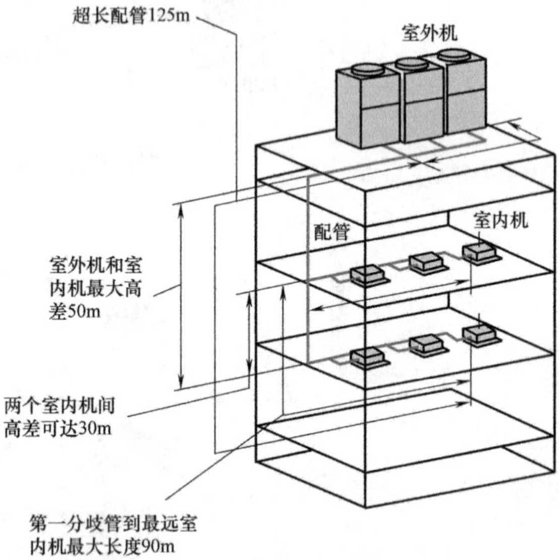

图 4-8　多联机空调配管安装要求

6）多联机中央空调的最大特点是智能网络控制，它可以一台室外机带动多台室内机，并且可以通过它的网络终端接口与计算机的网络相连，由计算机实行对空调运行的远程控制，如图 4-9 所示，满足了现代信息社会对网络家电的追求。

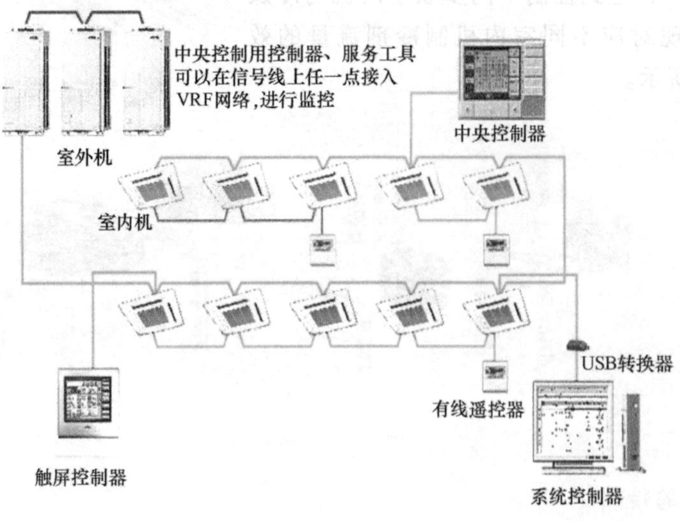

图 4-9　多联机中央空调远程控制

3. 多联机新风处理方式

空调系统中，新风量是一个很重要的技术参数，也是达到室内卫生标准的保证。目前常用的新风处理方式有以下几种。

(1) 用专用新风机　如图 4-10 所示，其室内机按新风工况设计，排管数通常为 6 排或者 8 排。

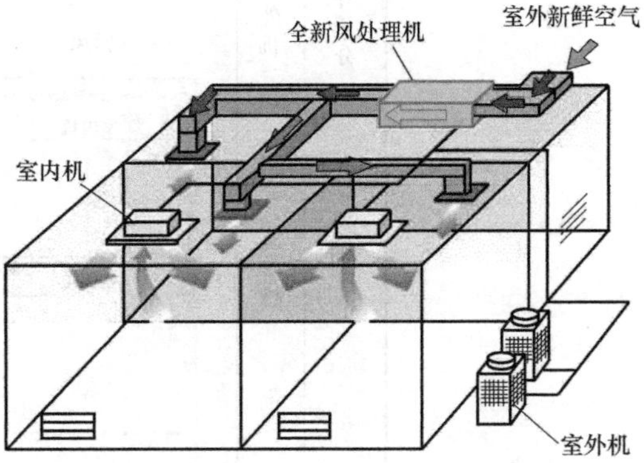

图 4-10　用专用新风机处理新风

(2) 用全热交换器　这种方式特别适合有排风要求的场合，如餐饮娱乐、会议室等。将室外新风经过全热交换器与室外排风进行热湿交换后送入室内，可以大大降低新风负荷，非常节能，如图 4-11 所示。

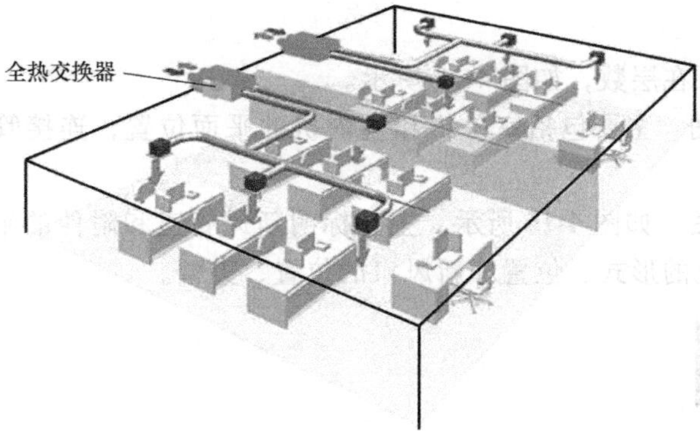

图 4-11　用全热交换器处理新风

(3) 用风机箱　用风机箱将新风送至各个室内机，新风负荷由各个室内机负担。该方式系统简单，设计时风机箱根据系统要求能够较容易选到合适的风压。过渡季节还可以作为通风换气机使用。但是未经过处理的新风直接接入室内机，与新风单独处理的系统相比，室内机型号加大，噪音也增大，如图 4-12 所示。

对于多联机中央空调系统最棘手的是新风问题，在有排风要求的场合，应优先考虑用全热交换器处理新风的方式。

4.1.2　多联机空调系统施工图的识读

1. 施工图的组成

(1) 设计施工说明　主要包括设计依据、设计内容和空调概况、室外和室内设计参数、空调系统形式、空调风管系统的布置、冷媒管的管材、消声与减振措施。施工说明包括风管的制作与安装、管道安装和保温方法及试运行要求。

(2) 主要设备材料表　应标明空调系统中主要设备名称、型号、设备性能参数和数量。

(3) 多联机空调系统原理图　原理图应画出室外机和室内机的数量、相互间的连接以

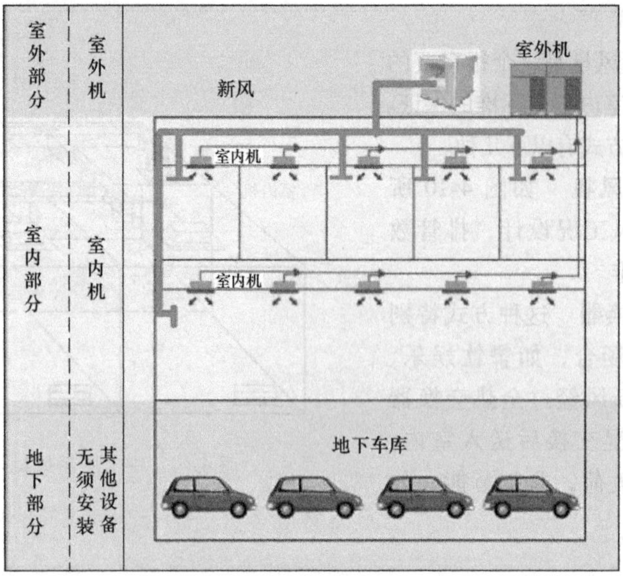

图 4-12　用风机箱处理新风

及室内机和室外机所在层数，如图 4-13 所示。

（4）冷气布置图　主要包括室外机和室内机的平面位置，连接管的走向和位置，如图 4-14 所示。

（5）新风布置图　如图 4-15 所示，主要标明新风管道和附件的平面位置，风管的规格和定位尺寸，新风机的形式、位置和新风口的位置、类型。

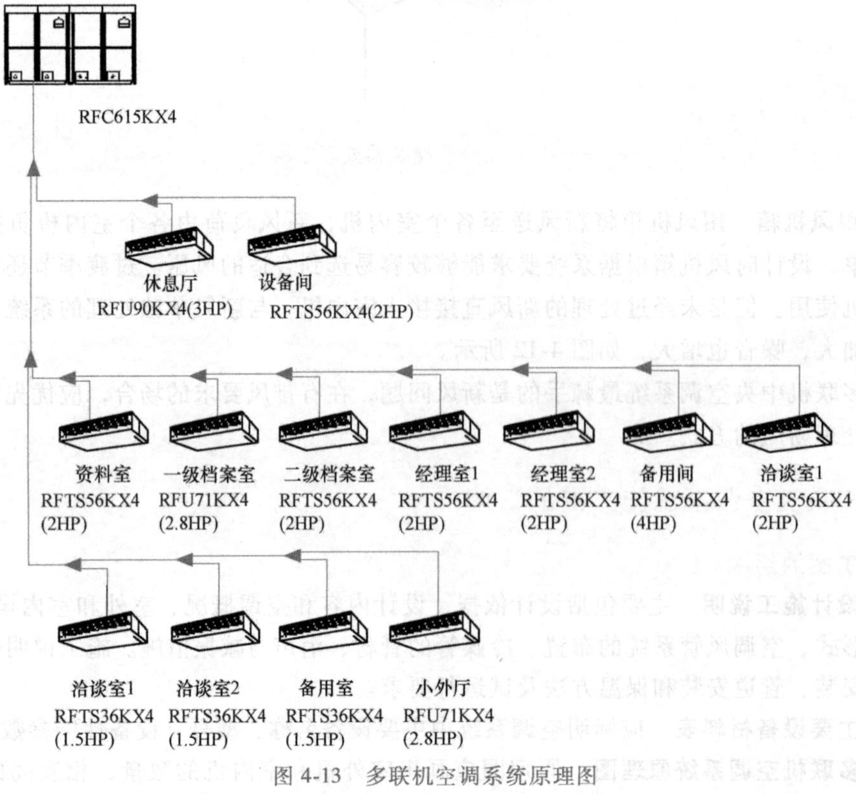

图 4-13　多联机空调系统原理图

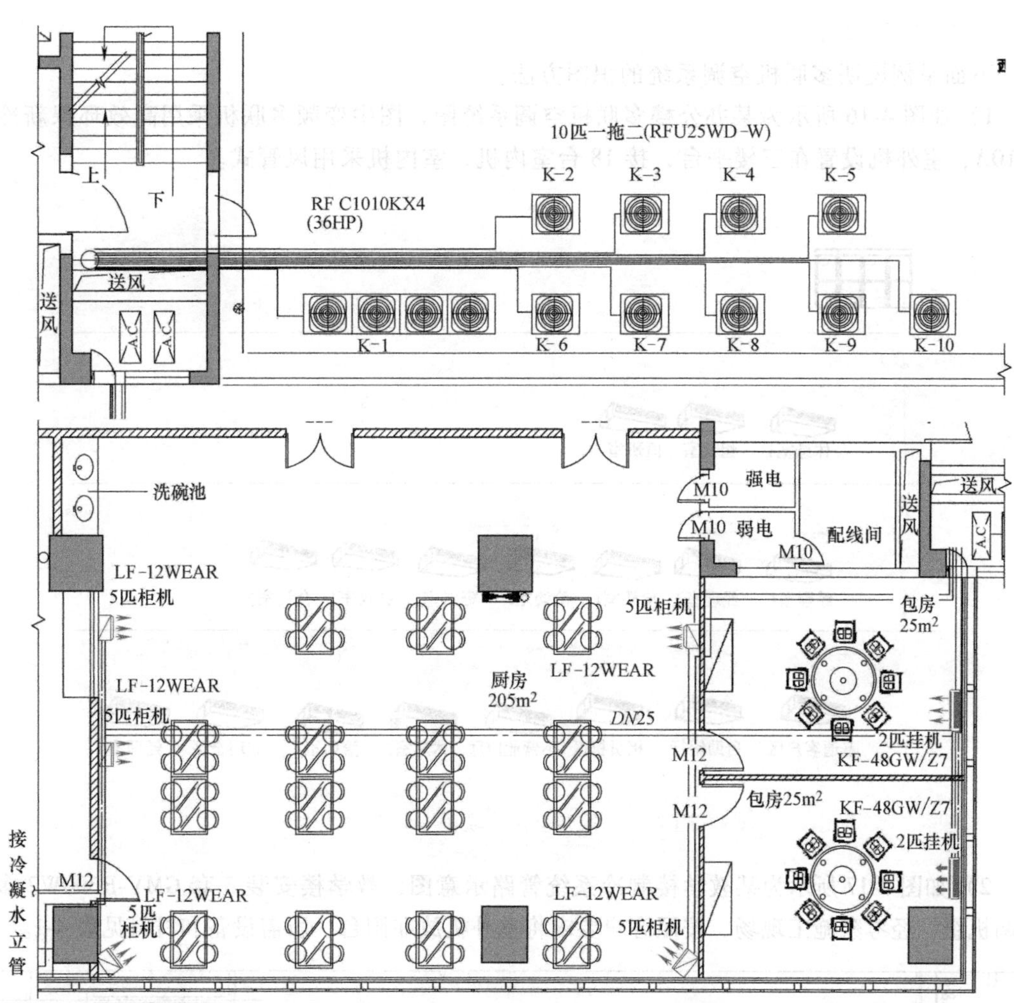

图 4-14　冷气布置图

注：1 匹 = 735. 5W。

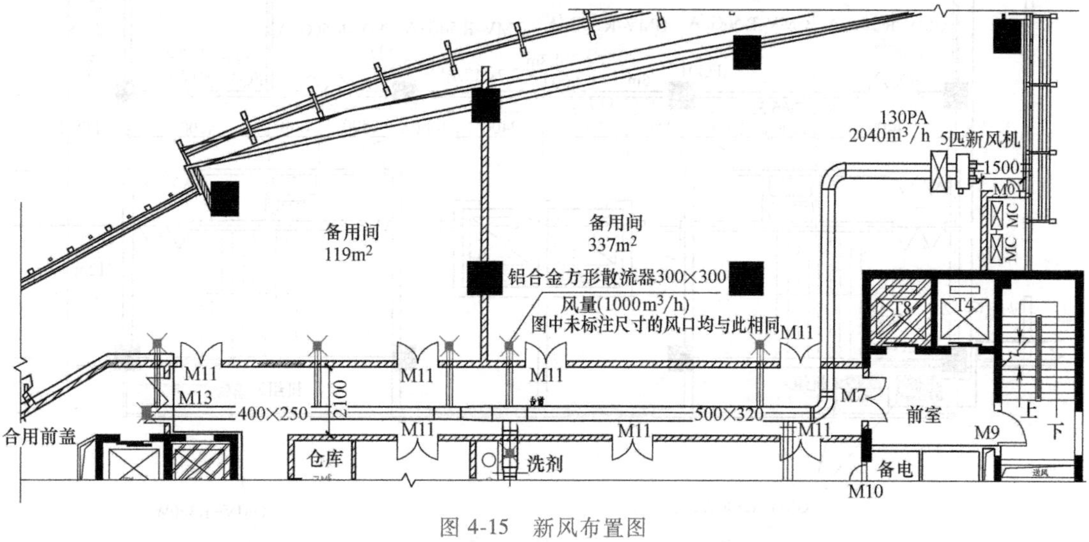

图 4-15　新风布置图

2. 施工图的识读

下面举例说明多联机空调系统的识图方法。

1）如图 4-16 所示为某办公楼多联机空调系统图，图中变频多联机采用高效环保新冷媒 R410A，室外机设置在三楼平台，接 18 台室内机，室内机采用风管式。

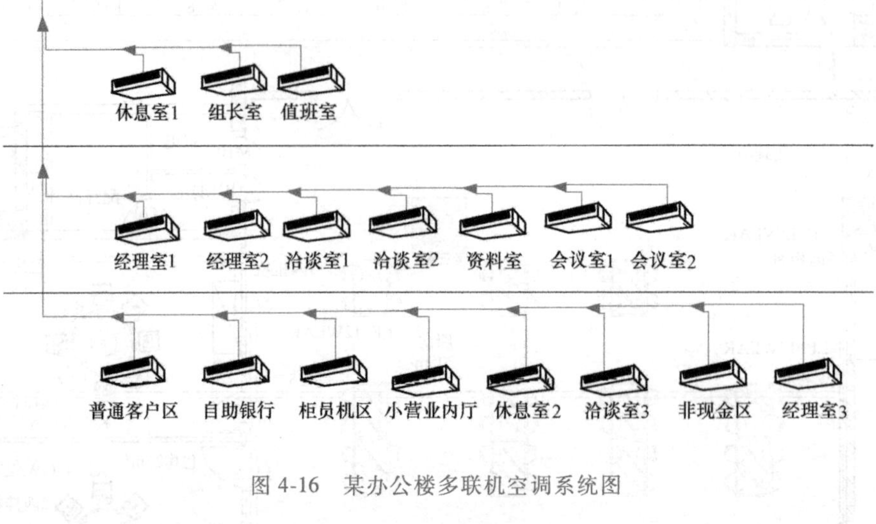

图 4-16　某办公楼多联机空调系统图

2）如图 4-17 所示为某教学楼制冷系统管路示意图，教学楼安装 3 套 GMV-R300W2 多联空调机组，经考察施工现场，按照客户要求将室外机放在阳台，所需设备和材料见表 4-1。

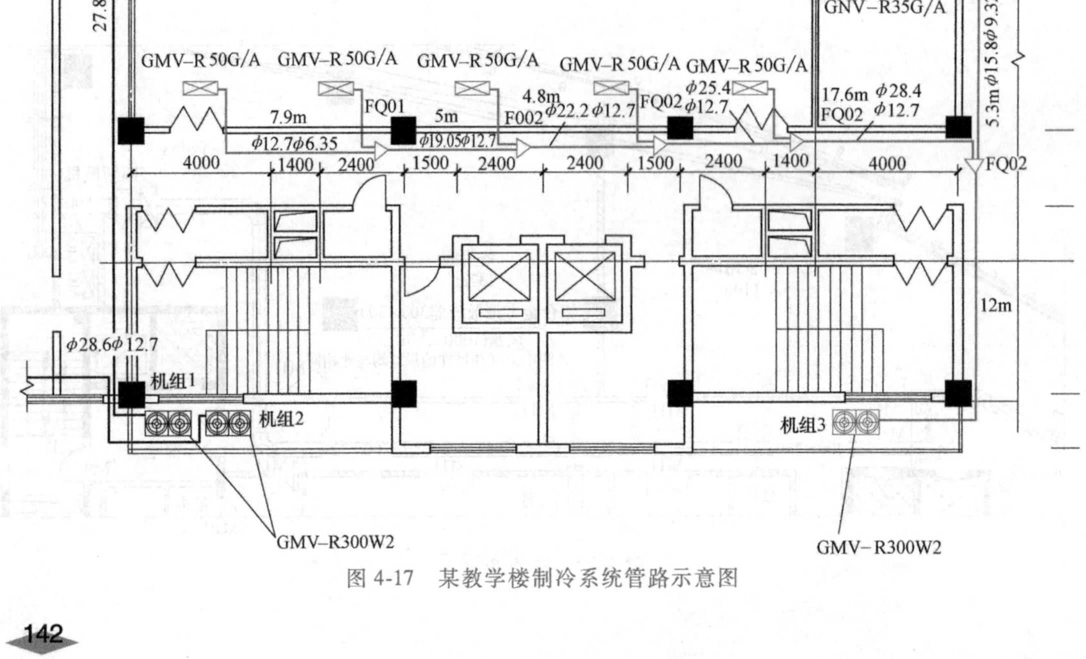

图 4-17　某教学楼制冷系统管路示意图

表 4-1　设备和材料列表

序号	设备和材料	所需数量	备注
1	GMV-R300W2	3 台	—
2	GMV-R70G/A	4 台	—
3	GMV-R70P/L	4 台	—
4	GMV-R50G/A	5 台	—
5	GMV-R35G/A	2 台	—
6	FQ01	4 套	—
7	FQ02	8 套	—
8	铜管 $\phi6$	20m	管壁厚 0.5mm
9	铜管 $\phi9.52$	25m	管壁厚 0.71mm
10	铜管 $\phi12$	130m	管壁厚 1.0mm
11	铜管 $\phi16$	30m	管壁厚 1.0mm
12	铜管 $\phi19$	10m	管壁厚 1.0mm
13	铜管 $\phi22$	20m	管壁厚 1.5mm
14	铜管 $\phi25$	20m	管壁厚 1.5mm
15	铜管 $\phi28$	60m	管壁厚 1.5mm
16	保温材料内径 $\phi6$	（福乐斯）20m	厚度 10mm
17	保温材料内径 $\phi9.52$	（福乐斯）25m	厚度 10mm
18	保温材料内径 $\phi12$	（福乐斯）130m	厚度 15mm
19	保温材料内径 $\phi16$	（福乐斯）30m	厚度 15mm
20	保温材料内径 $\phi19$	（福乐斯）10m	厚度 15mm
21	保温材料内径 $\phi22$	（福乐斯）20m	厚度 20mm
22	保温材料内径 $\phi25$	（福乐斯）20m	厚度 20mm
23	保温材料内径 $\phi28$	（福乐斯）60m	厚度 20mm
24	$\phi27$ PVC 管	15m	—
25	$\phi35$ PVC 管	20m	—
26	保温材料内径 $\phi27$	15m	厚度 20mm
27	保温材料内径 $\phi35$	20m	厚度 20mm

3）如图 4-18 所示为某教学楼电器和控制连线示意图，一台室外机对应的所有室内机必须统一供电。电源线的规格见表 4-2。

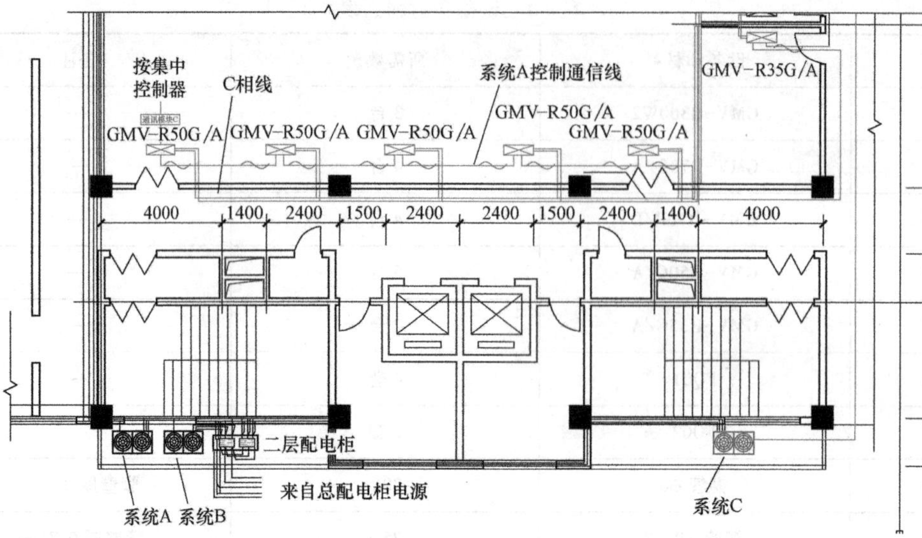

图 4-18 某教学楼电器和控制连线示意图

表 4-2 电源线规格

序号	设备和材料	所需数量	备注
1	室内机电源主线	50m	截面积 6.0mm^2，共 5 根
2	接室内机电源线	100m	截面积 1.5mm^2，共 3 根
3	空气开关	2 个	每个最大电流 50A
4	通信线		机组自配件

多联机空调系统安装的工艺流程及合格的判断依据

4.2 多联机空调系统的安装

多联机空调系统施工安装分 3 条平行线路，分别是安装室内机、安装室外机和安装连接管，具体安装的内容如图 4-19 所示。多联机空调系统各个安装步骤的说明与合格判断依据，详见表 4-3。

4.2.1 材料采购和设备检查

1. 电源线的规格

电源线规格基本上可以根据机型进行选用，选用的电源线必须满足表 4-4 和表 4-5 的要求。室内机电源连接线主线的最大电流必须满足所有室内机最大电流之和的 1.5~2 倍，必须保证供电电源的容量足够大。电源线应有一定的机械强度，电源线材质默认为铜芯，工作温度最高为 65℃。

2. 空气开关的选择

室外机空气开关允许的最大电流为室外机最大电流的 1.5~2 倍。室内机空气开关允许的最大电流为所有室内机最大电流之和的 1.5~2 倍。

3. 制冷剂连接管

工程图中标有铜管管径和长度的，按照工程图纸的说明选择合适的铜管。

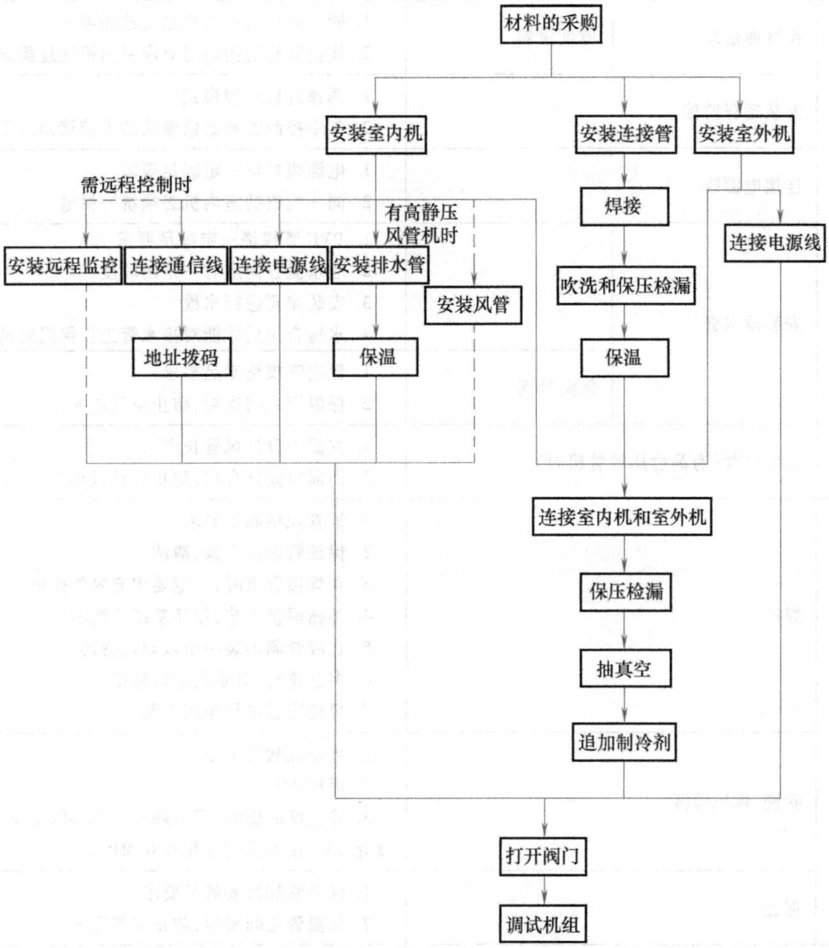

图 4-19　多联机空调系统安装流程

表 4-3　多联机空调系统各个安装步骤的说明与合格判断依据

安装步骤			说明与合格判断依据
材料采购和设备检查			1. 工程图纸已说明的材料（铜管、保温管、PVC 管、电源线、空气开关等）按说明采购 2. 工程图纸没有说明的材料按实际工程量采购（如吊架、线槽等） 3. 检查室外机、室内机、通信线和配件等是否备齐
安装室内机	连接通信线	连接	1. 电源线和通信线分开布线，且至少间隔 10cm 以上 2. 避免用力过大拉断通信线 3. 多套机组连接时请做好标识 4. 合上室内、外机电源，没有显示“通信线故障 E6”

（续）

安装步骤			说明与合格判断依据
安装室内机	连接通信线	地址拨码	1. 同一套机组室内机地址拨码唯一 2. 线控器地址拨码与对应室内机地址拨码相同
	安装远程监控		1. 选择远程监控模式 2. 集中控制器和通信模块的安装请避开干扰源
	连接电源线		1. 电源线规格一定满足要求 2. 同一机组的室内机必须统一供电
	安装排水管	安装	1. PVC 管规格一定满足要求 2. 顺水流方向应有一定的坡度 3. 安装完要进行水检 4. 水检合格后才能对排水管进行保温处理
		保温处理	1. 保温管规格满足要求 2. 保温管之间密封，防止空气进入
	安装风管（有高静压风管机时）		1. 按静压设计风管长度 2. 回风口设计合理，防止设计过小
安装连接管	焊接		1. 铜管规格满足要求 2. 保证管道内干燥、清洁 3. 在焊接管道时，一定要求充氮气保护 4. 遵循焊接工艺，保证系统不泄漏 5. 在液管侧加装一个双向过滤器 6. 多系统时，对系统进行标记 7. 焊接完后进行保压检漏
	吹洗、保压检漏		1. 将系统吹洗干净 2. 保压 24h 3. 除温度的影响，压力降在 0.02MPa 以内为合格（温度变化 1℃，压力大约变化 0.01MPa）
	保温		1. 保温管规格要满足要求 2. 保温管之间密封，防止空气进入
安装室外机			1. 正确选择安装位置 2. 根据地脚螺栓孔位和室外机尺寸确定建筑基础规格 3. 做好减振装置 4. 搬室外机防止剧烈碰撞，倾斜角度不能大于 15°
连接室内机和室外机			1. 拧紧连接螺母 2. 做好室外连接管，通信线和电源的保护工作
保压检漏			保压 24h，除温度的影响，压力降在 0.02MPa 以内为合格（温度变化 1℃，压力大约变化 0.01MPa）
抽真空			1. 汽管和液管同时抽真空 2. 抽真空时间应足够长 3. 抽完放置 1h，压力不回升为合格
追加制冷剂			按照工程图纸说明中要求的制冷剂量种类和数量，追加制冷剂
打开室外机和室内机阀门			保证阀门处于开启状态
调试机组			通电运行，检查室外机、室内机工作状况和室内的空调效果。空调房间的空气参数应达到设计的要求

表 4-4　室外机电源线截面积要求

机型	电源线(截面面积/mm^2)×根数	最大电流/A	机型	电源线(截面面积/mm^2)×根数	最大电流/A
GMV(L)-R300W2	≥6.0×5	31.5	GMV(L)-R120W	≥6.0×3	26
GMV(L)-R250W2	≥6.0×5	24	GMV(L)-R100W	≥6.0×3	26
GMV(L)-R200W2	≥4.0×5	19	GMV(L)-R280P/A	≥6.0×5	31.5
GMV(L)-R150W	≥4.0×5	12			

表 4-5　室内机电源线截面积要求

机型	电源线(截面面积/mm^2)×根数	最大电流/A	机型	电源线(截面面积/mm^2)×根数	最大电流/A
GMVL-R25P/A	≥1.0×3	0.28	GMVL-R25G/A	≥0.75×3	0.2
GMVL-R35P/A	≥1.0×3	0.4	GMVL-R35G/A	≥0.75×3	0.25
GMVL-R50P/A	≥1.0×3	0.6	GMVL-R50G/A	≥0.75×3	0.35
GMVL-R70P/A	≥1.0×3	2.0	GMVL-R70G/A	≥0.75×3	0.40
GMVL-R100P/A	≥1.0×3	3.0	GMV-R25G/A	≥1.5×3	0.2
GMVL-R120P/A	≥1.0×3	3.0	GMV-R35G/A	≥1.5×3	0.25
GMV-R25P/A	≥1.5×3	0.4	GMV-R50G/A	≥1.5×3	0.35
GMV-R35P/A	≥1.5×3	0.4	GMV-R70G/A	≥1.5×3	0.40

4. 设备检查

设备检查主要检查室内、室外机机型和数量，检查配件是否备齐。检查的目的是熟悉各个安装空间所装的机型和配件，然后进行现场勘查，确认机组有没有空间安装或预测安装过程中可能遇到的困难，提前进行准备，遇到不能安装的情况时立即向设计单位确认后更改安装方案。

4.2.2　室内机的安装

室内机和室外机的安装

1. 风管式室内机的安装

(1) 安装位置的选择　风管式室内机安装时应确保顶部挂件有足够的强度来承受机组的重量。排水管出水方便，进出风口无障碍，保持空气良好循环。室内机要确保如图 4-20 所示要求的安装距离，确保维修保养所需要的空间。远离热源、有易燃气体泄漏和有烟雾的地方。室内机、电源线、通信线距电视机、收音机至少保持 1m 的距离。

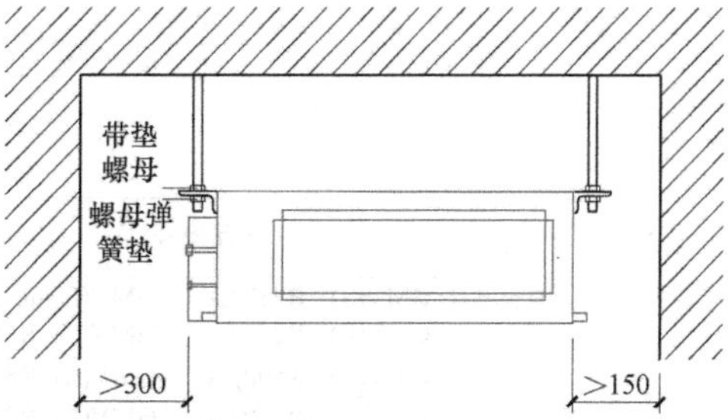

图 4-20　室内机安装位置图

为了方便接线、地址拨码和有故障时维修，风管机电器盒侧离墙壁至少大于等于 300mm。风管机送、回风口侧必须预留足够的空间安装送风管和回风管。

(2) 室内机的安装　室内机的安装应满足下列要求：

1) 最好将室内机吊钩 4 个孔位的尺寸在天花板做好标识，根据标识钻 4 个孔。将 M10

膨胀螺栓插入孔中，然后将膨胀螺栓打入要求的深度，膨胀螺栓的安装如图 4-21 所示。

2）将吊钩安装在室内机上，如图 4-22 所示。

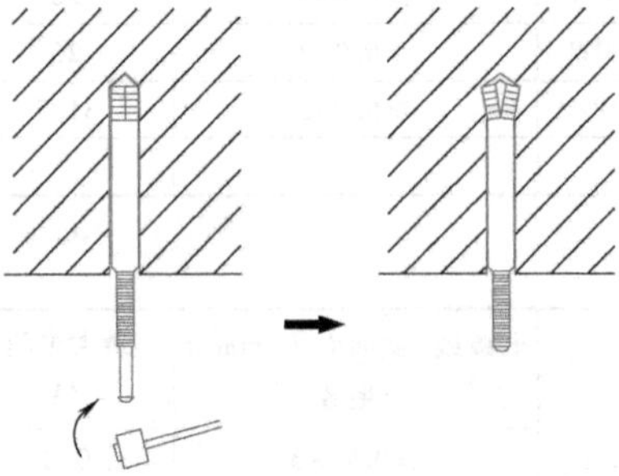

图 4-21　膨胀螺栓的安装图

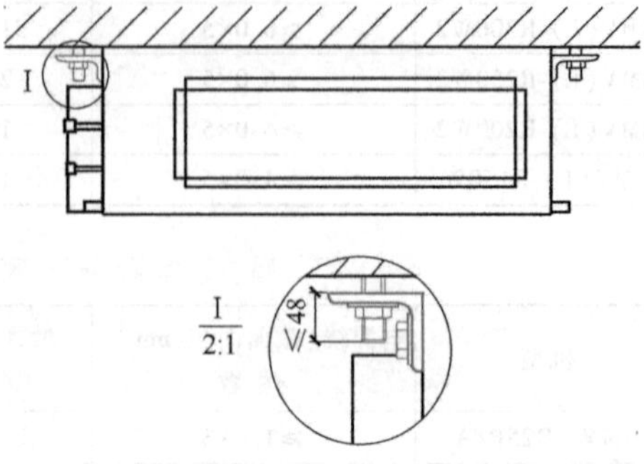

图 4-22　吊钩安装图

3）将室内机安装在天花板上，根据安装空间可将风管机顶面紧贴天花板安装，也可预留一定的空间。

（3）风管机水平检测　在室内机组安装完毕后必须进行整机的水平检测，使得机组前后左右必须呈水平放置，如图 4-23 所示。

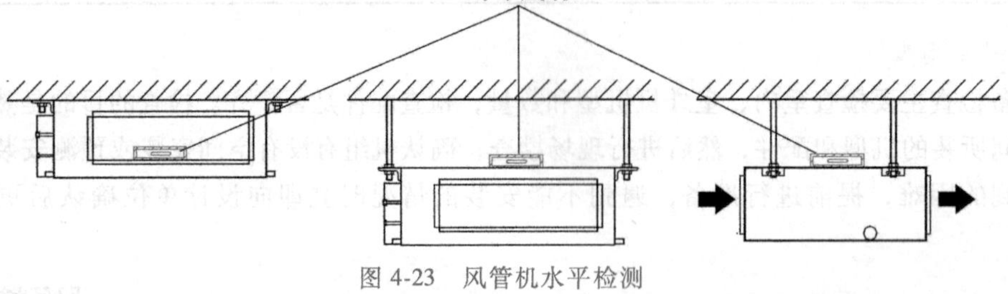

图 4-23　风管机水平检测

（4）风管的安装　送风口和回风口尺寸如图 4-24 所示，特别注意回风口尺寸，不能小于规定尺寸，否则容易引起噪音。

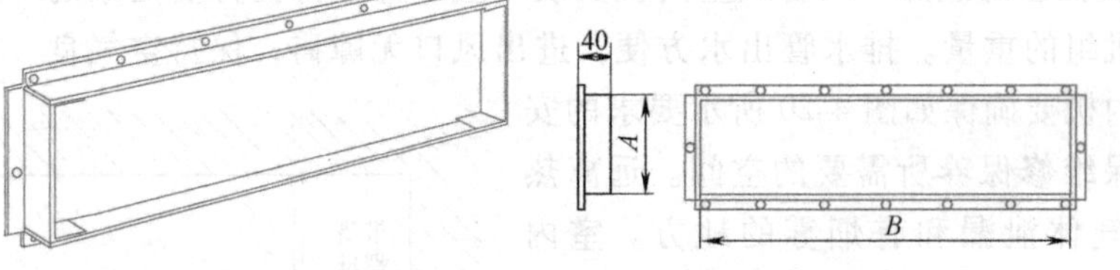

产品型号		出风口尺寸/mm		回风口尺寸/mm	
		A	B	A	B
GMV(L)-R25P/A GMV(L)-R25P/B	GMV(L)-R35P/A GMV(L)-R35P/B	172	515	172	515
GMV(L)-R50P/A	GMV(L)-R50P/B	207	738	207	738
GMV(L)-R70P/A	GMV(L)-R70P/B	207	918	250	1008
GMV(L)-R100P/A(S) GMV(L)-R100P/B(S)	GMV(L)-R120P/A GMV(L)-R120P/B	207	1155	250	1278
GMV(L)-R25P/L	GMV(L)-R35P/L	108	642		
GMV(L)-R50P/L		108	922		
GMV(L)-R70P/L		108	1242		

图 4-24　送风口和回风口尺寸

1）超薄风管式室内机的风机是外置的，可以接短的回风管，也可以不接回风管，但必须有回风口，如图 4-25 所示。

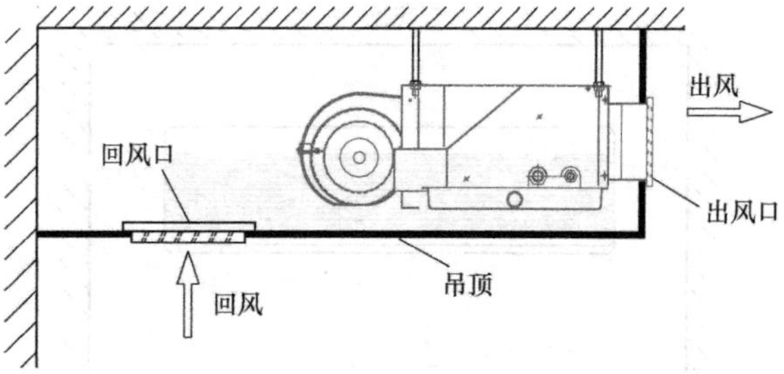

图 4-25　超薄风管式室内机

2）选用高静压风管式室内机时，必须接送风管，送风管长度和送风口个数可根据静压要求确定。但是普通静压风管式室内机和超薄风管式室内机要求不接送风管。如图 4-26 所示为后回风口的安装，根据实际安装需要也可使用下回风口，安装方法与后回风口的安装类似。

3）可根据安装和维修空间选择是下回风还是后回风方式，回风管的安装如图 4-27 所示。

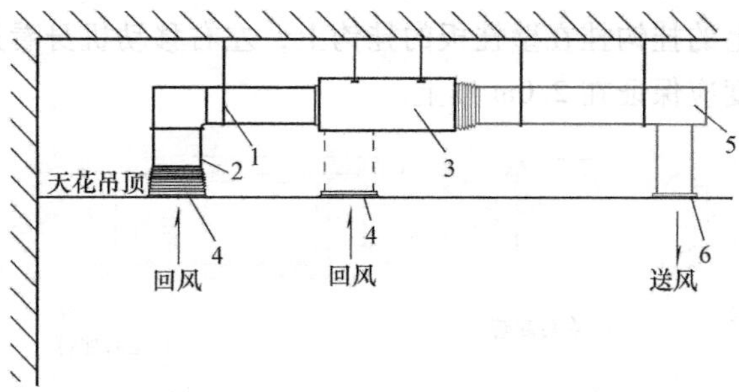

图 4-26　后回风口的安装

1—吊杆　2—回风管　3—风管式室内机　4—回风口　5—送风管　6—出风口

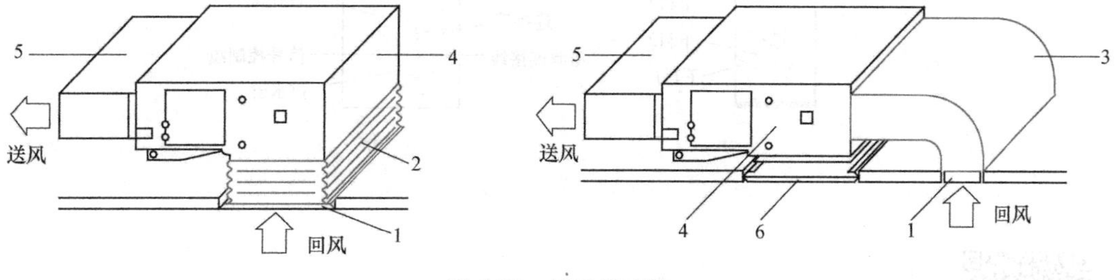

图 4-27　回风管安装

1—回风口（带滤网）　2—帆布风管　3—回风管　4—室内机　5—送风管　6—检修格栅

2. 挂壁式室内机的安装

（1）安装的空间尺寸要求　挂壁式室内机安装空间尺寸应满足如图 4-28 所示的要求。

（2）安装挂板　先用挂线方法找水平位置，由于排水管口在左侧，调整壁挂板时让左侧稍微偏低，然后将挂板用螺钉固定在墙壁上，安装后用手拉动挂板，确认是否牢靠。

（3）安装室内机　室内机安装按如下步骤进行：

1）挂壁机配管走管形式参考如图 4-29a、图 4-29b 所示，左侧或右侧走管（线）时，需将主机底座上留下的配管下料部分按需要切下来（图 4-29c）。只引出电源线时，将下料 1 切下，引出连接管与电线，将下料 1、2（或下料 1、2、3）切下。

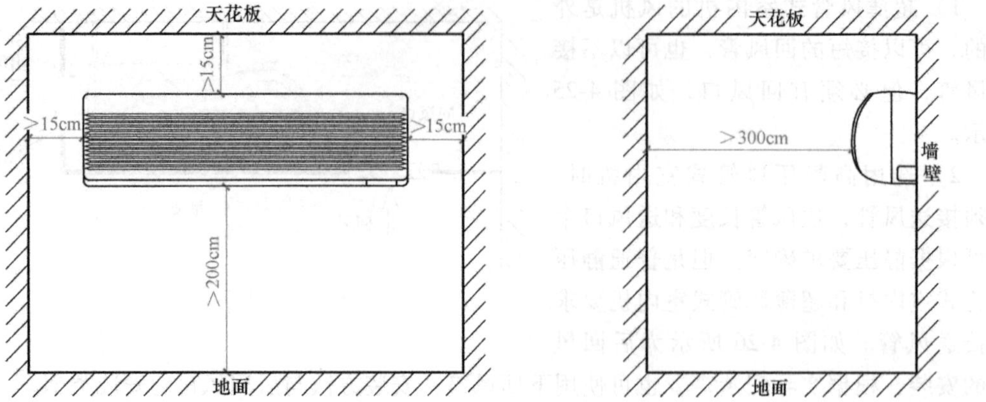

图 4-28　挂壁式室内机安装空间尺寸要求

2）将配管与电线包扎好后穿过配管孔（图 4-29d）。

3）将室内机背后上的挂钩挂在壁挂板的挂钩上，左右移动机身看是否稳固。

4）室内机安装高度应保证在 2.0m 以上。

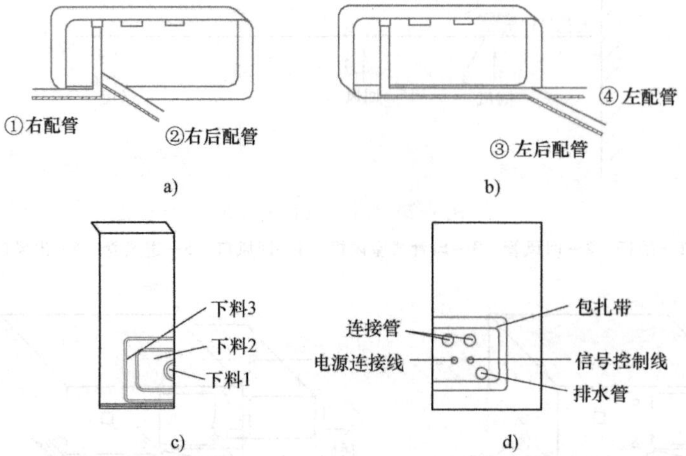

图 4-29　室内机安装

制冷管道安装

4.2.3　管道的安装

1. 管道的焊接

管道焊接工艺流程如图 4-30 所示。焊接铜管前必须进行清洁（用酒精在管内侧进行拖洗），保证铜管内无灰尘、无水分。焊接铜管时必须充氮焊接，氮气气压为 0.05~0.3MPa。安装多套多联机组时，必须对制冷剂管路进行标识，避免机组之间管路混淆。

2. 喇叭管加工

机组截止阀为螺纹连接时，与机组截止阀连接的管子需要扩喇叭口。

3. 分歧管的安装

分歧管起着制冷剂分流的作用，所以分歧管的选择和安装对于多联机组的运行是非常重要的。在正确选择分歧管的基础上，安装遵循分歧管的安装规范。

(1) 选择分歧管　Y型分歧管为变径直管，可以连接不同的管子直径，如图4-31所示。如果所选的现场用管尺寸不同于分歧管接头尺寸，则用切管器在所需的接管尺寸的中部切开，并去除毛刺。不用的分支封闭。可将管口夹扁，然后焊接密封。

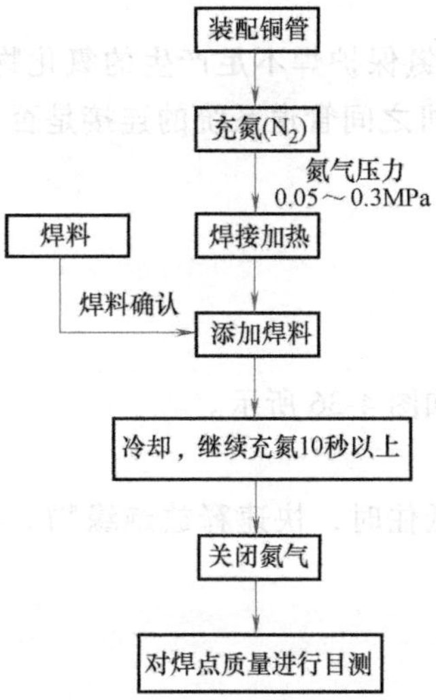

图4-30　管道焊接工艺流程

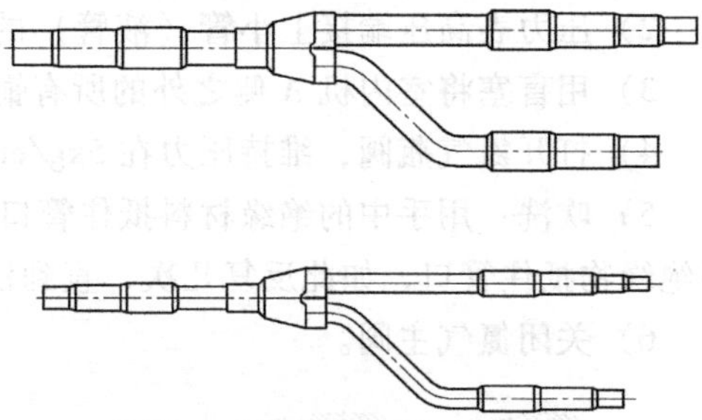

图4-31　Y型分歧管示意图

(2) 安装分歧管　要水平安装分歧管，不能在垂直方向，倾斜度在±10°以内。确定位置进行焊接。

1) Y型分歧管的安装：Y型分歧管连接示意如图4-32所示。进口接室外机或上一分支，出口接室内机或下一分支。

2) 分歧集管的安装：分歧集管连接示意如图4-33所示。进口接室外机或上一分支，出口接室内机或下一分支。

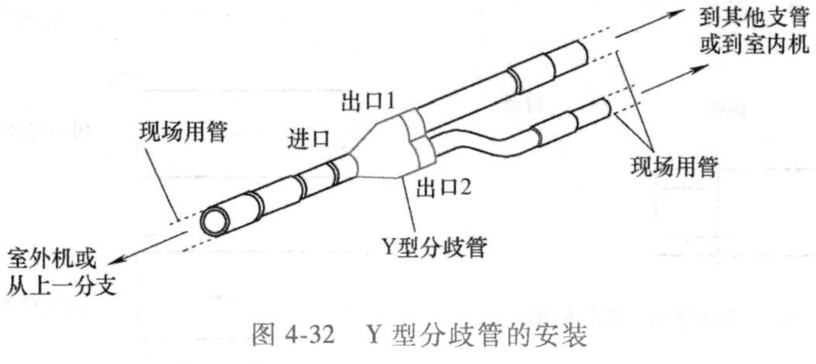

图4-32　Y型分歧管的安装

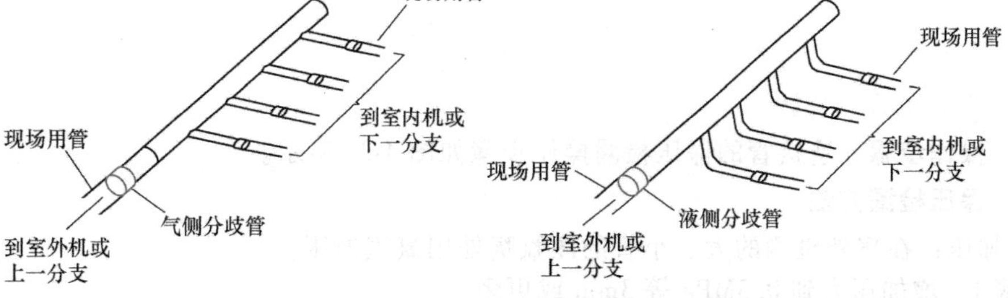

图4-33　分歧集管的安装

（3）分歧管的保温　每对分歧管均配有泡沫，用泡沫将分歧管包好，上下泡沫用不干胶密封。泡沫部分和无泡沫部分均用保温管包好。泡沫和保温管对接部分用不干胶密封。

（4）分歧管的支撑　做好保温后，将分歧管用支架支撑或排在悬臂支架上，如图 4-34 所示。

4. 吹洗

在焊接完一段管路后，必须对管路进行吹洗。

（1）吹洗目的　吹洗的主要目的是除去管内焊接时由于充氮保护焊不足产生的氧化物；除去因不当贮运而进入管内的杂质和水分；检查室内机和室外机之间管道系统的连接是否有大的泄漏。

（2）吹洗步骤

1）将压力表装在氮气瓶上，如图 4-35 所示。

2）压力表高压端接上小管（液管）的注氟嘴。

3）用盲塞将室内机 A 侧之外的所有铜管接口处堵塞好，如图 4-36 所示。

4）打开氮气瓶阀，维持压力在 5kg/cm^2。

5）吹洗：用手中的绝缘材料抵住管口，当压力大的无法抵住时，快速释放绝缘物。再用绝缘物抵住管口，如此反复几次，直到没有杂物吹出为止。

6）关闭氮气主阀。

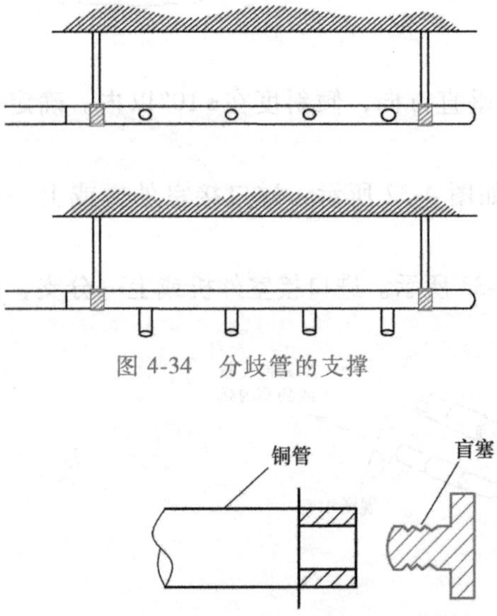

图 4-34　分歧管的支撑

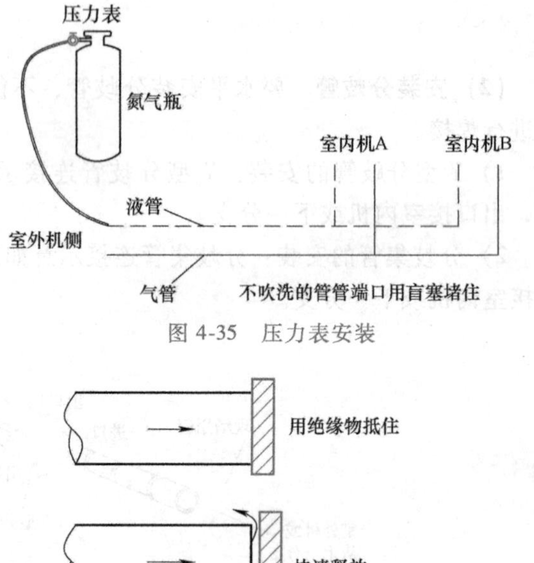

图 4-35　压力表安装

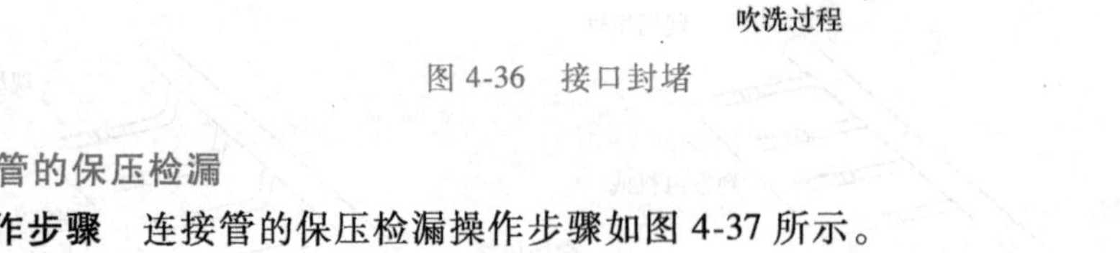

图 4-36　接口封堵

5. 连接管的保压检漏

（1）操作步骤　连接管的保压检漏操作步骤如图 4-37 所示。

（2）保压检漏方法

1）加压：在室外机侧的大、小管的注氟嘴处用氮气加压。

步骤 1：增加压力到 0.3MPa 等 3min 或更多。

步骤 2：增加压力到 1.5MPa 等 3min 或更多。

步骤 1 和 2 主要检查大漏点，发现大漏点立即重焊或补焊漏点。

步骤 3：增加压力到 2.5MPa 等大约 24h，检验微小的泄漏。

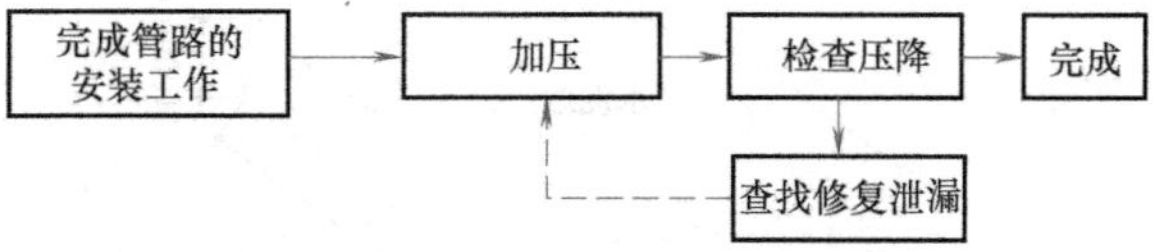

图 4-37　连接管的保压检漏操作步骤

增加压力到 2.5MPa，等待时间如果很短，也是不能保证检测到微小的泄漏，因此步骤 3 保压需 24h。

2）检查压降：检验合格的标准是除温度的影响，压力降在 0.02MPa 以内为合格（温度变化 1℃，压力大约变化 0.01MPa）。不合格时一定要查到漏点。查出漏点后重焊或补焊，然后重复以上步骤，再充氮加压保压，直到压力降在合格的范围内。

3）检测泄漏：当发现压力下降时，仔细按以下方法检漏：用耳朵检测，听主要泄漏的声音；用手检测，在连接部位用手检测是否有泄漏。如用上述方法检测不出来，释放氮气，充氟利昂为 0.5MPa 左右，用肥皂水进行检测，肥皂泡可显示泄漏的位置；使用检测器（如卤化物检测器）进行检测漏点。

如果还检查不出来，请将连接管分段检查，一段一段进行排除，将泄漏点锁定在某一段内。确认制冷剂连接管没有泄漏后，可对连接管进行保温处理。

6. 管道的保温

确认制冷剂连接管没有泄漏后，可对连接管进行保温处理，如图 4-38 所示。按要求的厚度对制冷剂管进行包扎，保温管之间的缝隙用不干胶密封。用包扎带包扎保温管，可延长保温管的老化时间。

图 4-38　管道保温

7. 充灌制冷剂

给制冷系统充灌制冷剂时，应将装有质量合格的制冷剂钢瓶在磅秤上称好重量，并做好记录。将连接管与机组注液阀接通，利用系统内的真空度，使制冷剂注入系统。当系统内的压力升至 0.196~0.294MPa 时，应对系统进行再次检漏。查明泄漏后应予以修复，再充灌制冷剂。当系统压力与钢瓶压力相同时，即可起动压缩机，加快充入速度，直至符合系统需要的制冷剂重量。

4.2.4　室外机的安装

1. 基础要求

室外机必须安装在水泥墩或槽钢上，室外机四角安装减振弹簧。室外机的基础应根据室外机的型号和产品安装图示确定尺寸和预埋螺栓的位置，如图 4-39 所示。

2. 确定地脚螺钉孔位

在修筑安装室外机的水泥墩时，按照如图 4-40 所示尺寸安装地脚螺钉，地脚螺钉必须高于固定位置表面 20mm 以上。

3. 确定空间位置

（1）室外机为前出风时空间尺寸　室外机为前出风时空间尺寸要求如图 4-41 所示。

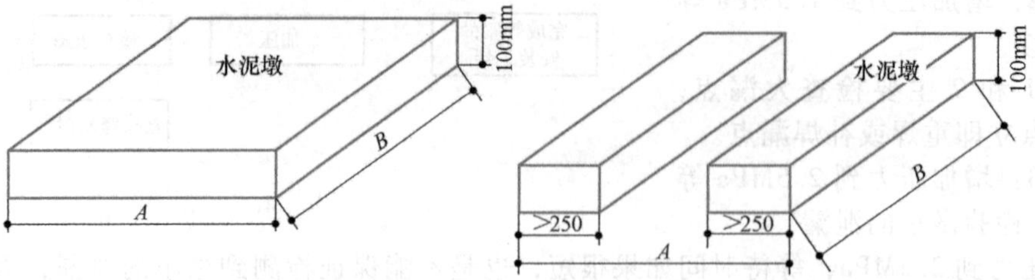

A、B尺寸根据室外机机型和台数来定　　A、B尺寸根据室外机机型和台数来定，且方便排水

图 4-39　室外机的基础要求

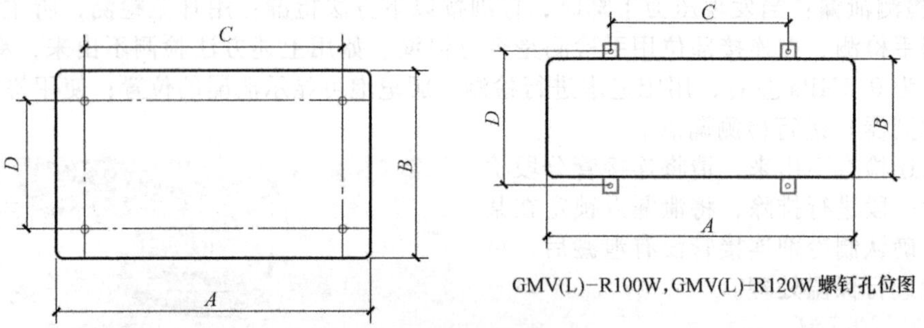

室外机机型	外形尺寸(长×宽)/mm		地脚螺钉孔位尺寸(长×宽)/mm	
	A	B	C	D
GMV(L)-R300W2	1350	700	890	618
GMV(L)-R250W2	1350	700	890	618
GMV(L)-R200W2	880	840	718	482
GMV(L)-R150W	700	700	618	400

图 4-40　地脚螺钉孔尺寸

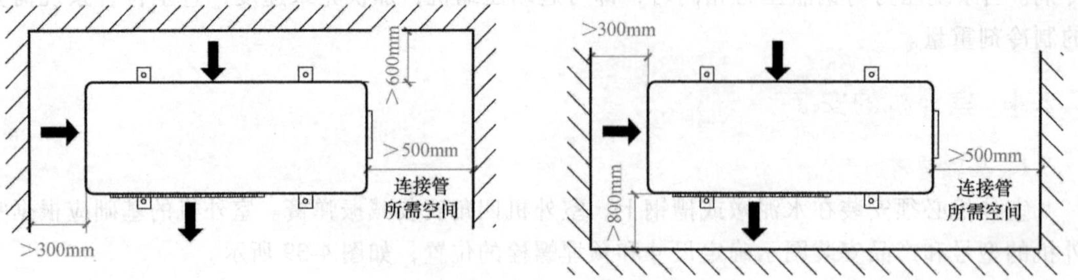

图 4-41　室外机为前出风时空间尺寸要求

(2) 室外机为上出风时空间尺寸　室外机为上出风时空间尺寸要求如图 4-42 所示。

4. 安装室外机

(1) 搬运　搬运室外机时应注意，室外机的倾斜角度在15°以内，轻搬轻放，避免剧烈

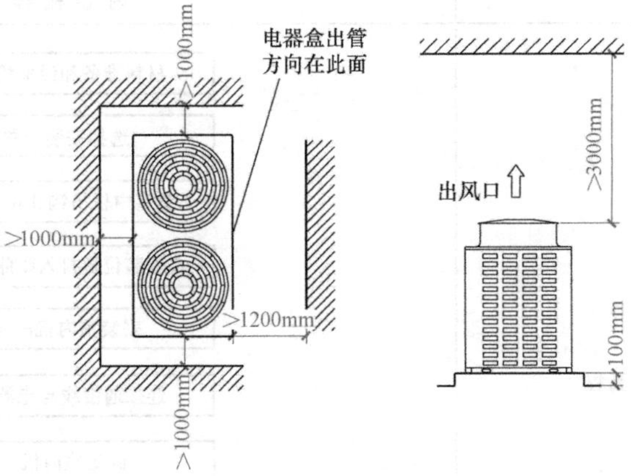

图 4-42 室外机为上出风时空间尺寸要求

碰撞。吊运室外机时，必须用两根足够长的钢绳，在 4 个方向吊装，如图 4-43 所示；为防止机组中心偏移，起吊移动时绳子夹角必须小于 40°。

(2) 安装 水泥墩做好后，在室外机搬上去之前，放 20mm 厚的橡胶垫片，起防振减振作用，然后将室外机搬运上水泥墩上，压住橡胶垫片，用扳手打上 4 个地脚螺钉，注意一定要打紧打牢。

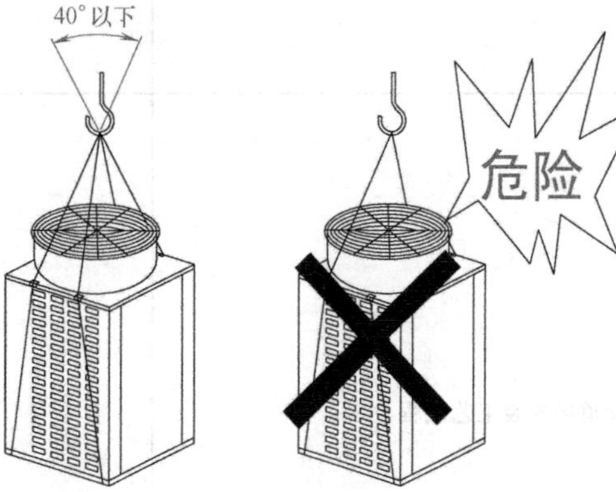

图 4-43 室外机的吊装

5. 连接室内机、室外机

(1) 连接室外机 打开室外机的前面板，取出波纹管（随机配置）。将大、小管夹扁端割断，去掉注氟嘴，然后与波纹管焊接，在小管侧（液管）还需焊接一个双向干燥过滤器，并将双向干燥过滤器一起保温。将波纹管的喇叭口对准球阀锥形口，然后用扳手拧紧（注意扳手的使用，避免打的过紧或过松）。最后做好室外机连接管的支撑和保护。

(2) 连接室内机 在室内机正确安装和制冷剂连接管确认没有泄漏后，可以将制冷剂连接管连接上室内机。取出波纹管（随机配置），将连接管的喇叭口对准室内机的截止阀，用力矩扳手拧紧螺母并做好保温。

知识梳理与总结

核心知识	内容梳理
多联机空调系统组成	室内机、室外机、冷媒管道、多联机分歧管、电磁膨胀阀
多联机空调系统新风处理方式	用专用的新风机，用全热交换器处理新风，用风机箱将新风送至各处室内机
多联机空调系统的施工图组成	设计施工说明、主要设备材料表、空调系统原理图、冷气布置图、新风布置图

（续）

核心知识	内 容 梳 理
风管式室内机的安装工艺流程	材料准备和设备检查 → 选择安装位置 → 量室内机吊钩孔位尺寸 → 在安装位置打入膨胀螺栓 → 安装室内机吊钩 → 连接通信线与电源线 → 固定室内机 → 检测水平度 → 安装排水管 → 安装风管
管道的安装工艺流程	喇叭管加工 → 管道的焊接 → 分歧管的安装 → 管路吹洗 → 连接管的保压检漏 → 管道保温 → 充灌制冷剂
室外机安装工艺流程	基础复验 → 确定室外机安装位置 → 搬运室外机 → 安装减振器 → 将室外机安装到设备基础上

练　习　题

1. 多联机空调系统由哪几部分组成？
2. 说明电磁膨胀阀的作用和工作原理。
3. 多联机新风处理有哪几种方式？
4. 画示意图表明多联机空调系统的安装工艺流程。
5. 画示意图表明多联机室内机和室外机连接管焊接的工艺流程。
6. 详细说明多联机室内机和室外机连接管焊接后吹洗的具体步骤。
7. 如何才能检验出多联机室内机和室外机连接管泄漏？
8. 如何向多联机系统中充注制冷剂？

项目五

Chapter 05

通风与空调系统调试与验收

教学导引

知识重点	通风与空调系统调试的主要内容 设备单机试运转 系统无生产负荷下的联合试运行与调试
知识难点	防排烟系统的测定与调整 风管风量的测定与调整
素养要求	增强节约意识，树立使命感 遵纪守法，树立正确的人生观和价值观 运用人工智能、大数据、物联网等技术进行科技创新，创造低能耗的生活与工作环境
建议学时	6

任务导引

任务1　通风与空调系统风管风量的测定与调整

【目的与要求】

通过完成通风与空调系统风管风量的测定与调整，熟悉风管风量的测定方法，掌握风量调整的原理和方法。

【任务分析】

系统风量的测定和调整指按设计要求调整送风和回风各干、支管道及各送（回）风口的风量。在风量达到平衡后，进一步调整通风机的风量，使满足系统的要求。调整后各部分调节阀不变动，重新测定各处的风量。应使用红油漆在所有风阀的把柄处作标记，并将风阀位置固定。

【任务实施步骤】

1. 绘制风管系统草图。
2. 选择测定截面。
3. 确定测点位置。
4. 风量测定，计算实测风量与设计风量的比值。
5. 调整系统风量。

任务 2　通风与空调系统施工质量验收

【目的与要求】

通过完成通风空调系统施工质量验收，掌握施工质量验收的依据，熟悉质量验收规范的内容，掌握通风与空调系统施工质量验收的程序和竣工验收资料包括的内容，掌握质量合格的标准。

【任务分析】

通风与空调工程的竣工验收，是在工程施工质量得到有效监控的前提下，施工单位通过整个分部工程的无生产负荷系统联合试运转与调试和观感质量的检查，将质量合格的分部工程移交建设单位的验收过程。工程竣工质量验收由建设单位负责组织实施。建设单位负责组织竣工验收组，验收组成员由建设单位上级主管部门、建设单位项目负责人、建设单位项目现场管理人员及勘察、设计、施工、监理单位与项目无直接关系的技术负责人或质量负责人组成，建设单位也可邀请有关专家参加验收小组。

【任务实施步骤】

1. 检查通风与空调系统安装完成情况。
2. 观感质量检查。
3. 质量控制资料检查。
4. 所含分部（子分部）工程有关安全和功能的检验资料检查。
5. 主要功能项目的抽查。

相关知识

在通风与空调系统安装完毕后投入使用前，必须进行系统的试运行与调试，包括设备单机试运转及调试、系统非设计满负荷条件下的联合试运行与调试。

5.1　调试的准备工作与设备单机试运转

5.1.1　调试的准备工作

1. 调试前的准备工作

通风与空调系统的调试，应做好下列准备工作才能进行。

1）参加试运转的人员思想重视，分工明确，指挥统一。

2）制定试运转的方案已获批准，严格按方案要求进行调试。

3）系统调试前，调试人员应熟悉空调系统的全部设计资料，包括图纸和设计说明书，充分领会设计意图，了解各种设计参数、系统的全貌及空调设备性能和使用方法等。

4）按照设计和施工规范及质量评定标准的要求，全面检查已安装完工的系统。

5）试运转中所用的水、电、蒸汽、燃油燃气、压缩空气等满足调试要求。

6）试运转场地整洁、有标示牌，并准备好有关防护设施。

7）测试仪器和仪表备齐，并在合格检定或校准合格有效期内；其量测范围、精度等级及最小分度值应能满足工程性能测定的要求。

8）设备清洗合格，已注入符合要求和数量的润滑油，管道系统内部清理干净，各种调节阀、防火阀等动作灵活可靠。

9）各种送、回风口位置正确，内部的风阀和叶片已达到要求的开度和角度。

10）冷却水和冷冻水、热水和蒸汽等系统已进行了冲洗，达到洁净要求，并无泄漏现象。

11）制冷系统经过气密性试验，管路系统严密性达到标准要求。

12）排水系统畅通无阻。

13）配电箱和电动机等设备接线正确并试验完毕，性能符合规定的要求。

14）自控系统的敏感元件、调节器及执行机构等的安装位置正确，动作灵活，其性能达到了标准的要求。

2. 系统调试实施单位和调试方案

系统调试应由施工单位负责，监理单位监督，供应商、设计单位、建设单位等参与和配合。系统调试的实施可以是施工企业或委托给具有调试能力的其他单位实施。试运行与调试应做好记录，并应提供完整的调试资料和报告。

设计单位除应提供工程设计的参数，还应对调试过程中出现的问题提出明确的修改意见；监理和建设单位起到协调作用，有助于工程的管理和质量验收。

系统调试前应编制调试方案，并应报送专业监理工程师审核批准。调试方案一般包括系统概况、调试工作内容、调试步骤与方法、安全与事故应急措施、仪器仪表的配备、调试人员、进度安排等。调试方案应包括现场安全措施与事故应急处理方案。通风与空调系统安装完毕，但是否能正常运行处于未知状态，应预先考虑好应急方案，以确保调试过程中人身与设备的安全。

3. 系统调试的主要项目

系统调试可按以下项目进行试验和调整：

1）空调设备单机试运转及调试。

2）系统风量的测定与调整。

3）空调水系统的测定和调整。

4）监测与控制系统的检验、调整与联动运行。

5）室内空气参数的测定和调整。

6）防排烟系统的测定与调整。

7）变制冷剂流量多联机系统联合试运行与调试。

8）变风量系统联合试运行与调试。

4. 调试所需仪器和仪表

调试所需仪器和仪表一般包括声级计、温度计、湿度计、热球风速仪、叶轮式风速仪、倾斜式微压差计、毕托管与压力计、超声波流量计、钳形电流表、转速表等，如图 5-1 所示。

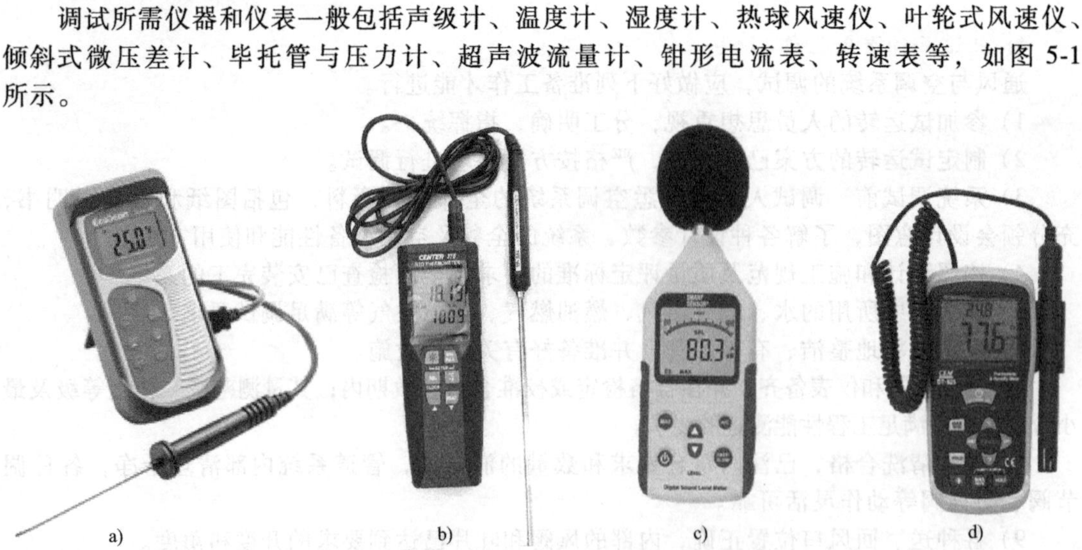

a)　　b)　　c)　　d)

图 5-1　调试所需仪器和仪表

a）热电偶温度计　b）电阻温度计　c）声级计　d）数字温湿计

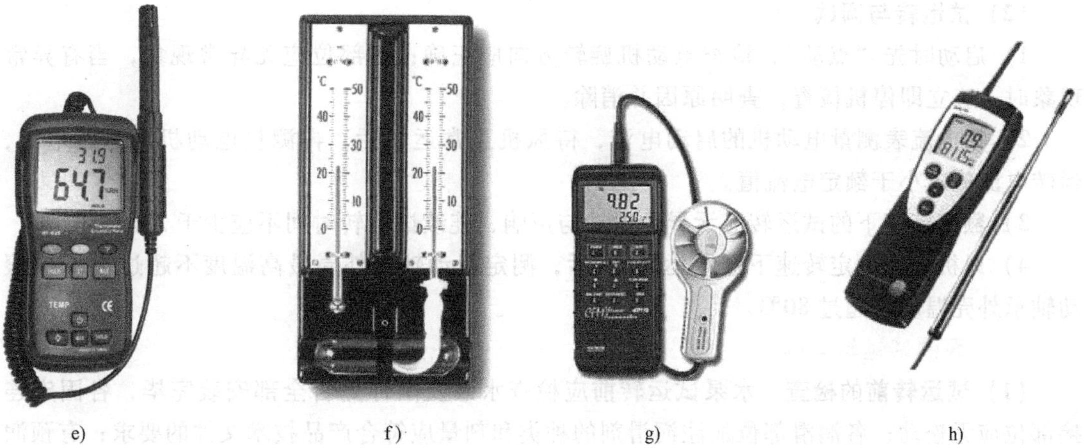

e)　f)　g)　h)

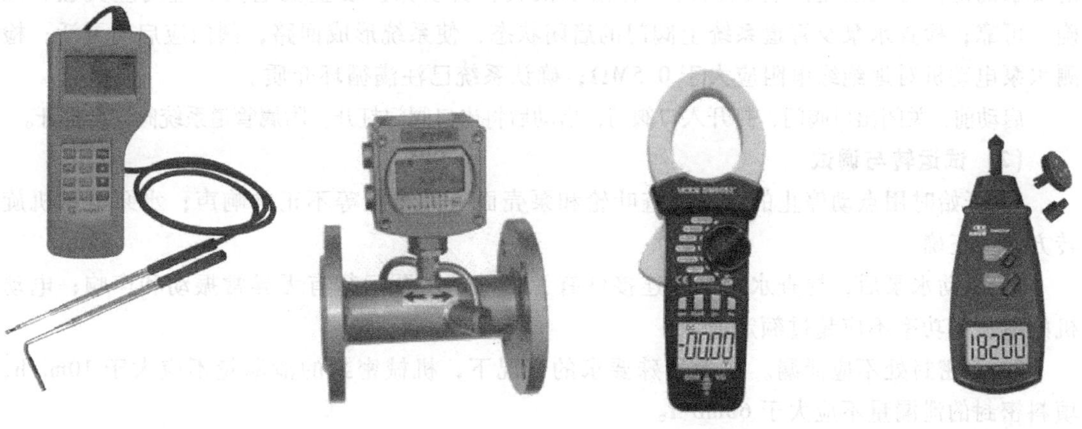

i)　j)　k)　l)

图 5-1　调试所需仪器和仪表（续）

e）电阻湿度计　f）干湿球温度计　g）叶轮式风速仪　h）热球风速仪　i）毕托管与压力计
j）超声波流量计　k）钳形电流表　l）转速表

5.1.2　设备单机试运转及调试

设备单机试运转

1. 风机的试运转与调试

（1）试运转前的检查

1）核对通风机、电动机的规格、型号是否符合设计要求。

2）检测风机电动机绕组对地绝缘电阻应大于 0.5MΩ。

3）风机及管道内应清理干净。

4）风机进、出口处柔性短管连接应严密，无扭曲。

5）管道系统上阀门应按设计要求确定其状态。

6）盘车无卡阻并关闭所有人孔门。

7）通风主、支管上多叶调节阀全部打开，三通阀放中间部位，防火阀处于开启位置。

8）通风与空调系统送、回风口调节阀打开；新风和一、二次回风口及加热器前的调节阀全部打开。

（2）试运转与调试

1）启动时先“点动”，检查电动机旋转方向应正确；各部位应无异常现象，当有异常现象时，应立即停机检查，查明原因并消除。

2）用电流表测量电动机的启动电流，待风机正常运转后，再测量电动机的运转电流，运转电流值应小于额定电流值。

3）额定转速下的试运转应无异常振动与声响，连续试运转时间不应少于2h。

4）风机应在额定转速下连续运转2h后，测定滑动轴承外壳最高温度不超过70℃，滚动轴承外壳温度不超过80℃。

2. 水泵的试运转与调试

（1）试运转前的检查　水泵试运转前应检查水泵及附件是否全部安装完毕，各固定连接部位应无松动；各润滑部位加注润滑剂的种类和剂量应符合产品技术文件的要求；有预润滑要求的部位应按规定进行预润滑；各指示仪表、安全保护装置及电控装置均应灵敏、准确、可靠；检查水泵及管道系统上阀门的启闭状态，使系统形成回路；阀门应启闭灵活；检测水泵电动机对地绝缘电阻应大于0.5MΩ；确认系统已注满循环介质。

启动前，关闭出口阀门，打开入口阀门；启动后将出口阀门打开。附属管道系统阀门全打开。

（2）试运转与调试

1）开始时用点动停止的方法检查叶轮和泵壳面有无摩擦等不正常响声；水泵电动机旋转方向应正确。

2）启动水泵后，检查水泵紧固连接件有无松动，水泵运行有无异常振动和声响；电动机的电流和功率不应超过额定值。

3）各密封处不应泄漏。在无特殊要求的情况下，机械密封的泄漏量不应大于10ml/h；填料密封的泄漏量不应大于60ml/h。

4）水泵应连续运转2h后，测定滑动轴承外壳最高温度不超过70℃，滚动轴承外壳温度不超过75℃。

5）试运转结束后，应检查所有紧固连接部位，不应有松动。

3. 空气处理机组试运转与调试

（1）试运转前的检查

1）各固定连接部位应无松动。

2）轴承处有足够的润滑油，加注润滑油的种类和剂量应符合产品技术文件的要求。

3）机组内及管道内应清理干净。

4）用手盘动风机叶轮，观察有无卡阻及碰擦现象；再次盘动，检查叶轮动平衡，叶轮两次应停留在不同位置。

5）机组进、出风口处的柔性短管连接应严密、无扭曲。

6）风管调节阀门启闭灵活，定位装置可靠。

7）检测电动机绕组对地绝缘电阻应大于0.5MΩ。

8）风阀、风口应全部开启；三通调节阀应调到中间位置；风管内的防火阀应放在开启位置；新风口、一次回风口前的调节阀应开启到最大位置。

（2）试运转与调试

1）启动时先“点动”，检查叶轮与机壳有无摩擦和异常声响，风机的旋转方向应与机壳上箭头所示方向一致。

2）用电流表测量电动机的启动电流，待风机正常运转后，再测量电动机的运转电流，运转电流值应小于电动机额定电流值；如运转电流值超过电动机额定电流值，应将总风量调节阀逐渐关小，直至降到额定电流值。

3）额定转速下的试运转应无异常振动与声响，连续试运转时间不应少于2h。

4. 冷却塔试运转与调试

（1）试运转前的检查

1）冷却塔试运转前应将冷却塔内清理干净，冷却水管道系统应无堵塞。

2）用水冲洗冷却塔内部和冷却水管路系统，不得有漏水情况存在。

3）自动补水阀动作要灵活、准确。

4）冷却塔内的补给水位和溢流水位应符合设备技术文件的规定。

5）检测电动机绕组对地绝缘电阻应大于0.5MΩ。

6）用手盘动风机叶片，应灵活，无异常现象。

（2）试运转与调试

1）启动时先“点动”，检查风机的旋转方向应正确。

2）运转平稳后，电动机的运行电流不应超过额定值，连续运转时间不应少于2h。

3）检查冷却水循环系统的工作状态，并记录运转情况及有关数据，包括喷水的偏流状态，冷却塔出、入口水温，喷水量和吸水量是否平衡，补给水和集水池情况。

4）测量冷却塔的噪声。在塔的进风口方向，离塔壁水平距离为一倍塔体直径及离地面高度1.5m处测量噪声，其噪声应低于产品铭牌额定值。

5）试运行结束后，应清洗冷却塔集水池及过滤器。

5. 风机盘管机组试运转与调试

（1）试运转前的检查

1）电动机绕组对地绝缘电阻应大于0.5MΩ。

2）温控（三速）开关、电动阀、风机盘管线路连接正确。

（2）试运转与调试

1）启动时先“点动”，检查叶轮与机壳有无摩擦和异常声响。

2）将绑有绸布条等轻软物的测杆紧贴风机盘管的出风口，调节温控器高、中、低档转速送风，目测绸布条迎风飘动角度，检查转速控制是否正常。

3）调节温控器，检查电动阀动作是否正常，温控器内感温装置是否按温度要求正常运作。

6. 蒸汽压缩式制冷（热泵）机组试运转与调试

（1）试运转前的检查

1）冷冻（热）水泵、冷却水泵、冷却塔、空调末端装置等相关设备已完成单机试运转与调试。

2）机组启动当天应具有足够的冷（热）负荷，满足调试需要。

3）电气系统工作正常。

（2）试运转与调试

1）制冷（热泵）机组启动顺序：冷却水泵→冷却塔→空调末端装置→冷冻（热）水

泵→制冷（热泵）机组。

2）制冷（热泵）机组关闭顺序：制冷（热泵）机组→冷却塔→冷却水泵→空调末端装置→冷冻（热）水泵。

3）各设备的开启和关闭时间应符合制冷（热泵）机组的产品技术文件要求。

4）运行过程中，检查设备工作状态是否正常，有无异常的噪声、振动、阻滞等现象。

5）记录机组运转情况及主要参数，应符合设计及产品技术文件的要求，包括制冷剂液位、压缩机油位、蒸发压力和冷凝压力、油压、冷却水进出口温度及压力、冷冻（热）水进出口温度及压力、冷凝器出口制冷剂温度、压缩机进气和排气温度等。

6）正常运转不少于8h。

(3) 注意事项　蒸汽压缩式制冷（热泵）机组试运转与调试过程中，应注意以下几方面：

1）加制冷剂时，机房应通风良好。

2）采取措施确保调试过程中的人身安全及设备安全。机组通电前，应关闭好启动柜和控制箱的柜门；检查机组前，应拉开启动柜上方的隔离开关，切断电源进行带电线路检查和测试工作时，应有专人监护，并采取防护措施。

3）机组不应反向运转，机组启动前应对供电电源进行相序测定，确定供电相位是否符合要求。

4）试运转过程中出现突然停水、保护措施失灵、压力温度超过允许范围、出现异常响声、离心式压缩机发生喘振等特殊情况时，应作紧急停机处理。

5）压缩机渐渐减速至完全停止的过程中，注意倾听是否有异常声音从压缩机或齿轮箱中传出。

5.2　系统非设计满负荷条件下的联合试运行及调试

系统非设计满负荷条件下的联合试运行及调试前，应做好检查，才能保证试运行与调试的顺利进行。系统调试前的检查内容主要包括以下几个方面：

(1) 监测与控制系统　监控设备的性能应符合产品技术文件要求；电气保护装置应整定计算正确；控制系统应进行模拟动作试验。

(2) 风管系统　通风与空调设备和管道内清理干净；风量调节阀、防火阀及排烟阀的动作正常；送风口和回风口（或排风口）内的风阀、叶片的开度和角度正常；风管严密性试验合格；空调设备及其他附属部件处于正常使用状态。

(3) 空调水系统　管道水压试验、冲洗合格；管道上阀门的安装方向和位置均正确，阀门启闭灵活；冷凝水系统已完成通水试验，排水通畅。

(4) 供能系统　提供通风与空调系统运行所需的电源、燃油、燃气等供能系统及辅助系统已调试完毕，其容量及安全性能等满足调试使用要求。

系统非设计满负荷条件下的联合试运行与调试的内容包括监测与控制系统的检验、调整与联动运行；系统风量的测定与调整；空调水系统的测定和调整；变制冷剂流量多联机系统联合试运行与调试；变风量（VAV）系统联合试运行与调试；室内参数的测定和调整；防排烟系统测定和调整等7个方面。

5.2.1 系统风量的测定与调整

系统风量的测定和调整包括通风机性能的测定、送（回）风口风量的测定、系统风量的测定和调整。

1. 通风机性能的测定

1）通风机风量和风压的测量截面位置应选择在靠近通风机出口而气流均匀的直管段上，按气流方向，宜在局部阻力之后大于或等于4倍矩形风管长边尺寸（圆形风管直径）及局部阻力之前大于或等于1.5倍矩形长边尺寸（圆形风管直径）的直管段上。当测量截面的气流不均匀时，应增加截面上测点数量。

2）测定风机的全压时，应分别测定出风口端和吸风口端截面的全压平均值。通风机的风量为风机吸入端风量和出口端风量的平均值，且风机前后的风量之差不应大于5%，否则应重测或更换测量截面。

3）通风机的转速测定宜采用转速表直接测量风机主轴转速，重复测量3次，计算平均值。现场无法用转速表测风机转速时，宜根据实测电动机转速按式5-1换算出风机的转速：

$$n_1 = n_2 D_2 / D_1 \qquad (5\text{-}1)$$

式中　n_1——通风机的转速（r/min）；

n_2——电动机的转速（r/min）；

D_1——风机皮带轮直径（mm）；

D_2——电动机皮带轮直径（mm）。

4）宜采用功率表测试电动机输入功率，输入功率应小于电动机额定功率，超过时应分析原因，并调整风机运行工况达到设计点。

2. 送（回）风口风量的测定

风口风量测试可用热电风速仪或叶轮风速仪，用定点法或匀速移动法测出平均风速，计算出风量，如图5-2所示。匀速称动法不应少于3次，定点测量法的测点不应少于5个。

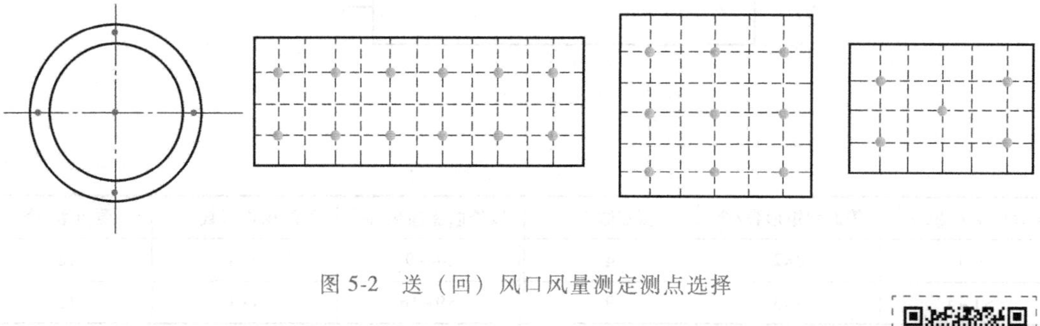

图5-2　送（回）风口风量测定测点选择

3. 系统风量的测定和调整

系统风量的测定和调整指按设计要求调整送（回）风各干、支管道及各送（回）风口的风量。在风量达到平衡后，进一步调整通风机的风量，以满足系统的要求。调整后各部分调节阀不变动，重新测定各处的风量。

风量的测定与调整

应使用红油漆在所有风阀的把柄处作标记，并将风阀位置固定。

（1）绘制风管系统草图　根据系统的实际安装情况，绘制出系统单线草图供测试时使用。草图上应标明风管尺寸、测定截面位置、风阀的位置、送（回）风口的位置以及各种设备规格、型号等。在测定截面处，应标明截面的设计风量、面积。

（2）测定截面的选择　测定截面位置应选择在气流比较均匀稳定的地方，一般选在产生局部阻力之后大于或等于5倍管径（或风管长边尺寸）以及局部阻力之前大于或等于2倍管径（或风管长边尺寸）的直风管段上，如图5-3所示。

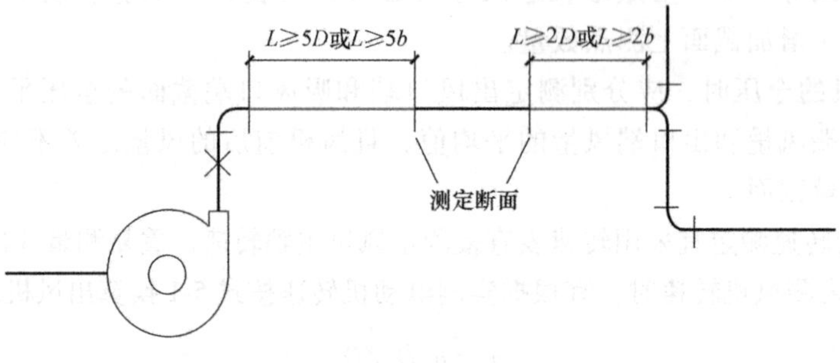

图5-3　测定截面的选择

在矩形风管内测定平均风速时，应将风管测定截面划分成若干个相等的小截面，使其尽可能接近于正方形，如图5-4所示；矩形风管测点数见表5-1。在圆形风管内测定平均风速时，应根据管径大小，将截面分成若干个面积相等的同心圆环，每个圆环应测量4个点，如图5-5所示。圆形风管划分圆环数见表5-2，圆形风管测定截面内各圆环的测点与管壁的距离见表5-3。

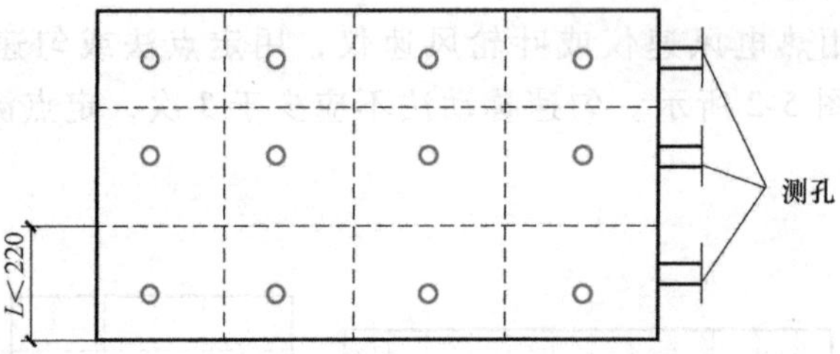

图5-4　矩形风管内测点位置

表5-1　矩形风管测点数

风管断面面积/m^2	等面积矩形数/个	测点数/个	风管断面面积/m^2	等面积矩形数/个	测点数/个
≤1	2×2	4	>4~9	3×4	12
>1~4	3×3	9	>9~16	4×4	16

表5-2　圆形风管划分圆环数

圆形风管直径/mm	200以下	200~400	400~700	700以上
圆环数/个	3	4	5	5~6

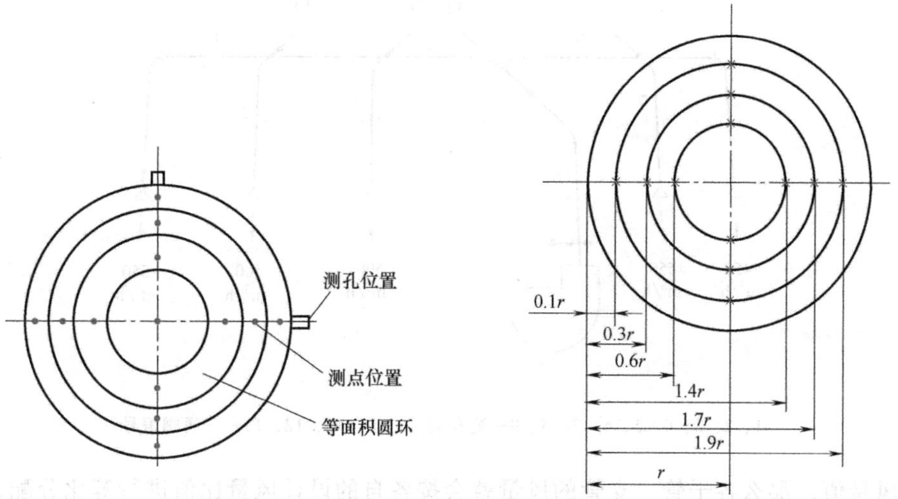

图 5-5 圆形风管内测点位置

表 5-3 圆形风管测定截面内各圆环的测点与管壁的距离

测点号	圆环个数				测点号	圆环个数			
	3	4	5	6		3	4	5	6
1	0.1*R*	0.1*R*	0.05*R*	0.05*R*	7		1.8*R*	1.5*R*	1.3*R*
2	0.3*R*	0.2*R*	0.2*R*	0.15*R*	8		1.9*R*	1.7*R*	1.5*R*
3	0.6*R*	0.4*R*	0.3*R*	0.25*R*	9			1.8*R*	1.65*R*
4	1.4*R*	0.7*R*	0.5*R*	0.35*R*	10			1.95*R*	1.75*R*
5	1.7*R*	1.3*R*	0.7*R*	0.5*R*	11				1.85*R*
6	1.9*R*	1.6*R*	1.3*R*	0.7*R*	12				1.95*R*

（3）风量的测定与调整方法 开风机之前，将风道和风口本身的调节阀门放在全开位置，三通调节阀门放在中间位置，空气处理室中的各种调节阀也应放在实际运行位置。开启风机进行风量测定与调整，先粗测总风量是否满足设计风量要求，做到心中有数，有利于下一步调试工作。系统风量测定与调整，干管和支管的风量可用皮托管、微压计仪器进行测试。

系统风量的调整即风量平衡，一般靠改变阀门或风口人字阀的叶片开启度使阻力发生变化，从而使风量也发生变化，达到调节的目的。系统风量调整后，应满足系统总风量测试结果与设计风量的偏差为-5%～+10%。对送（回）风系统调整可采用“流量等比分配法”或“基准风口调整法”，从系统的最远、最不利的环路开始，逐步调向通风机。

1）流量等比分配法：一般从系统的最远管段开始，逐步调向通风机，该方法适用于风口数量较少的系统。如图 5-6 所示，离风机最远的风口为 1 号，最不利管路是 1—3—5—9，应从支管 1 开始测定与调整。支管 1 测量完毕，测量支管 2 的风量，并用三通阀进行调节，使这两支管的实测风量比值与设计风量比值近似相等，即

$$\frac{L_{2测}}{L_{1测}}=\frac{L_{2设}}{L_{1设}} \tag{5-2}$$

用同样方法测出各支管、干管的风量，通过调节使实测风量的比值与设计风量比值相等。显然实测风量不是设计风量，根据风量平衡原理，只要将风机出口总干管的总风量调整

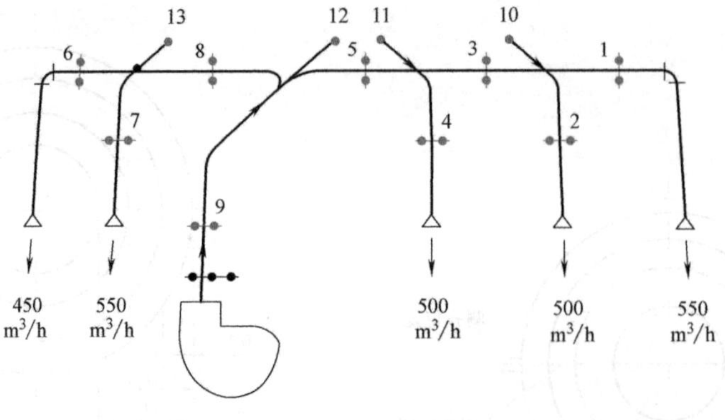

图 5-6 送风系统（一）

1、2、3、4、5、6、7、8、9—测孔编号 10、11、12、13—三通阀编号

到设计风量值，那么各干管、支管的风量就会按各自的设计风量比值进行等比分配，也就会符合设计风量值。

2）基准风口调整法：如图 5-7 所示，调整前，先用风速仪将全部风口的送风量初测一遍，并将计算出的各个风口的实测风量与设计风量比值的百分数列入表 5-4 中。

表 5-4 各风口实测风量与设计风量对比

风口编号	设计风量/(m^3/h)	最初实测风量/(m^3/h)	最初实测风量/设计风量×100%
1	200	160	80
2	200	180	90
3	200	220	110
4	200	250	125
5	200	210	105
6	200	230	115
7	200	190	95
8	200	240	120
9	300	240	80
10	300	270	90
11	300	330	110
12	300	360	120

从表 5-4 可以看出，各支干管上最小比值的风口分别是支干管Ⅰ上的 1 号风口，支干管Ⅱ上的 7 号风口，支干管Ⅳ上的 9 号风口。就选取 1 号、7 号、9 号风口作为调整各分支干管上风口风量的基准风口。风量测定调整一般应从离风机最远的支干管Ⅰ开始。

测量 1 号、2 号风口的风量，此时借助三通调节阀，使 1 号和 2 号风口的实测风量与设计风量的比值百分数近似相等，即$\frac{L_{2测}}{L_{2设}}\times100\%=\frac{L_{1测}}{L_{1设}}\times100\%$，说明两个风口的阻力已经达到平衡，根据风量平衡原理可知，只要不变动已调节过的三通阀位置，无论前面管段的风量如何变化，1 号、2 号风口的风量总是按新比值等比地进行分配。然后同时测 1 号、3 号风口的风量，并通过三通阀调节使$\frac{L_{3测}}{L_{3设}}\times100\%=\frac{L_{1测}}{L_{1设}}\times100\%$；用同样的测量调节方法，使 4 号风口

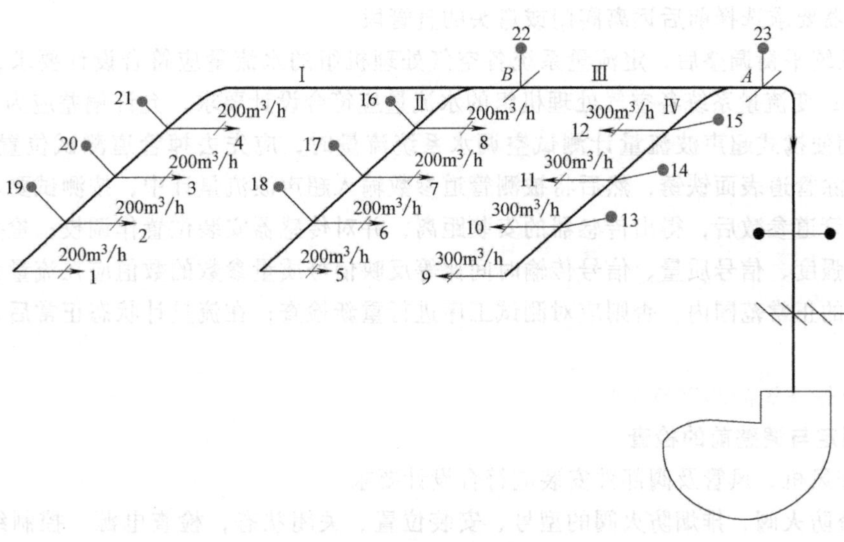

图 5-7　送风系统（二）

1、2、3、4、5、6、7、8、9、10、11、12—测孔编号

13、14、15、16、17、18、19、20、21、22、23—三通阀编号

与1号风口达到平衡。

对于支干管Ⅱ、Ⅳ上的风口风量也按上述方法调节到平衡。虽然7号风口不在支干管的末端，也可以7号风口作为基准风口，但要从5号风口上开始向前逐步调节。各条支干管上的风口调整平衡后，就需要调节支干管上的总风量。此时，从最远处的支干管开始向前调节。选取4号、8号风口为支干管Ⅰ、Ⅱ的代表风口，调节节点B处的三通阀使4号、8号风口风量的比值相等。即$\frac{L_{4测}}{L_{4设}}\times 100\% = \frac{L_{8测}}{L_{8设}}\times 100\%$；调节后，1号~3号，5号~7号风口风量的比值数也相应地变化到4号、8号风口的比值数。至此支干管Ⅰ、Ⅱ的总风量已经调整平衡。选取12号风口为支干管Ⅳ的代表风口，选取支干管Ⅰ、Ⅱ上任一个风口为管段Ⅲ的代表风口。利用节点A处的三通阀进行调节使12号、8号风口风量的比值数近似相等，即$\frac{L_{12测}}{L_{12设}}\times 100\% = \frac{L_{8测}}{L_{8设}}\times 100\%$；于是其他风口风量的比值数也随着变化得到新的比值数。则支干管Ⅳ、管段Ⅲ的总风量也调节平衡。将总干管Ⅴ的风量调节到设计风量，则各支干管和各风口的风量将按照最后调整的比值数进行等比分配达到设计风量。

5.2.2　空调水系统、防排烟系统和室内参数的测定与调整

1. 空调水系统流量的测定与调整

空调水系统流量的测定与调整应符合下列规定：

1）空调水系统应排除管道系统中的空气，系统连续运行应正常平衡，水泵的流量、压差和水泵电动机的电流不应出现10%以上的波动。

2）主干管上设有流量计的水系统可直接读取冷热水的总流量。

3）采用便携式超声波流量计测定空调冷热水及冷却水的总流量及各空调机组的水流量

时，应按仪器要求选择前后远离阀门或弯头的直管段。

4）水系统平衡调整后，定流量系统各空气处理机组的水流量应符合设计要求，允许偏差应为15%；变流量系统各空气处理机组的水流量应符合设计要求，允许偏差应为10%。

5）采用便携式超声波流量计测试空调水系统流量时，应先去掉管道测试位置的油漆，并用砂纸去除管道表面铁锈，然后将被测管道参数输入超声波流量计中，按测试要求安装传感器；输入管道参数后，得出传感器的安装距离，并对传感器安装位置作调校；检查流量计状态、信号强度、信号质量、信号传输时间比等反映信号质量参数的数值应在流量计产品技术文件规定的正常范围内，否则应对测试工序进行重新检查；在流量计状态正常后，读取流量值。

2. 防排烟系统的测定与调整

（1）测定与调整前的检查

1）检查风机、风管及阀部件安装应符合设计要求。

2）检查防火阀、排烟防火阀的型号、安装位置、关闭状态，检查电源、控制线路连接状况，执行机构的可靠性。

3）送风口、排烟口的安装位置、安装质量、动作的可靠性。

（2）机械正压送风系统测试与调整

1）若系统采用砖或混凝土风道，测试前应检查风道内表面平整、无堵塞、无孔洞、无串井等现象。

2）关闭楼梯间的门窗及前室或合用前室的门（包括电梯门），打开楼梯间的全部送风口。

3）在大楼选一层作为模拟火灾层（宜选在加压送风系统管路最不利点附近），将模拟火灾层及上、下层的前室送风阀打开，将其他各层的前室送风阀关闭。

4）启动加压送风机，测试前室、楼梯间、避难层的余压值；消防加压送风系统应满足走廊、前室、楼梯间的压力呈递增分布；测试楼梯间内静压值，上下均匀选择3~5个测试点，取重复不少于3次的平均静压值，静压值应达到设计要求；测试开启送风口前室的一个点，取重复次数不少于3次的平均静压值，测定前室、合用前室、消防楼梯前室、封闭避难层（间）与走道之间的压力差应达到设计要求。测试是在门全部关闭的条件下进行，压力测点的具体位置应视门、排烟口、送风口等的布置情况而定，应该远离各种洞口等气流通路。

5）同时打开模拟火灾层及其上、下层的走道、前室、楼梯间的门，分别测试前室通走道和楼梯间通前室的门洞处的平均风速，应符合设计要求；测试时，门洞风速测点布置应均匀，可采用等小矩形面法，即将门洞划分为若干个边长为200~400mm的小矩形网格，每个小矩形网格的对角线交点即为测点，如图5-8所示。

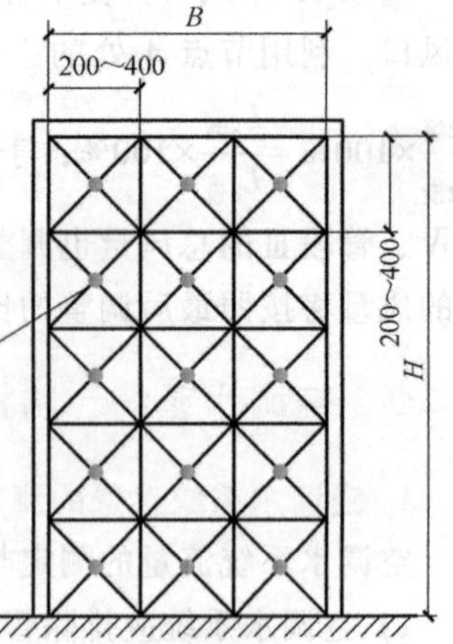

图5-8　门洞风速测点布置示意

6）以上4）、5）两项可任选其一进行测试。

（3）机械排烟系统测试与调整

1）走道（廊）排烟系统：打开模拟火灾层及上、下一层的走道排烟阀，启动走道排烟风机，测试排烟口处平均风速，根据排烟口截面（有效面积）及走道排烟面积计算出每平方米面积的排烟量，应符合设计要求；测试宜与机械加压送风系统同时进行，若系统采用砖或混凝土风道，测试前还应对风道进行检查；平均风速测定可采用匀速移动法或定点测量法，测定时，风速仪应贴近风口，匀速移动法不小于3次，定点测量法的测点不少于4个。

2）中庭排烟系统：启动中庭排烟风机，测试排烟口处风速，根据排烟口截面计算出排烟量（若测试排烟口风速有困难，可直接测试中庭排烟风机风量），并按中庭净空换算成换气次数，应符合设计要求。

3）地下车库排烟系统：若与车库排风系统合用，须关闭排风口，打开排烟口。启动车库排烟风机，测试各排烟口处风速，根据排烟口截面计算出排烟量，并按车库净空换算成换气次数，应符合设计要求。

4）设备用房排烟系统：若排烟风机单独担负一个防烟分区的排烟时，应把该排烟风机所担负的防烟分区中的排烟口全部打开；如排烟风机担负两个以上防烟分区时，则只需把最大防烟分区及次大的防烟分区中的排烟口全部打开，其他一律关闭。启动机械排烟风机，测定通过每个排烟口的风速，根据排烟口截面计算出排烟量，符合设计要求为合格。

3. 室内空气参数的测定

室内空气参数的测定

室内空气参数测定主要指工作区内空气温度、湿度、风速、噪声、气流流型、洁净度等多项内容的测定。室内空气参数测定一般在接近设计条件下，系统正常运行，自控系统投入运行后进行。

（1）室内气流分布测定　气流分布测定的主要任务是检测工作区内的气流速度是否满足设计要求，同时能了解空间内射流的衰减过程、贴附、作用距离及室内涡流区的情况等。

对于舒适性空调系统，只要工作区的气流速度不超过设计要求即可。如果是精度要求较高的恒温室或洁净室，则要求在工作区内划分若干个横向或竖向测量断面，形成交叉网格。在每一交点处用风速仪和流向显示装置确定该点的风速和流向。根据测定对象的精度要求、工作区范围大小及气流分布特点等，一般可取测点间的水平间距为0.5~2.0m，竖向间距为0.5~1.0m。

气流分布风速测量可使用热线风速仪。风向测量可用冷态发烟法、气泡显示法。

（2）室内空气温度和相对湿度的测定　室内空气温度和相对湿度测定之前，空调系统应至少已连续运行24h。对有恒温要求的场所，根据温度和相对湿度的要求，测定宜连续进行8~48h，每次测定间隔不大于30min。

根据温度和相对湿度的波动范围，应选择相应具有足够精度的仪表。没有恒温要求的系统，测点放在室中心即可。要求较高时，应多点测定。所有的测点宜在同一高度，一般位于距地面0.8m处，也可根据恒温区的大小，分别布置在离地面不同高度的几个平面上。

无恒温恒湿要求的场所，温度、湿度符合设计要求即可。有恒温恒湿要求的场所，室温波动范围按各测点各次测温中偏离控制点温度的最大值占测点总百分比累积曲线，90%以上测点的偏差在允许范围内则符合设计要求。相对湿度的波动范围可按室温波动范围的原则确定。

（3）消声与减振的测定　测噪声的仪器为带倍频程分析仪的声级计。测点位置宜按如图5-9所示的五点设置。面积在$15m^2$以下者，可只用室中心一点。测点高度距离地面1.1~1.2m。风机、水泵、冷水机组等运动设备的隔振效果，通过空调地面振动位移量或加速度测定来确定。测点一般选择在房间中心，或有必要控制振动的位置处。

(4) 静压差的测定　静压差的检测应在所有的门关闭时进行，并从平面上最里面的房间依次向外检测。有压差要求的房间、厅堂与其他相邻房间之间的压差，舒适性空调正压为0~25Pa；工艺性空调应符合设计的规定。

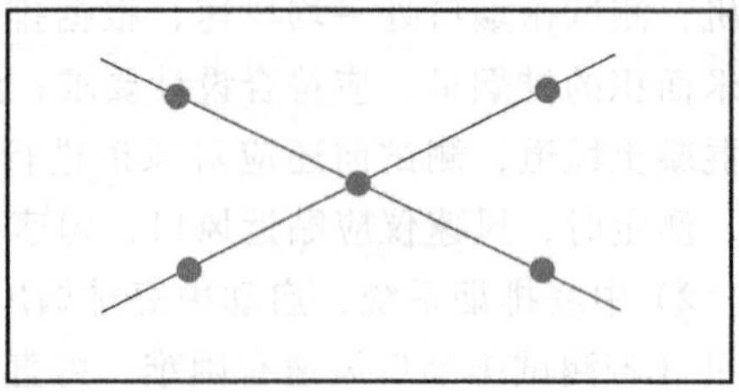

图 5-9　噪声测量测点位置

5.2.3　监测与控制系统、变制冷剂流量多联机系统及变风量系统联合试运行与调试

空调系统的监控

1. 监测与控制系统联合试运行与调试

(1) 控制线路检查

1）核实各传感器、控制器和调节执行机构的型号、规格和安装部位是否与施工图相符。

2）仔细检查各传感器、控制器、执行机构接线端子上的接线是否正确。

(2) 调节器及检测仪表单体性能校验

1）检查所有传感器的型号、精度、量程与所配仪表是否相符，并应进行刻度误差校验和动特性校验，均应达到产品技术文件的要求。

2）控制器应做模拟试验，模拟试验时宜断开执行机构，做调节特性的校验及动作试验与调整，均应达到产品技术文件的要求。

3）调节阀和其他执行机构应作调节性能模拟试验，测定全行程距离与全行程时间，调整限位开关位置，标出满行程的分度值，均应达到产品技术文件的要求。

(3) 联合试运行与调试

1）调试人员应熟悉各个自控环节（如温度控制、相对湿度控制、静压控制等）的自控方案和控制特点，全面了解设计意图及其具体内容，掌握调节方法。

2）正式调试之前应进行综合检查。检查控制器及传感器的精度、灵敏度和量程的校验与模拟试验记录；检查正、反作用方式的设定是否正确；全面检查系统在单体性能校验中拆去的仪表、断开的线路应恢复；线路应无短路、断路及漏电等现象。

3）正式投入运行前应仔细检查连锁保护系统的功能，确保在任何情况下均能对空调系统起到安全保护的作用。

4）自控系统联动运行应按以下步骤进行：

① 将控制器手动-自动开关置于手动位置上，仪表供电，被测信号接到输入端开始工作。

② 手动操作，以手动旋钮检查执行机构与调节机构的工作状况，应符合设计要求。

③ 断开执行器中执行机构与调节机构的联系，使系统处于开环状态，将开关无扰动地切换到自动位置上，改变给定值或加入一些扰动信号，执行机构应做相应动作。

④ 手动施加信号，检查自控连锁信号和自动报警系统的动作情况。顺序连锁保护应可靠，人为逆向不能启动系统设备；模拟信号超过设定上下限时自动报警系统发出报警信号，模拟信号回到正常范围时应解除报警。

⑤ 系统各环节工作正常，应恢复执行机构与调节机构的联系。

2. 变制冷剂流量多联机系统联合试运行与调试

（1）试运行与调试前的检查

1）熟悉和掌握调试方案及产品技术文件的要求。

2）电源线路、控制配线、接地系统应与设计和产品技术文件要求一致。

3）冷媒配管、绝热施工应符合设计与产品技术文件的要求。

4）系统气密性试验和抽真空试验应合格。

5）冷媒追加量应符合设计与产品技术文件的要求。

6）应按要求开启截止阀。

（2）试运行与调试的步骤

1）系统通电预热6h以上，确认自检正常。

2）控制系统室内机编码，确保每台室内机控制器可与主控制器正常通信。

3）选定冷暖切换优先控制器，按照工况要求进行设定。

4）按照产品技术文件的要求，依次运行室内机，确认相应室外机组能进行运转，确认室内机是否吹出冷风（热风），调节控制器的风量和风向按钮，检查室内机组是否动作。

5）所有室内机开启运行60min后，测试主机电源电压和运转电压、运转电流、运转频率、制冷系统运转压力、吸排风温差、压缩机吸排气温度、机组噪声等，应符合设计与产品技术文件的要求。

3. 变风量系统联合试运行与调试

（1）试运行与调试前的检查

1）空调系统上的全部阀门应灵活开启。

2）清理机组及风管内的杂物，保证风管的通畅。

3）检查变风量末端装置的各控制线是否连接可靠，变风量末端装置与风口的软管连接是否严密。

4）空调箱冷热源供应应正常。

（2）试运行与调试的步骤

1）逐台开启变风量末端装置，校验调节器及检测仪表性能。

2）开启空调箱风机及该空调箱所在系统全部变风量末端装置，校验自控系统及检测仪表联动性能。

3）所有空调风阀置于自动位置，接通空调箱冷热源。

4）每个房间设定合理的温度值，使变风量末端装置的风阀处在中间开启状态。改变各空调区域运行工况或室内温度设定参数时，该区域变风量末端装置的风阀动作应正确。改变室内温度设定参数或关闭部分房间空调末端装置时，空气处理机组应自动正确地改变风量。

5）按照风量测定调整的方法进行系统风量的调整，确保空调箱送至变风量末端各支管风量的平衡及回风量与新风量的平衡。变风量末端装置的最大风量调试结果与设计风量允许偏差应为0~+15%，新风量的允许偏差应为0~+10%。

6）测定与调整空调箱的性能参数及控制参数，确保风管系统的控制静压合理。

4. 通风与空调系统调试中常见问题及解决方法

大型建筑通风与空调系统复杂，设备部件众多，设计和施工中难度较大，调整测试一次成功率不高，常会有各种问题出现。因此，施工人员应对通风与空调系统调整测试过程中出现的问题认真分析，找出问题的根源，提出切实可行的解决方法。调试中的常见问题、原因分析和解决方法见表5-5。

表5-5 系统调试中的常见问题、原因分析和解决方法

序号	产生的问题	原因分析	解决方法
1	实际风量过大	系统阻力偏小	调节风机风板或阀门,增加阻力
		风机有问题	降低风机转速或更换风机
2	实际风量过小	系统阻力偏大	放大部分管段尺寸,改进部分部件,检查风道或设备有无堵塞,清洗过滤器
		风机有问题	调紧传动皮带,提高风机转速或更换风机
		漏风	堵严法兰接缝、人孔、检查门或其他存在的漏缝
3	气流速度过大	风口风速过大,送风量过大,气流组织不合理	改大送风口面积,减少送风量,改变风口形式或加挡板使气流组织合适
4	噪声超过规定	风机、水泵噪声传入,风道风速偏大,局部部件引起,消声器质量不好	做好风机平衡,风机和水泵的隔震;改小风机转速;放大风速偏大的风道尺寸;改进局部部件;在风道中增贴消声材料

5. 通风与空调系统试运行与调试的成品保护

通风与空调系统试运行与调试的成品保护措施应包括以下内容：

1）通风空调机房、制冷机房的门应上锁，非工作人员不应入内。

2）系统风量测试调整时，不应损坏风管绝热层。调试完成后，应将测点截面处的绝热层修复好，测孔封堵严密。

3）系统调试时，不应踩踏、攀爬管道和设备等，不应破坏管道和设备的外保护层。

4）系统调试完毕后，应在各设计阀的阀门开度指示处做好标记。

5）监测与控制系统的仪表元件、控制盘箱等应采取特殊保护措施。

5.3 通风与空调系统施工质量验收

建筑工程的施工质量验收是依据《建筑工程施工质量验收统一标准》（GB 50300—2013）执行，所谓“验收”是指建筑工程在施工单位自行质量检查评定的基础上，参与建设活动的有关单位共同对检验批、分项、分部、单位工程的质量进行抽样复验，根据相关标准以书面形式对工程质量达到合格与否做出确认。

施工质量验收

5.3.1 施工过程质量验收

施工过程质量验收主要是指检验批、分项和分部工程的质量验收，通过验收后留下完整的质量验收记录和资料，为工程项目竣工质量验收提供依据。

1. 施工质量验收的依据

（1）工程施工承包合同 工程施工承包合同所规定的有关施工质量方面的条款，既是发包方所要求的施工质量目标，也是承包方对施工质量目标的明确承诺，理所当然成为施工质量验收的重要依据。

（2）工程施工图纸　由发包方确认并提供的工程施工图纸以及按规定程序和手续实施变更的设计和施工变更图纸，是进行施工质量验收的重要依据。

（3）建设法律、法规、规范和标准　现行的建设法律、法规、管理标准和相关技术标准是制定施工质量验收统一标准和验收规范的依据，并且强调了相应的强制性条文也是指导和组织施工质量验收、评判工程质量责任行为的重要依据。

2. 施工过程的质量验收

根据《建筑工程施工质量验收统一标准》（GB 50300—2013），建筑工程质量验收划分为检验批、分项工程、分部（子分部）工程、单位（子单位）工程。其中检验批和分项工程是质量验收的基本单元，分部工程是在所含全部分项工程验收的基础上进行验收的，它们是在施工过程中随完工随验收；而单位工程是具有独立使用功能的建筑产品，进行最终的竣工验收。施工过程的质量验收包括检验批质量验收、分项工程质量验收和分部工程质量验收。

（1）通风与空调工程子分部与分项工程的划分　通风与空调工程作为建筑工程的分部工程施工时其子分部工程与分项工程的划分见表5-6。当通风空调工程作为单位工程独立验收时，子分部工程上升为分部工程，分项工程的划分同上。

表5-6　通风与空调工程子分部、分项工程的划分

分部工程	子分部工程	分　项　工　程
通风与空调	送排风系统	风管与配件制作，部件制作，风管系统安装，空气处理设备安装，消声设备制作与安装，风管与设备防腐，风机安装，系统调试
	防排烟系统	风管与配件制作，部件制作，风管系统安装，防排烟风口、常闭正压风口与设备安装，风管与设备防腐，风机安装，系统调试
	除尘系统	风管与配件制作，部件制作，风管系统安装，防尘器与排污设备安装，风管与设备防腐，风机安装，系统调试
	空调风系统	风管与配件制作，部件制作，风管系统安装，空气处理设备安装，消声设备制作与安装，风管与设备防腐，风机安装，风管与设备绝热，系统调试
	净化空调系统	风管与配件制作，部件制作，风管系统安装，空气处理设备安装，消声设备制作与安装，风管与设备防腐，风机安装，风管与设备绝热，高效过滤器安装，系统调试
	制冷设备系统	制冷机组安装，制冷剂管道及配件安装，制冷附属设备安装，管道及设备的防腐与绝热，系统调试
	空调水系统	管道冷热（媒）水系统安装，冷却水系统安装，冷凝水系统安装，阀门及部件安装，冷却塔安装，水泵及附属设备安装，管道与设备的防腐与绝热，系统调试

（2）检验批质量验收　所谓检验批是指按同一生产条件或按规定的方式汇总起来供检验用的，由一定数量样本组成的检验体。检验批可根据施工、质量控制和专业验收需要按楼层、施工段、变形缝等进行划分。

通风与空调工程检验批的划分一般按一个设计系统或设备组别划分为一个检验批。

检验批应由监理工程师（建设单位项目专业技术负责人）组织施工单位项目专业质量（技术）负责人等进行验收，检验批质量验收流程如图5-10所示。

检验批质量验收合格应符合下列规定：主控项目和一般项目的质量经抽样检验合格；具有完整的施工操作依据、质量检查记录。主控项目是指对检验批的基本质量起决定性作用的检验项目。因此，主控项目的验收必须从严要求，不允许有不符合要求的检验结果，主控项

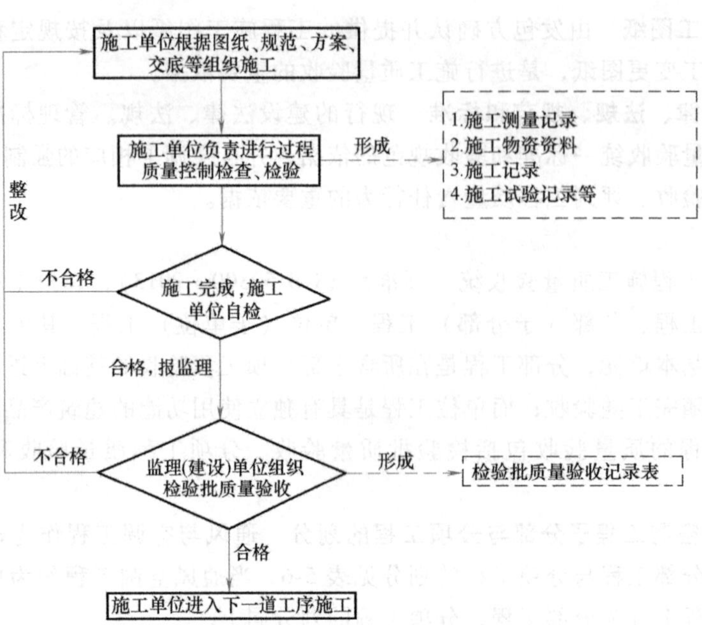

图 5-10　检验批质量验收流程

目的检查具有否决权。除主控项目以外的检验项目称为一般项目。

(3) 分项工程质量验收　分项工程的质量验收是在检验批验收的基础上进行，是将有关的检验批汇集构成分项工程。

分项工程应由监理工程师（建设单位项目专业技术负责人）组织施工单位项目专业质量（技术）负责人进行验收，分项工程质量验收流程如图 5-11 所示。

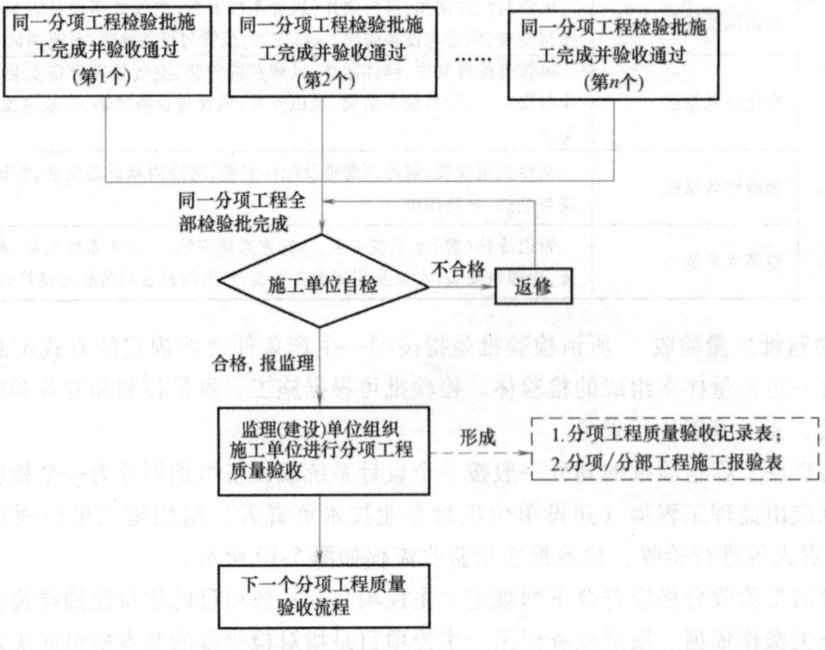

图 5-11　分项工程质量验收流程

分项工程质量验收合格应符合下列规定：分项工程所含的检验批均应符合合格质量的规定；分项工程所含的检验批的质量验收记录应完整。

（4）分部工程质量验收　分部工程质量验收由监理工程师（建设单位项目专业技术负责人）组织施工单位项目负责人、专业项目负责人等进行验收，子分部工程和分部工程质量验收流程如图 5-12 和图 5-13 所示。

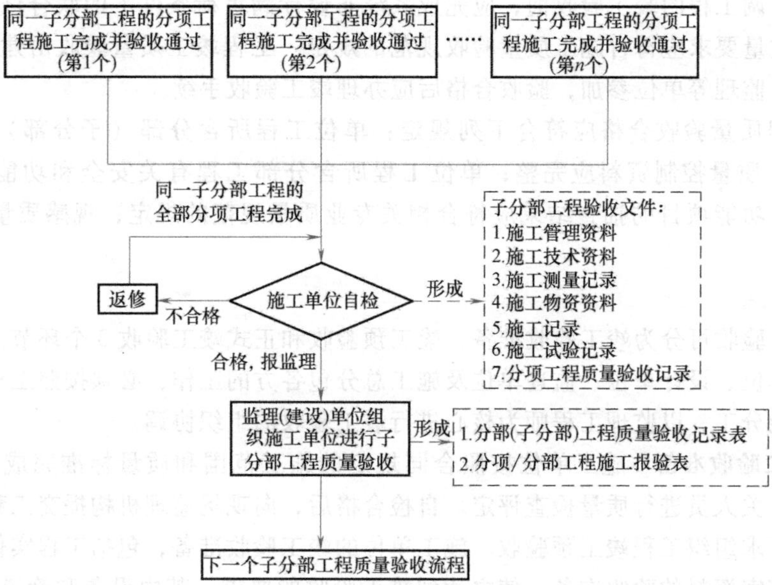

图 5-12　子分部工程质量验收流程

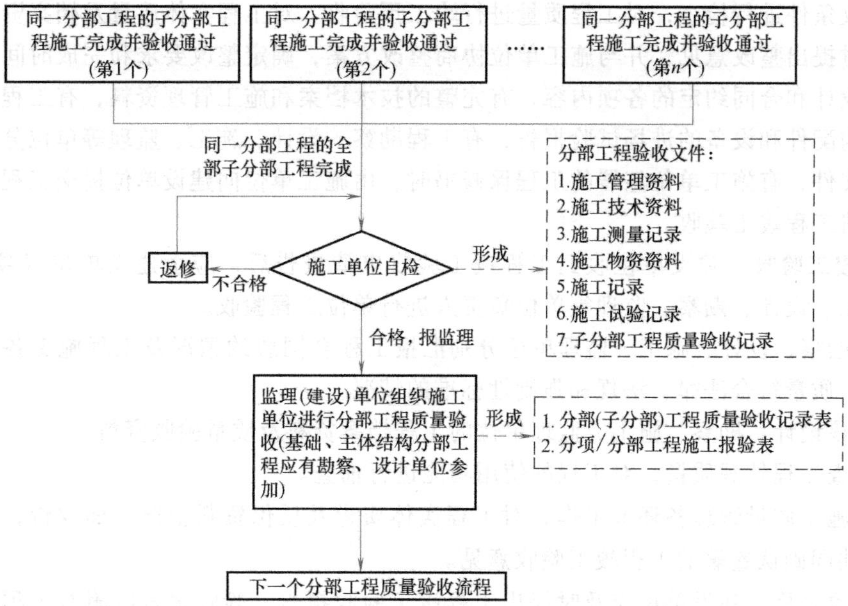

图 5-13　分部工程质量验收流程

分部工程质量验收合格应符合下列规定：所含分项工程的质量均应验收合格；质量控制资料应完整；分部工程有关安全、使用功能、节能、环境保护的检验和抽样检验结果应符合有关规定；观感质量验收应符合要求。

5.3.2　竣工验收

通风与空调工程的竣工验收前，应完成系统非设计满负荷条件下的联合试运转及调试，项目内容及质量要求应符合施工质量验收规范的规定。工程竣工质量验收由建设单位组织，施工、设计、监理等单位参加，验收合格后应办理竣工验收手续。

单位工程质量验收合格应符合下列规定：单位工程所含分部（子分部）工程质量验收均应合格；质量控制资料应完整；单位工程所含分部工程有关安全和功能的检验资料应完整；主要功能项目的抽查结果应符合相关专业质量规范的规定；观感质量验收应符合规定。

1. 竣工质量验收的程序

竣工质量验收可分为竣工验收准备、竣工预验收和正式竣工验收 3 个环节。整个验收过程涉及建设单位、设计单位、监理单位及施工总分包各方的工作，必须按照工程项目质量控制系统的职能分工，以监理工程师为核心进行竣工验收的组织协调。

(1) 竣工验收准备　施工单位按照合同规定的施工范围和质量标准完成施工任务后，应自行组织有关人员进行质量检查评定。自检合格后，向现场监理机构提交工程竣工预验收申请报告，要求组织工程竣工预验收。施工单位的竣工验收准备，包括工程实体的验收准备和相关工程档案资料的验收准备，使之达到竣工验收的要求，其中设备和管道安装工程等，应经过试压、试车和系统联动试运行检查记录。

(2) 竣工预验收　监理单位收到施工单位的工程竣工预验收申请报告后，应就验收的准备情况和验收条件进行检查，对工程质量进行竣工预验收。对工程实体质量及档案资料存在的缺陷，及时提出整改意见，并与施工单位协商整改方案，确定整改要求和完成时间。当完成建设工程设计和合同约定的各项内容，有完整的技术档案和施工管理资料，有工程使用的主要材料、构配件和设备的进场试验报告，有工程勘察、设计、施工、监理等单位分别签署的质量合格文件，有施工单位签署的工程保修书时，由施工单位向建设单位提交工程竣工验收报告，申请工程竣工验收。

(3) 正式竣工验收　建设单位收到工程竣工验收申请报告后，应由建设单位（项目）负责人组织施工、设计、勘察、监理等单位负责人进行单位工程验收。

1）建设、勘察、设计、施工、监理单位分别汇报工程合同履约情况及工程施工各环节满足设计要求，质量符合法律、法规和强制性标准的情况。

2）检查审核设计、勘察、施工、监理单位的工程档案资料及质量验收资料。

3）实地检查工程外观质量，对工程的使用功能进行抽查。

4）对工程施工质量管理各环节工作、对工程实体质量及质保资料情况全面评价，形成经验收组人员共同确认签署的工程竣工验收意见。

5）竣工验收合格，建设单位应及时提出工程竣工验收报告。验收报告应附有工程施工许可证、设计文件审查意见、质量检测功能性试验资料、工程质量保修书等法规所规定的其他文件。

6）工程质量监督机构应对工程竣工验收工作进行监督。

2. 通风与空调工程竣工验收资料

通风与空调工程竣工验收时，应检查竣工验收的资料，一般包括下列文件和记录：

1）图纸会审记录、设计变更通知书和竣工图。

2）主要材料、设备、成品、半成品和仪表的出厂合格证明及进场检（试）验报告。

3）隐蔽工程检查验收记录。

4）工程设备、风管系统、管道系统安装及检验记录。

5）管道系统压力试验记录。

6）设备单机试运转记录。

7）系统非设计满负荷联合试运转与调试记录。

8）分部（子分部）工程质量验收记录。

9）观感质量综合检查记录。

10）安全和功能检验资料的核查记录。

11）净化空调的洁净度测试记录。

12）新技术应用论证资料。

3. 观感质量检查项目

通风与空调工程各系统的观感质量检查主要包括以下内容：

1）风管表面平整、无破损、接管合理；风管连接处以及风管与设备或调节装置的连接处不应有接管不到位、强扭连接等缺陷。

2）风口表面应平整、颜色一致，安装位置正确，风口可调节部件应能正常动作。

3）各类调节装置的制作和安装应正确牢固，调节灵活，操作方便；防火排烟阀关闭严密，动作可靠。

4）制冷及水系统的管道、阀门及仪表安装位置应正确、系统无渗漏。

5）风管、部件及管道的支、吊架形式、位置及间距应符合设计及规范要求。

6）风管、管道的软性接管位置应符合设计要求，接管正确、牢固，自然无强扭。

7）通风机、制冷机、水泵、风机盘管机组的安装应正确牢固。

8）组合式空调机组外表平整光滑、接缝严密、组装顺序正确，喷水室外表面无渗漏。

9）除尘器、积尘室安装应牢固，接口严密。

10）消声器安装方向正确，外表面应平整无破损。

11）风管、部件、管道及支架的油漆应均匀，不应有透底返锈现象，油漆颜色与标志应符合设计要求。

12）绝热层的材质、厚度应符合设计要求；表面平整、无断裂和脱落；室外防潮层或保护壳应平整、无损坏，且应顺水流方向搭接、无渗漏。

13）测试孔开孔位置应正确，不应有遗漏。

14）多联机空调机组系统的室内、室外机组安装位置应正确，送、回风不应存在短路回流的现象。

检查数量：按2方案（见附表B)。

检查方法：尺量、观察检查。

4. 施工质量验收资料

(1) 检验批质量验收记录表 通风与空调工程检验批质量验收记录表包括以下内容：

1) 风管与配件产成品检验批质量验收记录（金属风管）。

2) 风管与配件产成品检验批质量验收记录（非金属风管）。

3) 风管与配件产成品检验批质量验收记录（复合材料风管）。

4) 风管部件与消声器产成品检验批验收质量验收记录。

5) 风管系统安装检验批验收质量验收记录（送风系统）。

6) 风管系统安装检验批验收质量验收记录（排风系统）。

7) 风管系统安装检验批验收质量验收记录（防、排烟系统）。

8) 风管系统安装检验批验收质量验收记录（除尘系统）。

9) 风管系统安装检验批验收质量验收记录（舒适性空调风系统）。

10) 风管系统安装检验批验收质量验收记录（恒温恒湿空调风系统）。

11) 风管系统安装检验批验收质量验收记录（净化空调风系统）。

12) 风管系统安装检验批验收质量验收记录（地下人防系统）。

13) 风管系统安装检验批验收质量验收记录（真空吸尘系统）。

14) 风机与空气处理设备安装检验批验收质量验收记录（通风系统）。

15) 风机与空气处理设备安装检验批验收质量验收记录（舒适空调系统）。

16) 风机与空气处理设备安装检验批验收质量验收记录（恒温恒湿空调系统）。

17) 风机与空气处理设备安装检验批验收质量验收记录［洁净室（区）空调系统］。

18) 空调制冷机组及系统安装检验批验收质量验收记录（制冷机组及辅助设备）。

19) 空调制冷机组及系统安装检验批验收质量验收记录（制冷剂管道系统）。

20) 空调水系统安装检验批验收质量验收记录（水泵及附属设备）。

21) 空调冷热（冷却）水系统安装检验批验收质量验收记录（金属管道）。

22) 空调换热器（凝结）水系统安装检验批验收质量验收记录（塑料管道）。

23) 防腐与绝热施工检验批验收质量验收记录（风管系统与设备）。

24) 防腐与绝热施工检验批验收质量验收记录（管道系统与设备）。

25) 工程系统调试检验批验收质量验收记录（单机试运行及调试）。

26) 工程系统调试检验批验收质量验收记录（非设计满负荷条件下系统联合试运转及调试）。

(2) 分部（子分部）分项工程的质量验收记录表 通风与空调工程分部（子分部）分项工程的质量验收记录表包括以下内容：

1) 通风与空调工程分项工程质量验收记录（分项工程）。

2) 通风与空调子分部工程质量验收记录（送风系统）。

3) 通风与空调子分部工程质量验收记录（排风系统）。

4) 通风与空调子分部工程质量验收记录（防、排烟系统）。

5) 通风与空调子分部工程质量验收记录（除尘系统）。

6) 通风与空调子分部工程质量验收记录（舒适性空调风系统）。

7) 通风与空调子分部工程质量验收记录（恒温恒湿空调风系统）。

8）通风与空调子分部工程质量验收记录（净化空调风系统）。
9）通风与空调子分部工程质量验收记录（地下人防通风系统）。
10）通风与空调子分部工程质量验收记录（真空吸尘系统）。
11）通风与空调子分部工程质量验收记录（空调冷热水系统）。
12）通风与空调子分部工程质量验收记录（冷却水系统）。
13）通风与空调子分部工程质量验收记录（冷凝水系统）。
14）通风与空调子分部工程质量验收记录（土壤源热泵换热系统）。
15）通风与空调子分部工程质量验收记录（水源热泵换热系统）。
16）通风与空调子分部工程质量验收记录（蓄能水/冰系统）。
17）通风与空调子分部工程质量验收记录［压缩式制冷（热）设备系统］。
18）通风与空调子分部工程质量验收记录（吸收式制冷设备系统）。
19）通风与空调子分部工程质量验收记录［多联机（热泵）空调系统］。
20）通风与空调子分部工程质量验收记录（太阳能供暖空调系统）。
21）通风与空调子分部工程质量验收记录（设备自控制系统）。
22）通风与空调分部工程质量验收记录。

知识梳理与总结

核心知识	内容梳理
通风与空调系统调试的主要内容	设备单机试运转及调试、系统非设计满负荷条件下的联合试运行及调试
通风与空调系统调试的主要项目	1. 空调设备单机试运转及调试 2. 系统风量的测定与调整 3. 空调水系统的测定和调整 4. 监测与控制系统的检验、调整与联动运行 5. 室内空气参数的测定和调整 6. 防排烟系统的测定与调整 7. 变制冷剂流量多联机系统联合试运行与调试 8. 变风量系统联合试运行与调试
设备单机试运行及调试	1. 风机的试运转与调试 2. 水泵的试运转与调试 3. 空气处理机组试运转与调试 4. 冷却塔试运转与调试 5. 风机盘管机组试运转与调试 6. 蒸汽压缩式制冷（热泵）机组试运转与调试
系统风量的测定与调整	测定截面的选择：选在产生局部阻力之后大于或等于5倍管径（或风管长边尺寸）以及局部阻力之前大于或等于2倍管径（或风管长边尺寸）的直风管段上 风量的测定与调整的方法： 1. 流量等比分配法 2. 基准风口调整法
室内空气参数测定	1. 室内气流分布测定 2. 室内空气温度和相对湿度的测定 3. 消声与减振的测定 4. 静压差的测定

（续）

核心知识	内容梳理
通风与空调系统施工质量验收	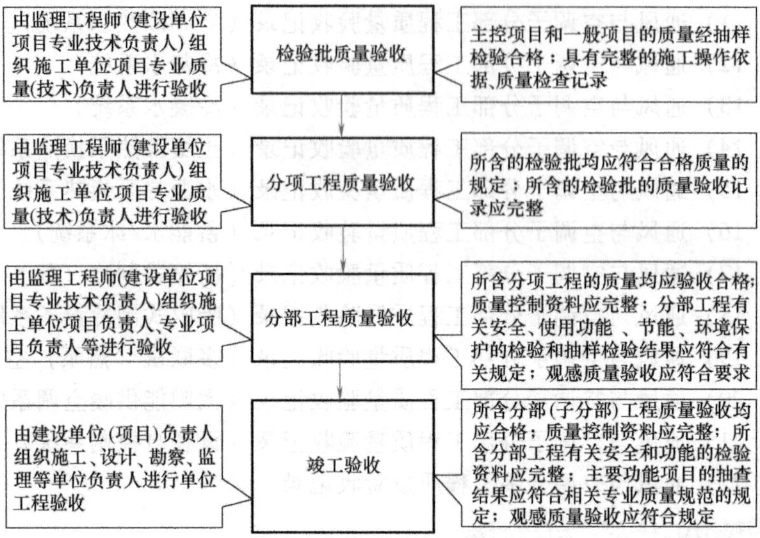

练　习　题

1. 空调系统调试前应做好哪些方面的准备工作？
2. 空调系统调试的主要项目包括哪些？
3. 风机试运转前应做哪些方面的检查？
4. 说明水泵试运转和调试的方法。
5. 说明空气处理设备试运转和调试的方法。
6. 风机盘管试运转前应做哪些方面的检查？
7. 系统风量的测定断面该如何确定？
8. 矩形风管内测定平均风速时，如何确定测点？
9. 圆形风管内测定平均风速时，如何确定测点？
10. 说明空调水系统流量的测定方法。
11. 室内空气温度如何测定？
12. 解释验收的概念。
13. 画示意图表示检验批质量验收流程。

附录

附表 A　第 1 抽样方案表

DQL	N: 10	15	20	25	30	35	40	45	50	60	70	80	90	100	110	120	130	140	150	170	190	210	230	250
	n																							
2	3	4	5	6	7	8	9	10	11	14	16	18	19	21	25	25	30	30	—	—	—	—	—	—
3				4	4	5	6	6	7	9	10	11	13	14	15	16	18	19	21	23	25	—	—	—
4								5	5	6	7	8	9	10	11	12	13	14	15	17	19	20	25	—
5										5	6	6	7	8	9	10	10	11	12	13	15	16	18	19
6												5	6	7	7	8	8	9	10	11	12	13	15	16
7													5	6	6	7	7	8	8	9	10	12	13	14
8														5	5	6	6	7	7	8	9	10	11	12
9																5	6	6	6	7	8	9	10	11
10																	5	5	6	7	7	8	9	10
11																			5	6	7	7	8	9
12																				6	6	7	7	8
13																				5	6	6	7	7
14																					5	6	6	7
15																						5	6	6

注：1. 本表适用于产品合格率为 95%~98% 的抽样检验，不合格品限定数为 1。

2. N 为检验批的产品数量，DQL 为检验批总体中的不合格品数的上限值，n 为样本量。

附表B　第2抽样方案表

DQL	N																							
	10	15	20	25	30	35	40	45	50	60	70	80	90	100	110	120	130	140	150	170	190	210	230	250
	n																							
2	3	4	5	6	7	8	9																	
3			3	4	4	5	6	6	7	9														
4				3	3	4	4	5	5	6	7	8												
5					3	3	3	4	4	5	6	6	7											
6							3	3	3	4	5	5	6	7	7									
7								3	3	4	4	5	5	6	6	7	7							
8										3	4	4	5	5	5	6	6	7	7					
9										3	3	4	4	4	5	5	6	6	6	7				
10											3	3	4	4	4	5	5	5	6	7	7			
11											3	3	3	4	4	4	5	5	5	6	7	7		
12												3	3	3	4	4	4	5	5	6	6	7	7	
13													3	3	3	4	4	4	5	5	6	6	7	7
14													3	3	3	3	4	4	4	5	5	6	6	7
15														3	3	3	3	4	4	5	5	5	6	6
16															3	3	3	4	4	4	5	5	6	6
17															3	3	3	3	4	4	4	5	5	6
18																3	3	3	3	4	4	5	5	5
19																	3	3	3	4	4	4	5	5
20																	3	3	3	3	4	4	5	5
21																		3	3	3	4	4	4	5
22																			3	3	4	4	4	4
23																			3	3	3	4	4	4
24																				3	3	4	4	4
25																				3	3	3	4	4

注：1. 本表适用于产品合格率大于或等于85%且小于95%的抽样检验，不合格品限定数为1。

2. N 为检验批的产品数量，DQL为检验批总体中的不合格品数的上限值，n 为样本量。

附表 C　风管与配件产成品检验批质量验收记录

（金属风管）　　　　　　　　　　　　　编号：________

单位（子单位）工程名称		分部（子分部）工程名称		分项工程名称	
施工单位		项目负责人		检验批容量	
分包单位		分包单位项目负责人		检验批部位	
施工依据		验收依据			

	设计要求及质量验收规范的规定	施工单位质量评定记录	监理（建设单位）验收记录						备注
			单项检验批产品数量	单项抽样数（n）	检验批汇总数量Σ	汇总的抽样量（n）	单项或汇总Σ抽样检验不合格数量	评判结果	
主控项目	1. 风管强度与严密性工艺检测（第 4.2.1 条）								抽样数量及合格评定的要求按规范相关条文执行
	2. 钢板风管性能及厚度（第 4.2.3 条第 1 款）								
	3. 铝板与不锈钢板性能及厚度（第 4.2.3 条第 1 款）								
	4. 风管的连接（第 4.1.5 条，第 4.2.3 条第 2 款）								
	5. 风管的加固（第 4.2.3 条第 3 款）								
	6. 防火风管（第 4.2.2 条）								
	7. 净化空调系统风管（第 4.1.3 条，第 4.2.7 条）								
	8. 镀锌钢板不得焊接（第 4.1.5 条）								
一般项目	1. 法兰风管（第 4.3.1 条第 1 款）								—
	2. 无法兰风管（第 4.3.1 条第 2 款）								
	3. 风管的加固（第 4.3.1 条第 3 款）								
	4. 焊接风管（第 4.3.1 条第 1 款第 3.4.6 项）								
	5. 铝板或不锈钢板风管（第 4.3.1 条第 1 款第 8 项）								
	6. 圆形弯管（第 4.3.5 条）								
	7. 矩形风管导流片（第 4.3.6 条）								
	8. 风管变径管（第 4.3.7 条）								
	9. 净化空调系统风管（第 4.3.4 条）								

施工单位检查结果评定	专业工长： 项目专业质量检查员： 年　月　日
监理单位验收结论	专业监理工程师： 年　月　日

附表 D　风管与配件产成品检验批质量验收记录

（非金属风管）　　　　编号：________

单位（子单位）工程名称		分部（子分部）工程名称		分项工程名称	
施工单位		项目负责人		检验批容量	
分包单位		分包单位项目负责人		检验批部位	
施工依据		验收依据			

	设计要求及质量验收规范的规定	施工单位质量评定记录	监理（建设单位）验收记录						
			单项检验批产品数量	单项抽样数（n）	检验批汇总数量Σ	汇总的抽样量（n）	单项或汇总Σ抽样检验不合格数量	评判结果	备注
主控项目	1. 风管强度与严密性工艺检测（第 4.2.1 条）								抽样数量及合格评定的要求按规范相关条文执行
	2. 硬聚氯乙烯风管材质、性能及厚度（第 4.2.4 条第 2 款第 1 项）								
	3. 玻璃钢风管材质、性能及厚度（第 4.2.4 条第 3 款第 1 项）								
	4. 硬聚氯乙烯风管的连接与加固（第 4.2.4 条第 2 款第 2、3 项）								
	5. 玻璃钢风管的连接与加固（第 4.2.4 条第 3 款第 2.3.4 项）								
	6. 砖、混凝土建筑风道（第 4.2.4 条第 4 款）								
	7. 织物布风管（第 4.2.4 条第 5 款）								
一般项目	1. 硬聚氯乙烯风管（第 4.3.2 条第 1 款）								—
	2. 有机玻璃钢风管（第 4.3.2 条第 2 款）								
	3. 无机玻璃钢风管（第 4.3.2 条第 3 款）								
	4. 砖、混凝土建筑风道（第 4.3.2 条第 4 款）								
	5. 圆形弯管（第 4.3.5 条）								
	6. 矩形风管导流片（第 4.3.6 条）								
	7. 风管变径管（第 4.3.7 条）								

施工单位检查结果评定	专业工长： 项目专业质量检查员： 年　月　日
监理单位验收结论	专业监理工程师： 年　月　日

附表 E　风管与配件产成品检验批质量验收记录

（复合材料风管）　　　　编号：

单位（子单位）工程名称		分部（子分部）工程名称		分项工程名称	
施工单位		项目负责人		检验批容量	
分包单位		分包单位项目负责人		检验批部位	
施工依据		验收依据			

	设计要求及质量验收规范的规定	施工单位质量评定记录	监理（建设单位）验收记录						
			单项检验批产品数量	单项抽样数（n）	检验批汇总数量Σ	汇总的抽样量（n）	单项或汇总Σ抽样检验不合格数量	评判结果	备注
主控项目	1. 风管强度与严密性工艺检测（第 4.2.1 条）								抽样数量及合格评定的要求按规范相关条文执行
	2. 复合材料风管材质、性能及厚度（第 4.2.6 条第 1 款）								
	3. 铝箔复合材料风管（第 4.2.6 条第 2 款）								
	4. 夹芯彩钢板风管（第 4.2.6 条第 3 款）								
一般项目	1. 风管及法兰（第 4.3.3 条第 1 款）								—
	2. 双面铝箔复合绝热材料风管（第 4.3.3 条第 2 款）								
	3. 铝箔玻璃纤维板风管（第 4.3.3 条第 3 款）								
	4. 机制玻璃纤维增强氯氧镁水泥复合板风管（第 4.3.3 条第 4 款）								
	5. 圆形弯管制作（第 4.3.5 条）								
	6. 矩形风管导流片（第 4.3.6 条）								
	7. 风管变径管（第 4.3.7 条）								

施工单位检查结果评定	专业工长： 项目专业质量检查员： 年　月　日
监理单位验收结论	专业监理工程师： 年　月　日

附表F　风管系统安装检验批质量验收记录

（防、排烟系统）　　　　编号：________

单位（子单位）工程名称		分部（子分部）工程名称		分项工程名称	
施工单位		项目负责人		检验批容量	
分包单位		分包单位项目负责人		检验批部位	
施工依据		验收依据			

	设计要求及质量验收规范的规定	施工单位质量评定记录	监理（建设单位）验收记录						备注
			单项检验批产品数量	单项抽样数（n）	检验批汇总数量Σ	汇总的抽样量（n）	单项或汇总Σ抽样检验不合格数量	评判结果	
主控项目	1. 风管支、吊架安装（第6.2.1条）								抽样数量及合格评定的要求按规范相关条文执行
	2. 风管穿越防火、防爆墙体或楼板（第6.2.2条）								
	3. 风管安装规定（第6.2.3条）								
	4. 高于60℃风管系统（第6.2.4条）								
	5. 风管部件排烟阀安装（第6.2.7条第1、5款）								
	6. 正压风口的安装（第6.2.8条）								
	7. 风管严密性检验（第6.2.9条）								
	8. 柔性短管必须为不燃材料（第5.2.7条）								
一般项目	1. 风管支、吊架（第6.3.1条）								—
	2. 风管系统的安装（第6.3.2条）								
	3. 柔性短管安装（第6.3.5条）								
	4. 防、排烟风阀的安装（第6.3.8条第2、3款）								
	5. 风口安装（第6.3.13条）								

施工单位检查结果评定	专业工长： 项目专业质量检查员： 年　月　日
监理单位验收结论	专业监理工程师： 年　月　日

附表 G　风管系统安装检验批质量验收记录

（恒温恒湿空调风系统）　　　　编号：________

单位（子单位）工程名称		分部（子分部）工程名称		分项工程名称	
施工单位		项目负责人		检验批容量	
分包单位		分包单位项目负责人		检验批部位	
施工依据		验收依据			

	设计要求及质量验收规范的规定	施工单位质量评定记录	监理（建设单位）验收记录：单项检验批产品数量	单项抽样数（n）	检验批汇总数量Σ	汇总的抽样量（n）	单项或汇总Σ抽样检验不合格数量	评判结果	备注
主控项目	1. 风管支、吊架安装（第6.2.1条）								抽样数量及合格评定的要求按规范相关条文执行
	2. 风管穿越防火、防爆墙体或楼板（第6.2.2条）								
	3. 风管内严禁其他管线穿越（第6.2.3条）								
	4. 高于60℃风管系统（第6.2.4条）								
	5. 风管及部件安装（第6.2.7条第1、3、4、5款）								
	6. 风口安装（第6.2.8条）								
	7. 风管严密性检验（第6.2.9条）								
	8. 病毒实验室风管安装（第6.2.12条）								
一般项目	1. 风管支、吊架（第6.3.1条）								—
	2. 风管系统的安装（第6.3.2条）								
	3. 柔性短管安装（第6.3.5条）								
	4. 非金属风管安装（第6.3.6条第1、2款）								
	5. 复合材料风管安装（第6.3.7条）								
	6. 风阀安装（第6.3.8条第1、2款）								
	7. 消声器及静压箱安装（第6.3.11条）								
	8. 风管过滤器安装（第6.3.12条）								
	9. 风口的安装（第6.3.13条）								

施工单位检查结果评定	专业工长： 项目专业质量检查员： 年　月　日
监理单位验收结论	专业监理工程师： 年　月　日

附表 H　风机与空气处理设备安装检验批质量验收记录

（通风系统）　　　　编号：________

单位（子单位）工程名称		分部（子分部）工程名称		分项工程名称	
施工单位		项目负责人		检验批容量	
分包单位		分包单位项目负责人		检验批部位	
施工依据		验收依据			

	设计要求及质量验收规范的规定	施工单位质量评定记录	监理（建设单位）验收记录：单项检验批产品数量	单项抽样数（n）	检验批汇总数量Σ	汇总的抽样量（n）	单项或汇总Σ抽样检验不合格数量	评判结果	备注
主控项目	1. 风机及风机箱的安装（第 7.2.1 条）								抽样数量及合格评定的要求按规范相关条文执行
	2. 通风机安全措施（第 7.2.2 条）								
	3. 空气热回收装置的安装（第 7.2.4 条）								
	4. 除尘器的安装（第 7.2.6 条）								
	5. 静电式空气净化装置安装（第 7.2.10 条）								
	6. 电加热器的安装（第 7.2.11 条）								
	7. 过滤吸收器的安装（第 7.2.12 条）								
一般项目	1. 风机及风机箱的安装（第 7.3.1 条）								—
	2. 风幕机的安装（第 7.3.2 条）								
	3. 空气过滤器的安装（第 7.3.5 条）								
	4. 蒸汽加湿器安装（第 7.3.6 条）								
	5. 空气热回收器的安装（第 7.3.8 条）								
	6. 除尘器安装（第 7.3.11 条）								
	7. 现场组装静电除尘器的安装（第 7.3.12 条）								
	8. 现场组装布袋除尘器的安装（第 7.3.13 条）								

施工单位检查结果评定	专业工长： 项目专业质量检查员： 年　月　日
监理单位验收结论	专业监理工程师： 年　月　日

附表 I　风机与空气处理设备安装检验批质量验收记录

（舒适空调系统）　　　　**编号：________**

单位（子单位）工程名称		分部（子分部）工程名称		分项工程名称	
施工单位		项目负责人		检验批容量	
分包单位		分包单位项目负责人		检验批部位	
施工依据		验收依据			

	设计要求及质量验收规范的规定	施工单位质量评定记录	监理（建设单位）验收记录：单项检验批产品数量	单项抽样数（n）	检验批汇总数量Σ	汇总的抽样量（n）	单项或汇总Σ抽样检验不合格数量	评判结果	备注
主控项目	1. 风机及风机箱的安装（第 7.2.1 条）								抽样数量及合格评定的要求按规范相关条文执行
	2. 通风机安全措施（第 7.2.2 条）								
	3. 单元式与组合式空调机组（第 7.2.3 条）								
	4. 空气热回收装置的安装（第 7.2.4 条）								
	5. 空调末端设备安装（第 7.2.5 条）								
	6. 静电式空气净化装置安装（第 7.2.10 条）								
	7. 电加热器的安装（第 7.2.11 条）								
	8. 过滤吸收器的安装（第 7.2.12 条）								
一般项目	1. 风机及风机箱的安装（第 7.3.1 条）								—
	2. 风幕机的安装（第 7.3.2 条）								
	3. 单元式空调机组的安装（第 7.3.3 条）								
	4. 组合式空调机组、新风机组安装（第 7.3.4 条）								
	5. 空气过滤器的安装（第 7.3.5 条）								
	6. 蒸汽加湿器的安装（第 7.3.6 条）								
	7. 紫外线、离子空气净化装置的安装（第 7.3.7 条）								
	8. 空气热回收器的安装（第 7.3.8 条）								
	9. 风机盘管的安装（第 7.3.9 条）								
	10. 变风量、定风量末端装置的安装（第 7.3.10 条）								

施工单位检查结果评定	专业工长： 项目专业质量检查员： 年　月　日
监理单位验收结论	专业监理工程师： 年　月　日

附表 J　空调制冷机组及系统安装检验批质量验收记录

（制冷机组及辅助设备）　　　　　　　　**编号：＿＿＿＿＿**

<table>
<tr><td colspan="2">单位（子单位）工程名称</td><td colspan="2"></td><td colspan="2">分部（子分部）工程名称</td><td colspan="2"></td><td>分项工程名称</td><td></td></tr>
<tr><td colspan="2">施工单位</td><td colspan="2"></td><td colspan="2">项目负责人</td><td colspan="2"></td><td>检验批容量</td><td></td></tr>
<tr><td colspan="2">分包单位</td><td colspan="2"></td><td colspan="2">分包单位项目负责人</td><td colspan="2"></td><td>检验批部位</td><td></td></tr>
<tr><td colspan="2">施工依据</td><td colspan="2"></td><td colspan="2">验收依据</td><td colspan="4"></td></tr>
<tr><td rowspan="2"></td><td rowspan="2">设计要求及质量验收规范的规定</td><td rowspan="2">施工单位质量评定记录</td><td colspan="7">监理（建设单位）验收记录</td></tr>
<tr><td>单项检验批产品数量</td><td>单项抽样数（n）</td><td>检验批汇总数量Σ</td><td>汇总的抽样量（n）</td><td>单项或汇总Σ抽样检验不合格数量</td><td>评判结果</td><td>备注</td></tr>
<tr><td rowspan="9">主控项目</td><td>1. 制冷设备与附属设备安装（第 8.2.1 条）</td><td></td><td></td><td></td><td rowspan="15"></td><td rowspan="15"></td><td></td><td></td><td rowspan="9">抽样数量及合格评定的要求按规范相关条文执行</td></tr>
<tr><td>2. 直膨表冷器的安装（第 8.2.3 条）</td><td></td><td></td><td></td><td></td><td></td></tr>
<tr><td>3. 燃油系统的安装（第 8.2.4 条）</td><td></td><td></td><td></td><td></td><td></td></tr>
<tr><td>4. 燃气系统的安装（第 8.2.5 条）</td><td></td><td></td><td></td><td></td><td></td></tr>
<tr><td>5. 制冷设备的严密性试验及试运行（第 8.2.6 条）</td><td></td><td></td><td></td><td></td><td></td></tr>
<tr><td>6. 氨制冷机安装（第 8.2.8 条）</td><td></td><td></td><td></td><td></td><td></td></tr>
<tr><td>7. 多联机空调（热泵）系统安装（第 8.2.9 条）</td><td></td><td></td><td></td><td></td><td></td></tr>
<tr><td>8. 空气源热泵机组的安装（第 8.2.10 条）</td><td></td><td></td><td></td><td></td><td></td></tr>
<tr><td>9. 吸收式制冷机组安装（第 8.2.11 条）</td><td></td><td></td><td></td><td></td><td></td></tr>
<tr><td rowspan="6">一般项目</td><td>1. 制冷及附属设备安装（第 8.3.1 条）</td><td></td><td></td><td></td><td></td><td></td><td rowspan="6">—</td></tr>
<tr><td>2. 模块式冷水机组安装（第 8.3.2 条）</td><td></td><td></td><td></td><td></td><td></td></tr>
<tr><td>3. 多联机及系统安装（第 8.3.6 条）</td><td></td><td></td><td></td><td></td><td></td></tr>
<tr><td>4. 空气源热泵的安装（第 8.3.7 条）</td><td></td><td></td><td></td><td></td><td></td></tr>
<tr><td>5. 燃油泵与载剂泵的安装（第 8.3.8 条）</td><td></td><td></td><td></td><td></td><td></td></tr>
<tr><td>6. 吸收式制冷机组的安装（第 8.3.9 条）</td><td></td><td></td><td></td><td></td><td></td></tr>
<tr><td colspan="2">施工单位检查结果评定</td><td colspan="8">专业工长：
项目专业质量检查员：
年　月　日</td></tr>
<tr><td colspan="2">监理单位验收结论</td><td colspan="8">专业监理工程师：
年　月　日</td></tr>
</table>

附表 K　空调水系统安装检验批质量验收记录

（水泵及附属设备）　　　　**编号：________**

单位（子单位）工程名称		分部（子分部）工程名称		分项工程名称	
施工单位		项目负责人		检验批容量	
分包单位		分包单位项目负责人		检验批部位	
施工依据		验收依据			

	设计要求及质量验收规范的规定	施工单位质量评定记录	监理（建设单位）验收记录						
			单项检验批产品数量	单项抽样数（n）	检验批汇总数量Σ	汇总的抽样量（n）	单项或汇总Σ抽样检验不合格数量	评判结果	备注
主控项目	1. 系统的管材与配件验收（第9.2.1条）								抽样数量及合格评定的要求按规范相关条文执行
	2. 阀门的检验、试压（第9.2.4条第1款）								
	3. 水泵、冷却塔安装（第9.2.6条）								
	4. 水箱、集水器、分水器安装（第9.2.7条）								
	5. 蓄能储槽安装（第9.2.8条）								
	6. 地源热泵换热器安装（第9.2.9条）								
一般项目	1. 现场设备的焊接（第9.3.2条第3款）								—
	2. 风机盘管、冷排管等设备管道连接（第9.3.7条）								
	3. 附属设备安装（第9.3.10条）								
	4. 冷却塔安装（第9.3.11条）								
	5. 水泵及附属设备安装（第9.3.12条）								
	6. 水箱、集水器、分水器、膨胀水箱等安装（第9.3.13条）								
	7. 地源热泵换热器安装（第9.3.15条）								
	8. 地表水换热器安装（第9.3.16条）								
	9. 蓄能系统设备安装（第9.3.17条）								

施工单位检查结果评定	专业工长： 项目专业质量检查员： 年　月　日
监理单位验收结论	专业监理工程师： 年　月　日

附表 L　空调冷热（冷却）水系统安装检验批质量验收记录

（金属管道）　　　　　　　　**编号：________**

单位(子单位)工程名称		分部(子分部)工程名称		分项工程名称	
施工单位		项目负责人		检验批容量	
分包单位		分包单位项目负责人		检验批部位	
施工依据		验收依据			

	设计要求及质量验收规范的规定	施工单位质量评定记录	监理(建设单位)验收记录：单项检验批产品数量	单项抽样数(n)	检验批汇总数量Σ	汇总的抽样量(n)	单项或汇总Σ抽样检验不合格数量	评判结果	备注
主控项目	1. 管道的管材与配件验收(第 9.2.1 条)								抽样数量及合格评定的要求按规范相关条文执行
	2. 管道的连接安装(第 9.2.2 条第 2、3、5 款)								
	3. 隐蔽管道的验收(第 9.2.2 条第 1 款)								
	4. 系统的冲洗、排污(第 9.2.2 条第 4 款)								
	5. 系统的试压(第 9.2.3 条)								
	6. 阀门的安装(第 9.2.4 条)								
	7. 阀门的检验、试压(第 9.2.4 条第 1 款)								
	8. 管道补偿器安装及固定支架(第 9.2.5 条)								
一般项目	1. 管道的焊接(第 9.2.2 条)								—
	2. 管道的螺纹连接(第 9.3.3 条第 1 款)								
	3. 管道的法兰连接(第 9.3.4 条)								
	4. 钢制管道的安装(第 9.3.5 条)								
	5. 沟槽式连接管道的安装(第 9.3.6 条)								
	6. 风机盘管、冷排管等设备管道连接(第 9.3.7 条)								
	7. 金属管道的支、吊架(第 9.3.8 条)								
	8. 阀门及其他部件的安装(第 9.3.10 条)								
	9. 补偿器安装(第 9.3.14 条)								

施工单位检查结果评定	专业工长： 项目专业质量检查员： 年　月　日
监理单位验收结论	专业监理工程师： 年　月　日

附表 M　空调换热器（凝结）水系统安装检验批质量验收记录

（塑料管道）　　　　编号：________

单位（子单位）工程名称		分部（子分部）工程名称		分项工程名称	
施工单位		项目负责人		检验批容量	
分包单位		分包单位项目负责人		检验批部位	
施工依据		验收依据			

	设计要求及质量验收规范的规定	施工单位质量评定记录	监理（建设单位）验收记录						
			单项检验批产品数量	单项抽样数（n）	检验批汇总数量∑	汇总的抽样量（n）	单项或汇总∑抽样检验不合格数量	评判结果	备注
主控项目	1. 管道的管材与配件验收（第9.2.1条）								抽样数量及合格评定的要求按规范相关条文执行
	2. 管道的连接安装（第9.2.2条第2、3、5款）								
	3. 隐蔽管道的验收（第9.2.2条第1款）								
	4. 系统的冲洗、排污（第9.2.2条第1款）								
	5. 系统的试压（第9.2.3条）								
	6. 阀门的安装（第9.2.4条）								
	7. 阀门的检验、试压（第9.2.4条第1款）								
	8. 管道补偿器安装及固定支架（第9.2.5条）								
	9. 地源热泵换热器安装（第9.3.1条）								
一般项目	1. 塑料管道的焊、连接（第9.3.1条）								—
	2. 管道的法兰连接（第9.3.4条）								
	3. 管道的安装（第9.3.5条第1、3、4款）								
	4. 塑料管道支架（第9.3.9条）								
	5. 阀门及其他部件的安装（第9.3.10条）								
	6. 补偿器安装（第9.3.14条）								
	7. 地源热泵换热器汇集管安装（第9.3.15条）								

施工单位检查结果评定	专业工长： 项目专业质量检查员： 年　　月　　日
监理单位验收结论	专业监理工程师： 年　　月　　日

附表 N　防腐与绝热施工检验批质量验收记录

（风管系统与设备）　　编号：________

<table>
<tr><td colspan="2">单位（子单位）工程名称</td><td colspan="2"></td><td colspan="2">分部（子分部）工程名称</td><td></td><td colspan="2">分项工程名称</td><td></td></tr>
<tr><td colspan="2">施工单位</td><td colspan="2"></td><td colspan="2">项目负责人</td><td></td><td colspan="2">检验批容量</td><td></td></tr>
<tr><td colspan="2">分包单位</td><td colspan="2"></td><td colspan="2">分包单位项目负责人</td><td></td><td colspan="2">检验批部位</td><td></td></tr>
<tr><td colspan="2">施工依据</td><td colspan="2"></td><td colspan="2">验收依据</td><td colspan="4"></td></tr>
<tr><td rowspan="2"></td><td rowspan="2">设计要求及质量验收规范的规定</td><td rowspan="2">施工单位质量评定记录</td><td colspan="7">监理（建设单位）验收记录</td></tr>
<tr><td>单项检验批产品数量</td><td>单项抽样数（n）</td><td>检验批汇总数量Σ</td><td>汇总的抽样量（n）</td><td>单项或汇总Σ抽样检验不合格数量</td><td>评判结果</td><td>备注</td></tr>
<tr><td rowspan="4">主控项目</td><td>1. 防腐涂料的验证（第10.2.1条）</td><td></td><td></td><td></td><td rowspan="12"></td><td rowspan="12"></td><td></td><td></td><td rowspan="4">抽样数量及合格评定的要求按规范相关条文执行</td></tr>
<tr><td>2. 绝热材料规定（第10.2.2条）</td><td></td><td></td><td></td><td></td><td></td></tr>
<tr><td>3. 绝热材料复验规定（第10.2.3条）</td><td></td><td></td><td></td><td></td><td></td></tr>
<tr><td>4. 洁净室内风管绝热材料规定（第10.2.4条）</td><td></td><td></td><td></td><td></td><td></td></tr>
<tr><td rowspan="8">一般项目</td><td>1. 防腐涂层质量（第10.3.1条）</td><td></td><td></td><td></td><td></td><td></td><td rowspan="8">—</td></tr>
<tr><td>2. 空调设备、部件油漆或绝热（第10.3.2条）</td><td></td><td></td><td></td><td></td><td></td></tr>
<tr><td>3. 绝热层施工（第10.3.3条）</td><td></td><td></td><td></td><td></td><td></td></tr>
<tr><td>4. 风管橡塑绝热材料施工（第10.3.4条）</td><td></td><td></td><td></td><td></td><td></td></tr>
<tr><td>5. 风管绝热层保温钉固定（第10.3.5条）</td><td></td><td></td><td></td><td></td><td></td></tr>
<tr><td>6. 防潮层的施工与绝热胶带固定（第10.3.7条）</td><td></td><td></td><td></td><td></td><td></td></tr>
<tr><td>7. 绝热涂料（第10.3.8条）</td><td></td><td></td><td></td><td></td><td></td></tr>
<tr><td>8. 金属保护壳的行施工（第10.3.9条）</td><td></td><td></td><td></td><td></td><td></td></tr>
<tr><td colspan="2">施工单位检查结果评定</td><td colspan="8">专业工长：
项目专业质量检查员：
年　月　日</td></tr>
<tr><td colspan="2">监理单位验收结论</td><td colspan="8">专业监理工程师：
年　月　日</td></tr>
</table>

参 考 文 献

[1] 田娟荣. 通风与空调工程 [M]. 2版. 北京：机械工业出版社，2019.
[2] 周连起. 建筑设备工程 [M]. 北京：中国电力出版社，2016.
[3] 王海，江东波，丁劲松. 建筑设备安装 [M]. 合肥：安徽科学技术出版社，2015.
[4] 孙巍，邓京闻. 建筑水电设备安装与识图 [M]. 武汉：武汉大学出版社，2015.
[5] 吕东风，常爱萍. 建筑设备安装识图与施工工艺 [M]. 长沙：中南大学出版社，2016.
[6] 王付全，杨师斌. 建筑设备 [M]. 北京：科学出版社，2015.
[7] 中铁建设集团有限公司. 设备安装工程细部做法 [M]. 北京：中国建筑工业出版社，2017.
[8] 姜曦，张艳球，於斌. 建筑设备安装识图与施工 [M]. 上海：上海交通大学出版社，2016.
[9] 肖澄波，周硕珣. 建筑设备与识图 [M]. 北京：北京理工大学出版社，2017.
[10] 河南BIM发展联盟. 建筑设备工程BIM技术应用 [M]. 北京：中国电力出版社，2017.
[11] 徐洪涛. 建筑设备安装基本技能 [M]. 西安：西安交通大学出版社，2016.